IAN TATTERSALL

イアン・タッターソル

ヒトの起源を探して

言語能力と認知能力が現生人類を誕生させた

河合信和 監訳
大槻敦子 訳

MASTERS OF THE PLANET

THE SEARCH FOR OUR HUMAN ORIGINS

ヒトの起源を探して——言語能力と認知能力が現生人類を誕生させた

目次

アフリカの最古の石刃石器	50万年前
最古の木製槍、柄つきの道具	40万年前
最初の構造的な雨よけの証拠	40万〜35万年前
最古の調濫石核石器	30万〜20万年前
アフリカで解剖学的に識別されたホモ・サピエンスの始まり	〜20万年前
最初のビーズ細工の可能性	〜10万年前
最古の彫刻、珪質礫岩の加熱処理	〜7万5000年前
認知的な象徴を備えたホモ・サピエンスのアフリカからの大移動	7万〜6万年前
オーストラリアに最初の現生人類	6万年前
ヨーロッパの最初の現生人類、芸術と象徴の開花	4万〜3万年前
ネアンデルタール人とホモ・エレクトスの絶滅	〜3万年前*
ホモ・フロレシエンシスの絶滅	1.4万年前*
最終氷河期の終わり	1.2万年前
植物栽培と動物の家畜化の開始	1.1万年前

*年代については監訳者あとがき参照

人類進化の主な出来事

事象	時期
生命の起源	35億年前
霊長目の起源	6000万年前
ヒトと類人猿を含む分類群の分岐開始	2300万年前
アフリカで最初のヒト科（二足動物）の出現	700万〜600万年前
最初のアウストラロピテクス属	420万年前
物を切るために鋭利な石を初めて使用した可能性	340万年前
氷河期サイクルの始まり	260万年前
アフリカにおける草原動物相の拡大	260万年前
最古の石器製作の記録	260万〜250万年前
「早期ホモ属」とされる化石の出現	250万〜200万年前
現代的な身体比率を持つアフリカの最初のホモ属	190万〜160万年前
最初のヒト科の出アフリカ（ドマニシ）	180万年前
意図的に整形された最初の石器	176万年前
アジアでのホモ・エレクトスの出現	170万〜160万年前
ヨーロッパで最初のホモ属の化石	140万〜120万年前
炉で火を使った最古の証拠	79万年前
ヨーロッパでホモ・アンテセッソル出現	78万年前
旧世界中に広がった最初のヒト科、ホモ・ハイデルベルゲンシス	60万年前
ヨーロッパでのネアンデルタール人系統の最古の証拠	53万年前より前

プロローグ

　チンパンジーの顔をじっと見つめる。その目の奥深くまでのぞき込んでみる。そこから感じるものは、ほぼ間違いなく強烈で、複雑で、謎めいている。もしかすると最後には逃げ出したくなるかもしれない。否が応でも、人間に恐ろしい、そして（通常は）抑圧されている暗い一面があることを思い起こさせる、獣の獰猛さを類人猿に見出していたヴィクトリア朝時代の人々がそうだった。けれども今日私たちがチンパンジーに見るものは、それよりずっと前向きだ。人間という地位を得られなかったでき損ないではなく、現代文明と創造力の基礎となった奥深い生物学的な土台が、そこにおぼろげに見えるのではないだろうか。それでも、実際に何を感じるかはさておいて、私たちがチンパンジーの目に見るものは間違いなく自分自身を投影したものである。そこにどのような人間の一面が見えるのかは、チンパンジーではなく、もっぱら見る人に左右される。

　チンパンジーは自分の気持ちをはっきり述べることができず、私たち人間の疑問に答えられないという、そのあいまいさは実にもどかしい。けれども、身体的違いにもかかわらず、もしチンパンジーが話すことができたなら、彼らも私たちの仲間ということになるだろう。それほどまで決定的に人間の仲間入りを果たせる行動はほかにない。なぜなら太古より、ほかならぬ言語こそがヒトを定義するものと考えられてきたからだ。実際、スコットランドの裁判官ジェームズ・バーネット（モンボドー卿）は、一七七〇年代というはるか昔に、言語の獲得が人類を「下等な」動物から引き離した重要な特徴であると述べて、進化の概念を予想した。それは直感的に非常に魅力的な考え方で、それ以来、数え切れないほどの思想家が検討を重ねてきた。モンボドーの執筆から二五〇年の間に、言語学からゲノム科学や神経生物学にいたるまでの数多くの科学分野で、この問題に関する山ほどの情報が蓄積された。とりわけ重要なのは、この地球における私たちの先達の多様性と行動について多くを学んだことである。いつ、どのように、いかなる状況で、人類が比類なき精神とコミュニケーションの習性を身につけたのかを、いくらかの自信を持って推測できるようになるほど十分にわかったことは間違いない。

私たちがどのようにして人間になったのかという物語は長い。したがって、何が起こるかという確固たる兆しが現れる前の、はるか昔の起源から語るのが最もふさわしい。そこでひとまずは、かのチンパンジーとその仲間に話を戻そう。当惑するほどに類人猿が私たちに似ていることは、驚くにはあたらない。彼らは生物圏の中で最もヒトに近い生き物であり、おそらく七〇〇万年前というごく最近まで――生命の歴史の中ではほんの一瞬である――人間と祖先を共有していた。けれども、その短い時間の間に、人間ほど大きな変化を遂げた動物の系統はほかにない。したがって、チンパンジーもまた変化はしたけれども、私たちは彼らとその仲間に、共通の祖先がどのようなものであったのかという手掛かりを見出すことができると考えて差し支えないだろう。こうした霊長目が信頼のできる道案内の役目を果たすとすると、その祖先は実にきわめて複雑な生き物だったことになる。チンパンジーは絆を結び合い、仲違いをし、和解する。また、他者を欺き、殺害し、道具を作り、自分で治療も行う。彼らは非常に複雑な社会で暮らしている。そしてその社会における地位をめぐって込み入った同盟関係を築き、研究者の一部がまさしく「政治」と描写するような策略にかかわる。今日、もし人間が進化していなければ、類人猿はほぼ間違いなく、これまでで最も認知的に複雑な動物だっただろう。

だが、私たちは現在の位置にいる。類人猿の親類を(少なくとも樹上に)置き去りにして、どのようにそこからここへたどり着いたかという物語は、おそらく物語好きな私たちの種が伝えようとする話の中では最も本質的に魅力的かつ複雑な部類に入るのかもしれない。けれども同時にそれは、捉えどころのない物語でもある。なぜなら、私たち自身を類人猿と比較すれば、長い進化の軌跡の出発地点を特定する助けにはなるかもしれないが、現代の人間が単純に類人猿の改良型でないことがわかっているからだ。私たちはこの地球におけるまったく新しい存在なのである。そしてその比類なき存在を説明することは、かねてからずっと報われない仕事だった。

私たち人間を解き明かそうとする試みはもとから困難を伴うが、出発地点となる揺るぎない土台は存在する。この一五〇年の間に注目に値する化石記録が蓄積された。すべてが揃うことなど決してないが、私たちより前に生きていた直系また傍系の同族の姿やその驚くべき多様性について、一部の重要な事実がすでにわかっている。さらに、人類のそうした先人たちは考古記録を残しているという点でほかに類を見ない。解体された動物の骨、石器、生活址といったその記録は、彼らの日常生活とその活動が時代とともに次第に複雑になっていった様子を雄弁に物語っている。

古代の類人猿から現生人類へと続く長い旅に伴う物理的また技術的な大きな変化を綴ることは、少なくとも大筋では、比較的単純な仕事である。けれども、私たちの種が今日享受している類いの特別な繁栄の秘密は、脳が情報を扱う並はずれた方法にある。そして、少なくとも私たちと同等の知性があるという抗しがたい証拠が見つかるより前については、残された骨や道具から思考様式を読み解くことは非常に難しい。確かなことは、その最終地点に到達したのが——現代の歴史用語では目がくらむほど遠い昔ではあるけれども、少なくとも人類の初期の様子と比較すると——ごく最近だということである。多くの人にとって、このような遅々とした進歩は意外であるかもしれない。なぜなら従来より私たちは、人間の長い物語が原始から完成まで一直線にゆっくりと進んできたと考えるよう教えられてきたからである——その場合、人間の未来の姿の前触れが現れると期待できるとも考えられる。ところが、実際にはそうではない。なぜなら、類い稀な現代人的な感性を獲得したのは突然かつ最近のことだったという事実がいちだんと明らかになりつつあるからだ。実にそれは、私たちとまったく同じ姿形をした人類が地球を支配するようになってから起きた出来事だったのである。そして、この新しい感性の表れはほぼ間違いなく、現生人類の最も非凡な一つの特徴によって助長された。それが言語だ。

この最終的な意思伝達と認知能力の飛躍だけで物語のすべては語れない。現代の心と体の原点は遠い過去に存在する。本書の大部分は、その驚くべき人間の特異性が築き上げられた深い起源を調べることにあてられている。なぜなら、今日の私たちは、類い稀なその歴史なくしては存在し得ないからだ。そして、現代人的な精神の最も古い徴候はアフリカにあるにもかかわらず、記録のいたずらから、私たちと同じような思考能力を持っていたばかりかそれを証明する圧倒的に強力な証拠を残した最初の人類と出会うことになったのは、氷河時代ヨーロッパの信じられないような壁画を眺めた時だった。

象徴と洞窟の芸術

スペインのアルタミラ洞窟やフランスのラスコー洞窟とショーヴェ洞窟の壁や天井にある有名な動物の壁画に代表されるような、古代芸術の生き生きとした力強さと洗練さは、それを描いた者が現代人が歴史を編むようになった時代からはるか遠い昔に暮らしていたという事実によってどことなく力を増す。なぜならその色の鮮やかさと概念にもかかわらず、この非凡な作品は、およそ三万五〇〇〇年から一万年前の最後の氷河時代のピークに生きていた狩猟採集民が描いたものだからだ。その時代は涼しい夏と厳しい長い冬が続く過酷な時代で、現在は木が生い茂って森になっている景観から樹木がほぼ完全に消え失せたこともしばしばあった。この芸術作品の古さは驚くほどである。しかし、なおもそれは見た人に、氷河時代の画家を前にして自分の無力さを感じさせられたとピカソが述べたと言われる言葉に共感を抱かせる。まさしく、人類の類い稀なすばらしい創造力が、現代に近い先史時代のはるか彼方ですでに大きく花開いていたことを示す証拠はほかには考えつかない。

だが洞窟壁画への多くの人々の理解は、容易には訪れなかった。太古の氷河時代のフランス南部とスペイン北部の住人が、絵画や彫刻やレリーフを取り入れて芸術的な伝統を築き上げており、その最盛期にはそれ以降に達成されたいかなるものにも匹敵する、あるいは超えさえするほどの力を持って

現在はひどく色あせてしまった多色の壁画の白黒描写。おそらく1万4000年くらい前のもの。フランス、フォン・ド・ゴーム洞窟。膝を折る雌のトナカイに向かって前かがみになって額をやさしくなめる雄。H・ブルイユの描写に基づく絵：ダイアナ・サレス。

いたということは、一九世紀の科学者にとっては本能的に受け入れがたいものだった。一八七九年にアルタミラで最初の（そして最も見事な）壁画が発見された時、直後の称賛はまもなく疑念に道を譲った。これほどまでに洗練され熟達した芸術が、大昔の人間の手によるなどということがあるだろうか？　荘厳な大聖堂で礼拝を行い、身を守るための立派な家を建て、大地とそこに育つものを支配する、文明の発達した一九世紀の人々とは対照的に、野山を駆けめぐり、自然の恵みに頼っていた単なる狩猟採集民で定住もしていない「蛮人」に、このようなものが創れるだろうか？未踏の洞窟と手つかずの考古遺跡で古代芸術がいくつも発見されてようやく、世界は洗練された心と「原始的な」生活様式は両立すると納得した。何万年もの昔、定住せず、鋤で耕すこともしていなかったけれども、信じられないような芸術作品を創り、謎に包まれた複雑な生涯を送り、認知的な要素すべてにおいて私たちにそっくりな人々が存在していたという見解がようやく受け入れられるようになったのである。

もちろんそうした古代の人々、そしてラスコーやアルタミラの壁画に描かれている信念や価値観を持っていた大きな社会は、はるか昔に消え去った。したがって、その遠い昔にいなくなった人類が創造力に富んだ精神を持っていたことを示す、奇跡的に保存されていた証拠は私たちの手元にあるが、そうした信念や価値観がどのようなものであったのかを確実に知るすべはまったくない。それでも、文化と時間に大きな隔たりがあってもなお、アルタミラやラスコーなどの古代の人々が、今日の私たちを駆り立てているものと同じすばらしい人間の精神に満ちあふれ、本質的には私たちと同じ人間であったことは確信できるのである。

意義深いことに、ラスコーなどの洞窟の壁を飾っているのは、その制作者をかつてない偉大な芸術家の一人に位置づけられるほどの器用さ、観察眼、すぐれた様式を用いて描かれた動物の絵だけではない。ひと目でわかる動物の姿に混じって、またその上に、制作者は格子、点線、矢印のような、創作者にとって明らかに特別な意味のある幾何学模様を描いている。残念なことに、今日の私たちには制作者の表現したかったことを知る方法はない。けれども、壁画の明らかな特性とその複雑な並べ方を考え合わせると、この作品がただの具象作品ではないことが急に分かってくる。これは象徴なのだ。洞窟にある絵は写実的であろうと幾何学的であろうと、すべて単なる形象を大きく超えた意味に溢れているのである。

ラスコーの芸術作品がその制作者にとって、あるいは表現しようとされたものにとって（その二つが同一のものなのかどうかは永久にわからない）正確に何を意味していたのかを知ることはできないが、この芸術作品が直接目で見ることのできる範囲を超える何かを意味していたことに疑いの余地はない。そして不思議なことに、それこそが、多くの人が最も心の奥深いところで氷河時代の作品に共感する最大の理由の一つなのである。なぜなら、人類の長い経験を記す文化的な多様性が無限に広がる中で、今日の人類に何よりも共通しているものが一つあるとするなら、それは象徴的な能力だからである。それは、自分の周囲の世界を体系づけて、精神的表現の言葉に変え、心の中で幾通りにも組み合わせ直すことのできる人間に共通の能力だ。この独特な精神能力のおかげで、私たちは頭の中で別の世界を組み立てることができ、それが人間の大きな特徴である文化的多様性のまさに基礎を形作っている。世の中のほかの生物は、多かれ少なかれ、自然に与えられたままの世界の中で暮らしている。そしてそれらの世界とのかかわり方は、時に驚くほど高度であっても、おおむね直接的である。それとは対照的に、私たち人間は——しばしば残酷な現実が割り込んでくるとはいえ——かなりの程度まで脳が作り直した世界の中で暮らしている。

　人間は多くの面で身体的にも認知的にも独特である。しかし、ほかに類を見ないその情報処理の方法が、何にも増して、私たちをほかの生物とは異なるものとして区別する要因であることは疑いようもなく、また、私たちに異なると感じさせるものであることも間違いない。さらに、本書を通して読者が納得することを願うが、これはまったく前例のないものなのである。象徴的な論理的思考を行う能力は、現存する類縁の大型類人猿にさえ見られないばかりか、人間に最も近い絶滅した類縁——果ては私たちとまったく同じ姿をした最古のホモ属にさえ欠けていたと思われる。同時に、現生人類はそうした現存あるいは絶滅した類縁すべてと、知的な共通点がたくさんある。より端的に言えば、いくら自分の理性的な行動を自慢したところで、私たちが完璧に理性的な生物でないことは疑いようもない。現代の人間を観察していれば、それは苦労せずともすぐわかる。その大きな理由の一つは、波乱に富んだ長い進化の歴史の気まぐれで、脳――すなわち、私たちの頭にある行動や経験を司る不思議で複雑な組織――の新しい構成要素のいくつかが、非常に古い構造のいくつかを通して互いに情報を伝え合っているからである。

複雑な歴史が原因で妙な構造になった私たちの脳は、人間の工学技術の偉業とは月とスッポンだ。実際、おそらくまったく比べものにならないだろう。工学者はいつでも、意識あるいは無意識にかかわらず、また制約を加えられた状態においてさえ、目の前の問題に対して最適な解決策を求めて努力する。それとは対照的に、現生人類の脳を生んだ長くまとまりのない過程の間には、未来の効率を上げるような潜在的な可能性ではなくすでにそこに存在していたものが、いつも歴史的な結果――実際に起きたこと――に対して大きな影響力をおよぼしてきた。それはそれでよいことである。何と言っても、もし脳が機械のように設計されて、特定の課題に対して最適な方法を選ぶようになっていたら、それはもはや、すべてが予測できて退屈な心のない機械である。なぜなら、欠陥はあっても、脳のまさに複雑で偶発的なところこそが、脳――ひいては私たち人間――を今あるような知的に豊かで、創造力に富み、感情的で、興味深い存在たらしめるものだからだ。

この考え方は、私たちの多くが学校で学んだ進化の解釈とは矛盾する。学んだとすれば、そこでは、最も基本的な生物学的現象はたいていの場合、ゆっくりとではあるが止めることのできない改良であり、完璧をめざして継続的に進んでいくものとして取り上げられていたことだろう。そこで、人類史を語り始める前に、少し寄り道をして、私たちを作り上げるにあたって働いた驚くべき過程を詳しく見るのが妥当かと思われる。なぜなら、人間が特別なのは当然だという考えに反して、私たちは実際にはまったくありふれた生物史の産物だからだ。

進化の気まぐれ

まずは最初の部分、すべてに先んじて、自然界を系統立てるパターンから始めよう。なぜならそれが、地球に人類が誕生する背景となったメカニズムを理解するための、最もわかりやすい手掛かりだからである。生物界には明らかな秩序がある。私たちを取り巻く多様な動物や植物が体系化されていることは少しも偶然ではない。それは全体にわたって、グループの中にグループがあるというパターンを示している。たとえば哺乳類の中では、ヒトは類人猿に最も似ている。類人猿とヒトとを合わせたグループは、旧世界ザルと新世界ザルに最も近い。そして類人猿、ヒト、サルはみな、解剖学的にはほかのどのグループよりもキツネザルに似ている。この一団が霊長目であり、合わせて子どもを母乳で育てる柔毛に覆われたすべての恒温動物、すなわち哺乳類の中で、一つのまとまった分類群を作っている。さらに哺乳類（哺乳綱）は脊椎動物（背骨のある動物——魚類、両生類、爬虫類、鳥類、そして哺乳類）として知られる大きなグループに属している。

ほかのすべての生物も、それぞれ似たような形で生物界に収まっている。図式的には、この類似パターンは、枝分かれを繰り返す木の形で最適に表現される。突き詰めれば、何百万もの生物をすべて一本の巨大な「系統樹」の中に含めることができる。その最大の木の中で、生物学者は、ほんの小さな枝先（たとえばホモ・サピエンスという種）を属（たとえばホモ属）へと束ね、それがまた科（ヒト科)、さらに目(霊長目)へとグループ化する。木を登っていくにつれて、枝分かれのたびに根元の共通の祖先からも近くの同等の類縁からも形態がさらに異なっていく。この見るからに明らかな系統樹を純粋に構造の面から調査することはできるが、最も興味深いのはその原因を探ることである。

この類似パターンについて検証しうる(また徹底的に検証されてもいる)唯一の科学的説明は、すべての生物は祖先を共有しているという考え方だ。私たちを木の形につなぐ手掛かりとなる類似点は、様々に枝分かれした子孫に共通する一連の祖先の姿を受け継いだものである。似たような姿であれば最近の祖先が同じであり、大きく異なる姿であれば遠い昔の祖先を共有している――つまり、長い時間の間に違いが積み重なったのだ。現在、目に見える姿がいくら異なっていても、すべての生命は、本質的にゲノムのレベルで三五億年以上前に存在していた一つの共通の祖先にたどり着く。

共通の祖先から分岐しうるという説得力のあるメカニズムを最初に考えついたのは、一九世紀の博物学者、チャールズ・ダーウィンとアルフレッド・ラッセル・ウォレスである。ダーウィンはこの変化の仕組みを「自然選択」と名づけた。そう指摘されると、この自然のプロセスはまさしく自明の理であるように思われ、ダーウィンと同時代の有名な学者トマス・ヘンリー・ハクスリーが、それを思いつかなかった自分をおおっぴらに責めたほどだった。簡単に言えば、自然選択は単純に、親から受け継いだ特徴によって仲間よりも環境にうまく「適応した」個体が優先的に生き残って繁殖することである。そしてそれはもっぱら、すべての種において、各世代が、生き残って繁殖するために必要な数よりも多くの子孫を作るということの数学的な結果である。すなわち十分な時間を経れば、より有利な特徴を受け継いだ個体の方が繁殖に成功し、したがってその個体群を環境に適した方向へと動かしていくことになる。そうして、その系統の仲間は平均的な外見が変化して、最後には新しい種へと進化していくだろう。

いずれにせよ、それがこの理論だった。最も、後に自然選択は主に、可能な変化のうちの両極端を切り捨て、個体群の安定をおおむね保つためのものではないかと言われるようになってきている。そしてもう一つ複雑な問題がある。適応について考える時は、たとえば足や骨盤の構造あるいは「知能」という具合に、たいていはその動物の一つの解剖学的特徴や行動の性質が思い浮かぶ。一つの特徴だけを取り上げて考えれば、その構造が自然選択によっていかに時を経て進歩したのかを捉えやすい。ところが現在では、すべての生物は驚くほど複雑な遺伝子を持つ存在で、きわだって少ない構造遺伝子（ヒトにおけるその数ははっきりとはわかっていないが、二万三〇〇〇個あたりが有力である）が、とてつもなく多くの体組織やその作用の発達を決定していることが判明している。つまるところ自然選択では、実際には遺伝子とその活性化の特徴が複雑に絡み合っている個体の、全体の可否しか決められない。特定の特徴を抜き出して有利にしたり不利にしたりすることはできないのである。

これは「適応度」の図式をぼやけさせる。たとえば、捕食者が山ほどいる環境で自分がいちばん足が遅ければ、たとえ種の中で最も賢かったとしてもその頭脳には何の価値もない——むしろ最も不運な個体ということにさえなるだろう。さらに言えば、結局のところどっちつかずの世界では、生殖が成功するかどうかは、何か一つのことにどれだけすばらしく適応しているかということとはあまり関係がないかもしれない。捕食者の餌食になるかどうか、交配相手を見つけられるかどうかは、単純にまったくの運と偶然の環境の為せる業なのかもしれない。要するに、化石記録に映し出されているものを見ればわかるように、進化の歴史は各個体の繁殖の運命だけから作られるのではないのである。実際、環境が絶えず変化する世界、異なる生物が生態系における地位を絶えまなく争っている世界では、個体群と種全体の運命が、後から化石記録を見た時に観察されるような、より大きな進化のパターンを決定づけていることが多い。

　進化がちょうどよい完璧な形を作り上げると考えてはいけない理由は、まだほかにもある。すでに述べたように、変化はすでにそこにあるものの上にしか起こらない。なぜなら、環境あるいは社会に生じている問題に対して、進化が新しい《デ・ノヴォ》解決策を魔法のようにポンと出現させることはあり得ないからである。結果として私たちはみな、本質的に遠い昔の祖先によってもたらされたテンプレートの修正版の上に成り立っている。過去が未来の潜在的可能性を著しく制限するのは、私たちが必ずこれまでの変化形でなくてはならないからだけではなく、まさに信じられないほど複雑な体系を伝搬するためのものであるゲノムが、実は変化に対して大きく抵抗するからである。事実、ゲノムは「壊れていないなら直すな」の典型的な例である。何と言っても、ゲノムほど込み入ったものをいじくりまわすなど、わざわざ災いを招くようなものであり、これほどまで複雑に機能している体系に無差別に変化を加えてもまったくうまくいかないだろう。遺伝子コードの変更が大きな危険を伴うとわかれば、ゲノムに備わっている保守性の説明もつく。また、見た目には大きく異なるいくつかの生物が驚くほど似たような遺伝子を持っていることも理解できる。私たちはバナナと四〇パーセントを超える遺伝子を共有していると聞いたことがある。一方で、人間の肌の色の決定に大きくかかわっている遺伝子はまた、ゼブラフィッシュ［訳注：インド原産のコイ科の小型魚］の体表にある濃い色の縞模様を調節する働きも担っている。

同じ遺伝子あるいは遺伝子族が、たとえば人間とショウジョウバエのように見かけが大きく異なる生物を超える構造に影響を与えることは、驚くべきことのように思える。しかし、すべての生物が大元となる同じ祖先を共有しているだけでなく、どの生物の形も単に個々の遺伝子の構造を反映しているだけではないと考えれば、それもうなずけるというものだ。成体の解剖学的構造は発達過程の最終段階である。その過程は根底にある遺伝子そのものの影響のみならず、その遺伝子のスイッチがオンになったりオフになったりする順序、そのスイッチが切り替わる正確なタイミング、遺伝子が働いている時に具体的に遺伝情報が発現される強さからも強い影響を受ける。この重層的なプロセス（遺伝子、タイミング、活動）によって、遺伝子が極端に保守的であるにもかかわらず、生物間に大きな解剖学的多様性が認められるという明らかな矛盾の説明がつく。それはまた同時に、未来の可能性を狭めることにもつながっている。なぜなら遺伝子コードの変化が、細胞分裂の際に起きる単純な複製エラー（突然変異）によって驚くほど高率で生じる一方で、そうした変化のうち遺伝子プール（集団遺伝子構成）の中に定着するものはほとんどないからだ。突然変異した遺伝子のいくつかは邪魔にならないという単純な理由からそのままそこに残るかもしれない（実際、その時は価値がなくても遠い未来で役立つこともある）。けれども、適応に有利になるどころか、生存に適した結果を生むことさえあまりない。そうしたすべての理由から、遺伝で受け継いだ基本的な構造が大々的に改造されることなど単純にあり得ない。

偶然の役割

進化が細かく調整されたものと考えられないもう一つの大きな理由は、進化的変化が必ずしも自然選択の成果ではないということだ。偶然――専門用語では「遺伝的浮動」――もまた大きな要因である。絶えまなく変異が起こると、同じ種に属していながら孤立あるいは半孤立状態にある局地的個体群は、変化を促す大きな選択の力がなくても、純粋にいわゆる「標本誤差」の結果として必ずそれぞれ異なっていく傾向がある。標本の数が少なければ少ないほど、遺伝子上の変異による偶然の結果が大きくなるため、個体群が小さければ特にそうなる。変異の代わりにコインを投げると考えてみればよい。二回しか投げなければ、二回とも表がでる可能性は高い。一〇回、一〇〇回、一〇〇〇回投げると、すべて表になる可能性がどんどん小さくなる。小さな個体群は、数回しかコインを投げないのと同じである。

当然のことながら、すべての変異が同等とは限らない。一部は成体にはほとんどあるいはまったく効果をおよぼさないだろう。発達の過程、ひいてはその生物の最終的な構造に多大な影響を与える可能性を持っているのは、ほんの数えるほどだけだ。また、遺伝子の影響が現れる程度の違いや、あるいは最終の物理的な結果を決定するうえで遺伝子による生成物がどれほど活発に働くかということも重要である。こうしたすべての理由から、進化による著しい身体的変化は、ちっぽけな、そして累増的な段階を追って生じると考えてはならない。後に触れるが、時にはほんの小さなゲノムの変化が大規模で複雑な発達につながって、解剖学的あるいは行動的に大きく異なる新しい成体の形態を作り出すこともある。

これらはいずれも適応上最も効率のよい方法ではない。だが、大系統樹の豊かな分岐は、十分な時間が与えられればそれがうまくいくことを存分に物語っている。それはまた、何十億年もかけて生命が多様化したという全般的な説明として成り立つだけでなく、人間とそれ以外の現存する生物を分け隔てる認知能力の深い溝が、とても信じられないことだが、かつてはつながっていたことを理解する助けにもなる。

そこで話は本書の中心となるテーマに戻る。つまり、人類がいかに、身体的な存在はもちろん先例のない認知能力を持つ類い稀な生き物になったのかという物語だ。それは人類が無防備な獲物としての控えめな存在だった初期から始まって、太古のアフリカの疎林への進出、そして地球の頂点捕食者の地位を占める現在へと続く、長くて波乱に富んだ（進化の基準から見れば急速ではあるが）道のりである。その驚異的な物語の概要が今、明らかになりつつある。そしてそれは、進化の変化の根底に重層的になった過程が存在するという新しい考え方にほどよくあてはまる。もう一度繰り返しておこう。いくら自分たちは例外的だと思っていても、実際には、私たちは通常の生物学的過程の産物なのである。

第一章　ヒトの太古の起源

太古の生物の進化の状況だけでなく、化石の保存状態にも多大な影響を与えるものに、地球自体の地理と地勢がある。ほかの分類群と同様、私たちヒト科分類群にとっても重要であるため、ここで多少の背景知識を得る価値はあるだろう。およそ六五〇〇万年前の恐竜の消滅に続いた哺乳類の時代、アフリカ大陸のほとんどは平らな高台だった。そこでは板状の地殻がまるで大きな厚い毛布のように、地球内部で流動するマントルの上に覆い被さっていた。当然温度は上がり、やがて上昇を続ける高温岩体によって、その上に被さる硬い表面が盛り上がり始めた。

こうして、おおむね孤立してはいるけれども基本的には「ドーム」として知られる隆起した地域がつながる一連の「アフリカの背骨」、すなわちアフリカ大地溝帯（グレート・リフト・バレー）の形成が始まった。この膨れ上がった裂け目は、シリアから始まって紅海を進み、エチオピア南部から東アフリカを通ってモザンビークへと続く線に沿って、大陸の表面を分断している。中でも目を引く東アフリカ大地溝帯は、地下の膨張が表面の硬くて曲がらない岩に亀裂を生じさせたため、複雑に連なる切り立ったくぼみを形成した。地球内部の高温岩体の侵入で大陸が持ち上がり続けるにつれて、水と風の浸食によって、驚くほど多種多様な化石を含んだ堆積層が谷底に積み重なるようになった。専門的な区分としては化石は過去の生命に直接関係するもののすべてを含むが、その大部分は――古生物学者にとって――幸運なことに、死肉食動物や自然の力で消し去られる前に、海や湖や川の堆積物に覆われて保護された死んだ動物の骨や歯である。そして、運命の巡り会わせによって、大地溝帯の堆積岩には世界のほかの場所にはない、人類とその初期の類縁の長い歴史にまつわる珍しい化石が残されたのである。

アフリカ東部では、地溝の堆積層はエチオピア・ドームで二九〇〇万年前頃に積み重なり始め、ケニア・ドームではそのわずか数百万年後の二二〇〇万年前頃に同様の堆積が始まった形跡がある。これが起きたのは地質学者に中新世として知られる時期で、化石記録に示されるように、ちょうど霊長目の進化にとって特別に興味深い時期と重なっている。まさに「類人猿の黄金時代」と呼べる時期であり、その時代の末期に現れた人類の進化の舞台となった。

今日の大型類人猿――チンパンジー、ボノボ、ゴリラ、オランウータン――はアフリカの狭い地域と東南アジアの少数の島に限って、ほんのひと握りの森林居住性の種を構成しているだけである。けれども中新世は類人猿の最盛期で、一八〇〇万年間も続いたその時代に、科学者は旧世界中に散らばる遺跡から二〇属を超える絶滅類人猿の存在を突き止めている。その中心は東アフリカだ。こうした古代の類人猿で最古のものは「プロコンスル科」として知られている。それらは二三〇〇万年前から一六〇〇万年前頃、中新世初期の東アフリカの多湿な森林で、果物を求めて枝から枝へと大木の上を駆け回っていた。現代の類人猿同様、すでに尾はなかったが、多くの面でサルに近く、前肢はその子孫が後に獲得した形態と比べると可動域が狭かった。

およそ一六〇〇万年前、アフリカの気候は乾燥化し、雨季と乾季がはっきりするようになって、森の性質が変わったようである。その新しい住環境では典型的なサルが全盛をきわめ、プロコンスル科は現代の後継者に近い「ヒト上科」に道を譲った。特に注目すべきは、中新世後期の類人猿において、肩関節の部分で自由に回転させられる可動性の高い前肢が発達したため、木々の枝に効率よくぶら下がることができるようになって、多方面において機敏に動けるようになったことである。こうした初期のヒト上科はまた、一般に、頑丈な顎に厚いエナメル質に覆われた臼歯が生えていたため、アフリカとアラブ地域からユーラシアへと広がっていくのにあわせて、季節によって異なる様々な森の食物を摂取することができた。

ユーラシアとアフリカの両方で、一三〇〇万年前から九〇〇万年前頃にまでさかのぼって、古生物学者はヒト上科のいくつもの属の化石を発見している。それらはおそらく私たち「ヒト科」（あるいは「ヒト族」とも呼ばれるが、区別の主たる目的は単に概念的なものである）の最初の仲間を生んだグループだろう。ここで述べている属のほとんどは主に歯と顎や頭蓋の一部から判明しているが、その中の一つ、一三〇〇万年前のピエロラピテクスは、ほんの少し前にスペインで、ほぼ完全な骨格が発見されたことでよく知られている。ピエロラピテクスは明らかに木に登って暮らしていたが、習慣的に背筋をまっすぐに伸ばしていたことを示唆する身体の特徴を数多く示している。そのような姿勢は——少なくとも樹上で——実際に当時の多くのヒト上科の典型であったのかもしれない（現在のオランウータンがそうである）。しかしながら、ピエロラピテクスの頭骨と歯は、これから述べる初期のヒト科とみなされているいずれのものとも異なっている。

最初のヒト科はご起立願えますか?

ヒトの分類群の最古の代表は、中新世末期と続く鮮新世初期、すなわちおよそ六〇〇万年前と四五〇万年前の間に生存していた。彼らが現れた時期はちょうど、開けた環境で暮らす新たな哺乳類の属が出現したのと同じころで、化石記録からはそのころにも大規模な気候変動が起きたことがわかる。海洋の冷却は世界中の大陸の雨量と気温に影響をおよぼし、熱帯地方に「モンスーン・サイクル」としてよく知られるはっきりした季節変化をもたらした。この冷却によってヨーロッパは広範囲で温帯性の草原になったが、アフリカでは巨大な森林が崩壊して、ところどころに草原の入り込んだ疎林が形成されるという新たな傾向が生じた。この気候悪化は逆に多様な生態学的舞台を創り出し、最古のヒト科として知られる生き物を登場させた。

「最古のヒト科」という名前に含まれる様々な顔ぶれに目を向ける前に、しばし立ち止まって、最古のヒト科がどのような姿であるべきかを考えてみた方がよいかもしれない。最初のヒト科、すなわち類人猿から離れた私たちが属する分類群の最古の仲間がいたとするなら、どうすればそれがそうだと見分けられるのだろうか? 簡単な質問のように見えるが、この問題は論争の種になっている。特にヒトとチンパンジーのような関係のある系統は、論理的に考えると、共通の祖先までさかのぼれば互いにますます似通ってくるはずで、区別がいっそう難しくなる。そこで、なおさら議論の的になるのである。ところが霧に包まれた過去においては原則として現代の分類群を定義している特徴が意味を失うにもかかわらず、ごく初期のヒト科を識別する試みは、逆説的だが今日の彼らの子孫をきわ立たせている特徴の初期の出現を探す方法が大部分を占めている。

オランダ人医師ウジェーヌ・デュボワが一八九一年にジャワ島で初めて太古の人間の化石を発見した時、彼はその新たな発見物をピテカントロプス・エレクトス（「直立する猿人」）と名づけた。デュボワが選んだ種の名称は、このヒト科の人間としての（少なくとも人間に近い）地位を判断するにあたって、彼がこのヒト科の（大腿骨の構造から示唆される）直立姿勢を重要視したことをきわ立たせている。ところがその後まもなく、少なくとも一時的にだが、重視すべき点が変化した。もしかすると現代人の最たる特徴は、その大きな脳ではないかと考えられたのである。そこで、二〇世紀の初め頃には、化石をヒト科の類に含めるべきかどうかの重要な判断基準として、脳の大きさの拡大が直立姿勢に取って代わった。実際に、一九一二年に人類の祖先と認められたがいかさまだったことで悪名高いイギリスのピルトダウン人「化石」では、（類人猿の顎の骨にぴたりと合う）その大きな脳頭蓋が判断基準となった。多くの科学者は最初から疑っていたものの、正式に不正が判明したのは約四〇年も経ってからである。時が経つにつれて、ピルトダウン人の標本はいちだんと無視されるようになり、それに伴って大きな脳という基準も人気を失った。その代わりに登場したのが、解剖学的ではなく行動上の尺度である。手の器用さと石器の製作が、人類としての地位を示す重要なかぎとなり、「道具を作る者こそが人類である」という概念が定着した。

しかしそれにもそれなりの問題があった。やがて必然的に解剖学的基準に再度、注目が集まり、ヒト科の判断基準として利用できそうな様々な形態的特徴が提案された。特に注目を集めたのは、最も丈夫な生体物質に覆われていて、化石記録の中でもとりわけ保存状態のよい歯である。初期のヒト科の化石候補によく見られる歯の一つの特徴は、大臼歯、つまり奥歯のエナメル質が厚いことだった。けれども、これまで見てきたように、硬い物を食べていたことを示すこの特徴はまた、中新世の類人猿でも広く見つかっている。もう一つ繰り返し注目を集めてきたヒト科の歯の特徴は、犬歯の縮小である。これは、上顎の大きな犬歯がそれとかみ合う下顎の小臼歯によって研がれるという特徴がないことに関係している。体の大きな犬歯を持つ雄の類人猿はたいてい裏が研がれてかみそりのように鋭い上顎犬歯を持っている。ただし、体の小さな雌は歯も小さくて弱い場合がある。しかしながらここでも、犬歯の縮小傾向はヒト科固有のものではない。その特徴は中新世の様々な類人猿にも見つかっており、中でも有名なのが中新世後期の一風変わったオレオピテクスである。オレオピテクスは島嶼《とうしょ》型で、直立姿勢への明らかな傾向も示している。さらに、この驚くべきオレオピテクスは、最近になって指先で物をつまむ「精密把握能力」があったと報告されている。それはかつて道具を作るヒト科に特有なものと考えられていた特徴の一つだ。

ヒト科に特有の特徴を見つけ出すことが難しい一因は、進化の多様化という性質にある。ヒト科の歴史をさかのぼるにつれて、現代の人間に見られる特徴がみなそれほど目立たなくなっていくうえ、さらに類縁関係のある系統の別のメンバーの面影が大きくなっていく傾向があるのだ。この現実を踏まえると、古代の化石がヒト科であるかないかを絶対的に表す解剖学的な「万全の解決策」がいずれ見つかると期待することはまるで現実的ではない。そうしようとする試みは、すべて何らかの専門的な問題によって暗礁に乗り上げている。たとえば脳が七五〇立方センチメートル（cc）以上の容量を持つものをホモ属と考える「脳のルビコン」を定めた、イギリス人解剖学者アーサー・キースによる二〇世紀初頭の試みを例に挙げよう。これより小さな場合はホモ属の仲間には含まれない、とキースは述べた。これは確かに便利で測定しやすい基準ではある。くわえて、ヒト科の化石がほとんどなかった時代には有効でさえあったかもしれない。しかし予想どおり、ヒト科の化石標本が増えるにつれて問題が生じた。脳の大きさは同じ個体群の中でも明らかに異なる（現代人の脳はおよそ一〇〇〇〜二〇〇〇ccの範囲だが、脳の大きい方が必ずしも知能が高いとはかぎらない）ため、おおまかに見ても、この基準では古代のヒト科の一体を私たちのヒト属に含めながら、その親と子どもを排除することになりかねない。化石の発見が重なると、予想どおり、後の研究者は何度もキースの数値を下げざるを得なくなり、ついには「ルビコン」の発想そのものが明らかに間違っているということになった。

それと同様の反対の根拠は、ホモ属あるいはヒト科の仲間を決めるこの種のどんな基準にもあてはまる。しかし、ものごとを「重要な基準」という観点から捉えたいとする衝動は、やはり常に存在する。実際、近年になって、古人類学者は一巡して元のデュボワの視点に戻ったため、現在もてはやされている「最古のヒト科」すべてをまとめている最もはっきりした共通の要素は、それぞれが地上で二足歩行していたという主張である。ヒト科の仲間入りを果たすこの一見わかりやすい基準は、中新世末期の東アフリカの密林にところどころ開けた場所が出来始めたことを考えると、特に魅力的である。そのため少なくともいくつかの類人猿の個体群は、以前より長い時間を地上で過ごすことを余儀なくされたと考えられる（もっとも、ご多分に漏れず、かたくなに樹上生活を変えなかった個体群にとっては絶滅する方が簡単な選択肢ではある）。それでも、もしその環境変化が類人猿の一系統を直立させたというのであれば、ほかの類人猿も同様だったのではないだろうか？　いくつもの類人猿が、そうやった可能性は高い。それにもかかわらず、その中の一つだけしかヒト科の祖先になれなかったことになる。

さらに当惑させられる要因は、「ごく初期のヒト科」の化石がすべて、密林の生息地、あるいは少なくとも疎林が入り混じっていたことを示す場所から見つかっていることである。したがって、最古のヒト科は代々暮らしてきた生息地を失ったために、地上を直立して歩かざるを得なくなったのではない。私たち人間はどちらかといえば還元主義的な考えを持ち、明確でわかりやすい説明に惹かれる。けれども理解しにくい大自然を相手にする時には、過度に単純化された話には気をつけなければならない。

主要登場人物

世紀の変わり目が近づくまで、ヒト科の化石記録として知られているものは、およそ三〇〇万年前から四〇〇万年前の時期までのものに限られていた。ところがその後、驚くべき一連の発見から、それよりかなり古い「最古の」ヒト科を名乗る様々な化石が競うように現れた。その中で最も古いものは、ＤＮＡ調査によれば、私たちの祖先が、近い類縁と考えられているチンパンジーとボノボの共通祖先と枝分かれした時期のものである。

「トゥーマイ」とオロリン

現在提案されている「最古のヒト科」の中で最古の時代のものは、七〇〇〇万年前に届きそうなほど太古のサヘラントロプス・チャデンシスという種で、二〇〇一年にアフリカ中西部のチャドという国(大地溝帯のかなり西方)で発見された。このタイプについてこれまでに発表されているのは、非公式に地元民の言葉で「命の希望」を意味する「トゥーマイ」と呼ばれている、ひどくつぶれた頭蓋といくつかの部分的な下顎骨である。このようなヒト科祖先を誰も予想していなかったため、これらの化石は発見時に混乱を呼んだ。トゥーマイについて特に奇妙なところは、小さな(つまりどちらかといえば類人猿のような)脳頭蓋に、それよりも新しい時代のヒト科の化石のような突き出た顎とはまったく違う(その意味では類人猿とも異なる)大きな平たい顔をしていたことである。このタイプがヒト科に分類された理由は、二つある。一つは、歯だ。臼歯にはほどほどに厚いエナメル質があり、犬歯は小さく、下の小臼歯が研ぐような仕組みはない。ここまではよい。しかしこれまで見てきたように、臼歯の厚いエナメル質と退縮した犬歯－小臼歯複合はヒト科以外でもあり得る。したがって、重要な発見はつぶれた頭骨の下部にある。大後頭孔、すなわち脊髄が頭骨から出る大きな穴のある位置が、主に下向きになるように顔面に対して頭蓋の下側に位置すると考えられるのだ。こうした作り、つまり垂直な脊椎の上で平衡を保つ頭蓋は、私たちのような直立二足動物に見られるものだと考えられることから、これは重要である。四足動物のチンパンジーでは、頭蓋は水平な脊椎の前にぶら下がっているため、大後頭孔は頭蓋の後部に後ろ向きに開いていなければならない。しかしながら残念なことに、サヘラントロプスの頭蓋がひどくつぶれているため、この大後頭孔に関するきわめて重要な主張には必然的に異議が差し挟まれることになった。

それに応えて、研究者は医療用スキャン機器を用いてつぶれた頭骨のCTスキャンを撮り、コンピューターで歪みを消去して仮想復元を行った。手法がいくらハイテクになっても、復元には必ず人間の判断要素が含まれる。だが、出来上がった本来のサヘラントロプスの頭蓋模型は、トゥーマイが――確実とは言わないまでも――二足動物の頭蓋である可能性が高いと考えるに十分な根拠をその製作者に与えた。今でも懐疑的な声はある。だが、二足歩行の問題はサヘラントロプスの骨格の重要部分が明らかにならない限り決着がつくことはないとは言え、頭蓋の復元は疑わしさは残るものの二足歩行に有利となっている。

トゥーマイがヒト科なら――またそうでなくても――その暮らしぶりについてはどのようなことが言えるのだろうか。同じ堆積層の中から見つかった化石は、サヘラントロプスが近くに森のある、水の豊富な環境で暮らしていたことを示している。そこから直接多くのことはわからないが、この祖先と目されるものが手に入れることのできた資源の種類はいくらかわかる。その情報を、姿勢、生息地、全般的な歯の形と合わせてまとめあげると、サヘラントロプスは少なくとも時々は二足で歩き、果物、葉、木の実、種子、根、そして昆虫やとかげなどの小さな脊椎動物まで食べる、かなり幅の広い植物中心の食性であったと考えてよいだろう。とりあえずここではそれ以上の発言は控えた方がよさそうだが、後に、初期のヒト科の社会性などについていくらかの推測を立ててみたい。

トゥーマイと同じくらい古いものに、二〇〇〇年にケニア北部で発見され、したがって「ミレニアム・マン」というニックネームを与えられた種類がある。これは専門的にはオロリン・トゥゲネンシスという名で知られている。六〇〇万年前頃と年代が推定されているいくつもの場所で発見されたオロリンのものと考えられる資料は断片的で、いくつかの顎の一部、歯、同一種のものと考えられる（けれども立証されていない）いくつかの四肢骨が含まれている。大臼歯はエナメル質が厚く、四角張っており、大きすぎない。つまりすべて初期のヒト科に予想される特徴である。さらに、上の犬歯は望ましいほどに小さい。けれども不完全な大腿骨（太ももの骨）が議論の的になっている。不運なことに、二足歩行を特定するために必要不可欠な形態、つまり解剖学的な構造を示すはずの大腿骨が壊れているのだ。それでも、わかっていることはすべて直立の動きに一致する。上半身では、上腕骨の一部に木を登るために欠かせない筋肉が密着する部分があり、指の骨の一つが大きく曲がっている。この特性はどちらも木登りをして枝をつかんでいたことを示唆するものである。同じ発掘現場から見つかった動物の化石からは、それらがみなやや乾燥した常緑の森林環境で暮らしていたもので、草原の反芻動物の気配はまったくないことがわかる。全体として、オロリンの化石は、二足歩行のヒト科がおよそ六〇〇万年前のゆっくりと乾燥しつつあるアフリカ東部の森林にいたという考えを強く示唆している――その時期はちょうど、現代人とその類縁のＤＮＡの比較によって、初期のヒト科が見つかってもおかしくないと考えられていた時期でもある。

「アルディ」

「最初のヒト科」の第三候補は、最近騒ぎ立てられている霊長目で、エチオピア北部にあるアワシュ川流域の堆積岩から発掘されたアルディピテクスである。一九九四年、アルディピテクス・ラミダス種と考えられるいくつかの破片が、アラミスという場所の四四〇万年前の堆積層から見つかったと発表されたが、二〇〇九年にその中から多少つぶれて歪んではいるけれども、ほぼ完全な骨格が公にされた。今にも崩れそうな状況の砂漠の岩から浸食された状態で見つかったため、科学者がその骨格を復元調査するまでには十数年の年月がかかった。ほかにも、同属でそれより古いものとして、五二〇万年前から五八〇万年前の、それほど遠くない複数の場所で発見された化石が、二〇〇一年にアルディピテクス・カダッバと名づけられている。その後若干増えはしたが、アルディピテクス・カダッバは時間的にも空間的にもばらばらな遺跡で見つかった雑多な資料の寄せ集めで、それらの同じ種としての関連性はオロリンの事例よりもなお低い。

アルディピテクス・カダッバの化石のほとんどは、歯と顎の一部である。犬歯の大きさは雌のチンパンジーにほぼ匹敵するが、チンパンジーほど尖っておらず、臼歯のエナメル質は心許ないほど薄い。頭蓋以外の首から下の部分では、腕の骨の小さなかけらがいくつかと、鎖骨の破片、そして二つの指の骨が含まれている。おそらく最も興味深いのは、アルディピテクス・カダッバの全化石の中で最も新しい年代にあたる五二〇万年前のつま先の骨かもしれない。この骨は大きくカーブしているが（つまり類人猿のようだが）、それでもその後ろにある骨とのつながり方が、後のヒト科で二足歩行の証拠として取り上げられている特徴に似ている。上肢の化石はかなり類人猿に似ていると言われており、下半身に比べて上半身の構造の方がはるかに原始的であるという、初期のヒト科の典型的な形に沿っている。関連する化石群からは、木の多い環境が示唆されている。

アルディピテクス・ラミダスの骨格が最近公表されたことで、推測上の初期のヒト科の独特な全容を垣間見ることができるようになった。それは、実に不思議な動物である。ひどくつぶれた頭蓋の仮想復元から、頭蓋の容積は三〇〇〜三五〇ｃｃであることがわかった。ほぼ現代のチンパンジー大の脳の大きさである。また体の大きさも小型のチンパンジーと同じで、重さは五〇キログラム程度だ。人間とは異なり、類人猿の頭蓋は小さく、大きな顔面は前面が突き出ている。「アルディ」は顔がいくらか小さくなったとは言え、その頭蓋は、本質的に類人猿のようなバランスを持つ、ほかの初期のヒト科と考えられるものによく似ている。それほど大きくない臼歯のエナメル質は最初に発見されたアルディピテクスの破片よりも厚いと伝えられており、犬歯はアルディピテクス・カダッバのものより小さく、小臼歯が研ぐような仕組みはない。アラミスで最初に発見されたアルディの破片には、大後頭孔がやや前方に移動して下方を向いていることを示すと言われる頭蓋基底のかけらが含まれていたが、新しく発見された頭蓋も、不完全ではあるけれども同じ傾向を示していると報告されている。全体として、復元されたアルディの頭蓋はすべての点で「ヒト科だよ！」と叫んでいるわけではないけれども、それだけを見ればヒト科の初期の仲間だと考えても、極端に眉をひそめることはないかもしれない。

しかしながら、首から下は、なんと違うことか！　アルディの腕と手の骨は木登りに適した完全な樹上生活者のそれである。すでに知られている後のヒト科が上半身に木登りの特徴を残していること

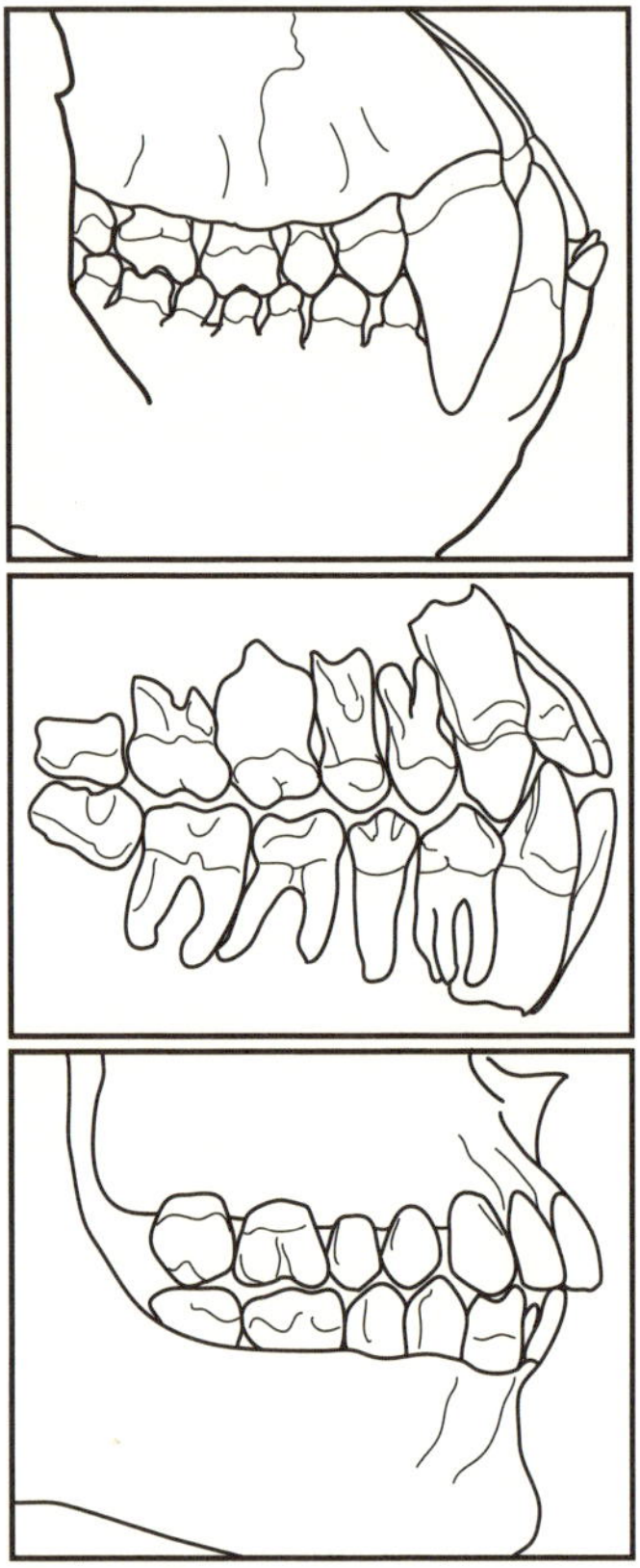

現生の類人猿（特に雄）は非常に大きく尖った上顎犬歯を持っており、それが下顎の小臼歯の前面で研がれる。それに対して、現生人類は上下の犬歯が小さく、反対側の歯より突き出ることはほとんどなく、仮にあってもわずかである。化石が類人猿かヒト科かを判断するにあたって、古人類学者が探す特徴の一つが犬歯の縮小があるかどうかである。ここでは、アルディピテクス・ラミダスの雄と考えられるものの歯を横から見た図（中央）を、チンパンジーの雄（上）と現代人の男性（下、多くの人と同じように親知らずがなく、上の前歯が下の前歯の外側でかみ合う過蓋咬合である）と比較している。アルディピテクスは上下の犬歯がともに縮小しているが、なおも尖っており、若干外側に突き出ている中間の状態を示している。「ごく初期」の他のヒト科の分類群もおおむね同じような構造を示す。図：ジェニファー・ステフィ

を考えれば、これは驚くにはあたらない。むしろ意外なのは、こうした骨が、一般的に私たちにいちばん近い現在の類縁とみなされているチンパンジーやゴリラの腕や手に見られる「ナックル・ウォーキング（指背歩行）」、つまり手を丸めて指関節を地面につけて歩く特徴をまったく示していないことかもしれない。現存しているアフリカの類人猿は、どちらも本質的に樹上で生活する動物である（ただしゴリラの雄の成体は例外で、体重がありすぎてほとんどの木は登れない）。地上にいる時、彼らはディスプレー行動をしたり物を運んだりする際に時おり後肢で立ち上がって短い距離を歩く。けれども類人猿はみな森林の地上にいる時は基本的に四足歩行で、木々の大枝をつかむのに頼りになる細長い指は、ある事を除けば、地上を移動する時には邪魔になる。そこで四つ足で歩く時、チンパンジーもゴリラも指を曲げて握りこぶしを作り、上半身の重さを指の第一関節の外側で支えるのだ。こうして足と比べて長い腕の影響を減らすことで、彼らは長く傷つきやすい指を守りながら楽に四足で歩くことができる。基本的に樹上生活の引っ張って伸びる動きに適応した四肢を、このように体重を支えるという圧縮した動きへと独特な形で順応させた証拠は、類人猿の手と手首の構造にはっきりと現れている。

しかしもちろん、類人猿は類人猿で人間は人間だ。ではなぜ、アルディにナックル・ウォーキングの痕跡がないことで悩むのか？　そもそも、私たちホモ・サピエンスにはナックル・ウォーキングをする祖先を受け継いだような形態的な形跡がない。疑問が生じるのは、人間と類人猿のＤＮＡ構成を比較している分子系統分類学者が、ＤＮＡの類似という点から見て、チンパンジーとゴリラよりも、人間とチンパンジーの方が近似しているという結論で意見が一致しているためである。彼らは、時間とともに変化するＤＮＡ分子のほぼ一定した変化速度の推定に基づいて、ヒトとチンパンジーの共通祖先からゴリラが枝分かれした時期、そしてヒトがチンパンジーから分岐した時期までをも大胆に推測しようとしている。

そのような分子による分岐年代の推定は、たいていの場合、古生物学者にとっては少々短かめに感じられる。ほとんどの推定分岐年代は、ヒトとチンパンジーの分岐が五〇〇万年前から七〇〇万年前の範囲、ゴリラが離れたのがそれよりも数百万年前とする。しかしながら、分岐の正確な時期がいつであっても、これはすべて、ナックル・ウォーキングをするチンパンジーとゴリラの共通の祖先がそのように歩いていたのだとすれば、チンパンジーとヒトの祖先もまたそうでなければならないことを意味する。その場合、ナックル・ウォーキングは、ヒトとチンパンジーが分かれた後のヒトの系統で失われたことになる——そしてアルディのような初期のヒトの祖先と考えられるものの手首や手に、それ以前のナックル・ウォーキングの証拠となるような形跡が見つかるはずだと期待できるのだ。アルディにそのような形跡がないということは、つまりアルディそのものか、もしくはヒトと現在生きている最も近似した類縁であるチンパンジーとの関係について現在受け入れられている認識に、疑問が生じることになる。

近いうちにこの謎が解き明かされることはないだろう。今のところはしかし、アルディの発見者たちは化石の前肢がアフリカの類人猿のいずれとも似ていないこと——誰もがまったく予想だにしていなかったこと——を強調しようと苦心している。さらに注目すべきことに、アルディの首から下の骨格もまた、現在知られているもののいずれにも似ていない。アルディの骨盤は激しく損傷してい

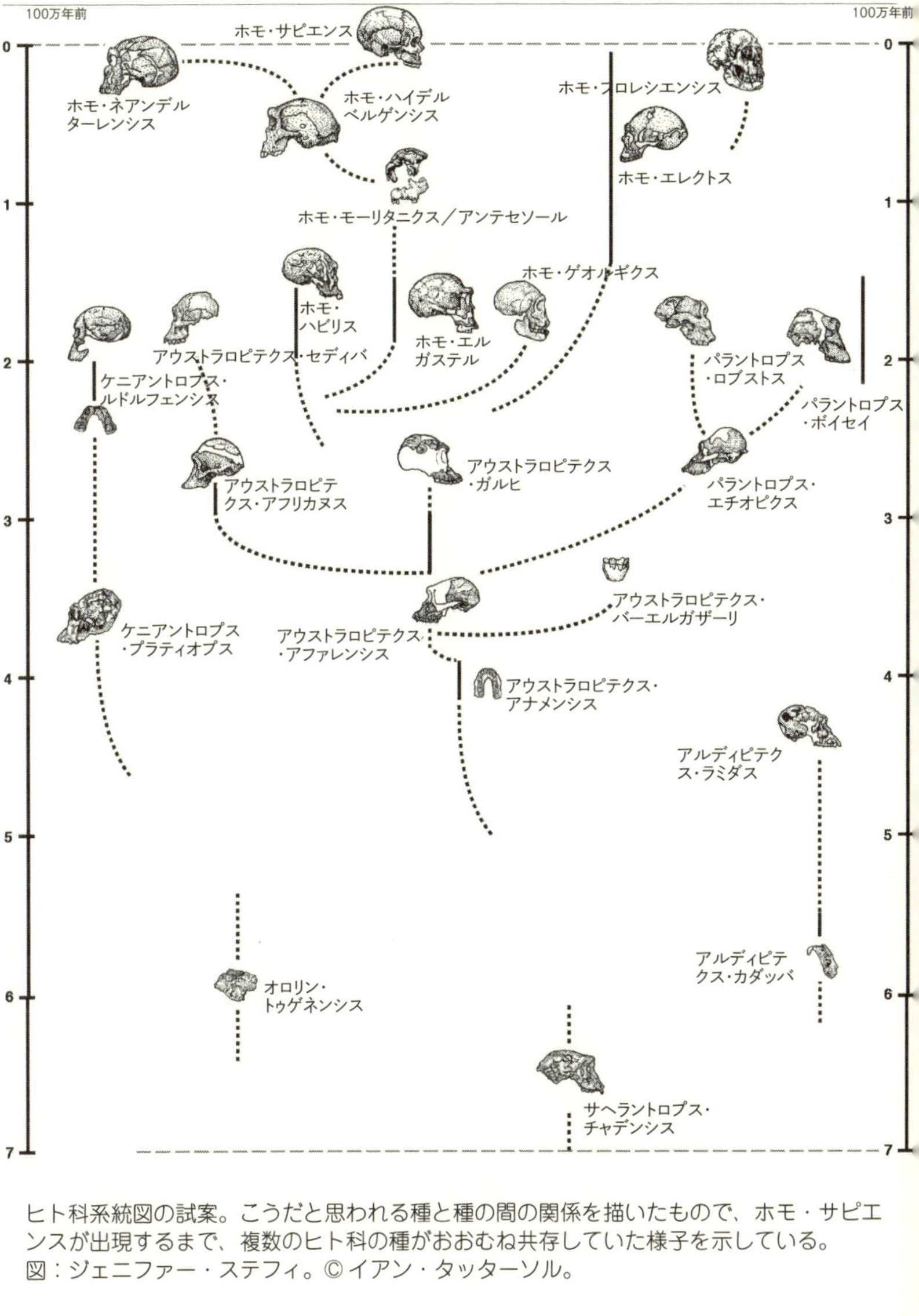

ヒト科系統図の試案。こうだと思われる種と種の間の関係を描いたもので、ホモ・サピエンスが出現するまで、複数のヒト科の種がおおむね共存していた様子を示している。
図：ジェニファー・ステフィ。©イアン・タッターソル。

ため、原型を復元するうえで様々な主観的判断が入った。修復されてみると、骨盤の腸骨（腰のところで横に広がっている部分）の上下の長さが類人猿よりも短く、わずかにヒトに似ている。さらに、骨盤の正面に大きな骨の突起、つまり「脊椎」がある。この構造は、直立姿勢で歩く時にバランスを保つための強い靱帯と、足を伸ばす助けとなる発達した筋肉の両方に関連している。したがって、人間ではその突起が非常に大きく、四足歩行の類人猿ではそれよりずっと小さい。アルディのチームは、化石の上下に見られる短い腸骨と大きな脊椎は、直立歩行の能力がいくらかあったことを示唆すると考えている。けれども、中新世後期の古い友人とも言えるオレオピテクスもまたそのような特徴を持っていたことを考えると、地上を歩いていたというよりは、木の上で習慣的にまっすぐな姿勢を取っていたことと関連づけるほうが適当かもしれない。

アルディの足を見るとそのような印象が強まる。それは、親指が前向きに生えて他の指と並んでいるというヒト科の足として思い浮かぶようなものとは徹底的に違う。むしろ木に登る動物の長くて曲がった足で、枝をつかむことのできる分岐した長い親指がある。したがってこの点でも、アルディの構造にはこれといって現代の類人猿を彷彿させるものはないが、かといってその足は地上の歩行には少しも適していないということになる。

では、アルディはどのように移動していたのだろうか？　今のところ、その判断は難しい。地上生活には不向きな足を持つこの大型の木登り動物はあまりにも重く、その体重を支えられるだけの大きさの木の上だけを移動していては、行動が制限されてしまう。今日、やはり重量級のオランウータンは、しばしば小枝の束にぶら下がって「四つ手の木登り」をすることで同様の体重の問題に対処している。しかしアルディのチームは、その研究対象であるアルディにぶらさがる生活につながるような解剖学的傾向は見られないとはっきり述べている。

つまるところ、アルディは不可解な動物である。体の骨格の構造において現存する近似動物はなく、その頭蓋の構造は少なくともいくつもの解釈が可能だ。もしこれがヒト科であるなら、その後のヒト科と直接つながっていないことは間違いない。その理由はアルディが解剖学的に逸脱しているからだけでなく、この先で述べるが、ほんの少し後の時代にヒト科の原型としての役割により適した候補が挙がっているためである。そこで、もしアルディがヒト科であれば、それはヒト科の系統樹から早いうちに――サヘラントロプスと比べればずっと新しいが――枝分かれしたものの後期の代表者とみなすべきだろう。そしてもしそれが正しければ、この不思議な生き物は、手始めに、私たちの種の登場まで続くヒト科の驚くべき分岐のパターンを配置するのに役立つ。今日の世界にヒトは私たちだけしか存在しない。しかしごく最近までは、39ページの図に示されるように、たくさんのヒト科の種が存在したことがあたりまえだったのだ。

なぜ二足歩行か？

アルディは、気候が変化した鮮新世の世界が陸棲動物の生活様式の探求を含む、ヒト科の大がかりな進化実験の舞台となったことを、否が応でも思い起こさせる。そうした生き物を樹上から追い出した圧力は明らかにすさまじかった。というのも少なくとも部分的にせよ、樹上から離れて地上で暮らすのは並大抵のことではなかったということを忘れてはいけない。実際それはかなり無謀なことだったのだ。森林という居住環境では、木登りの得意な動物、特にアルディのように大型のものは、少なくとも成体では捕食動物に脅かされることはほとんどなかっただろう。食料は季節によって変動しても、比較的予想できる範囲内だったはずだ。そして基本的な生活様式は、霊長目の何千万年もの進化によって支えられていた。それとは対照的に、密林のはずれ、疎林、草原という広大な領域には、ライオンや剣歯トラなどの獰猛な殺し屋がたくさんいた。そしてまた、まったく新しい食料集めの方法を採るということは、新しい環境にある未知の資源を手に入れなければならないということでもある。いかなる霊長目にとっても、そのような見知らぬ環境への移動は、本質的になじみのない手強い生態系領域に入り込むことを意味する。最初のヒト科にとっては――最終的には大いに報われたけれども――間違いなく大きな賭けだった。

霊長目はすべて四足動物であり、なぜその中の一つが地上で直立して二足歩行をする必要に迫られたのかという理由については絶えまなく議論されてきた。そうやって歩き回る利点があまり明確ではないのに対して、当初の不利益――最も明白なのは、足の速い捕食動物の多い環境でスピードを犠牲にすること――は一目瞭然である。そこに、まさに大きな謎がある。最古のヒト科を識別する標準的な方法とまったく同じように、古人類学者は一般的に「なぜ二足歩行か」という問いを――歩行そのものによって授かる利点、もしくは副次的な利益のいずれかの形で――この独特の移動様式がもたらす「主要な利益」という枠組みで考える。とりわけ二足歩行がヒト科に類い稀な機会を多く開いたということから、この特別な利益が何であったのかという推測は盛んに行われている。

人間がいかにうまくそうした機会を利用してきたかということは、古人類学という学問が生まれた当初から古人類学者の興味を引きつけてきた。一九世紀半ばにさかのぼるが、チャールズ・ダーウィンはヒト科の二足性を、物の形を変更し道具を作るために両手を空けておくことと結びつけた。後にその提案は、食物を含む物体を長い距離にわたって運ぶ能力がつけ加えられて拡大された。ところが少なくとも当初の提案にとっては残念なことに、現在ではヒト科が二足歩行になったのは道具を作り始めるよりもずっと前であることがわかっている。

地上で直立して動き回る利点に関するその他の多くの推測には、はっとさせられるほど大きな差はない。極端な

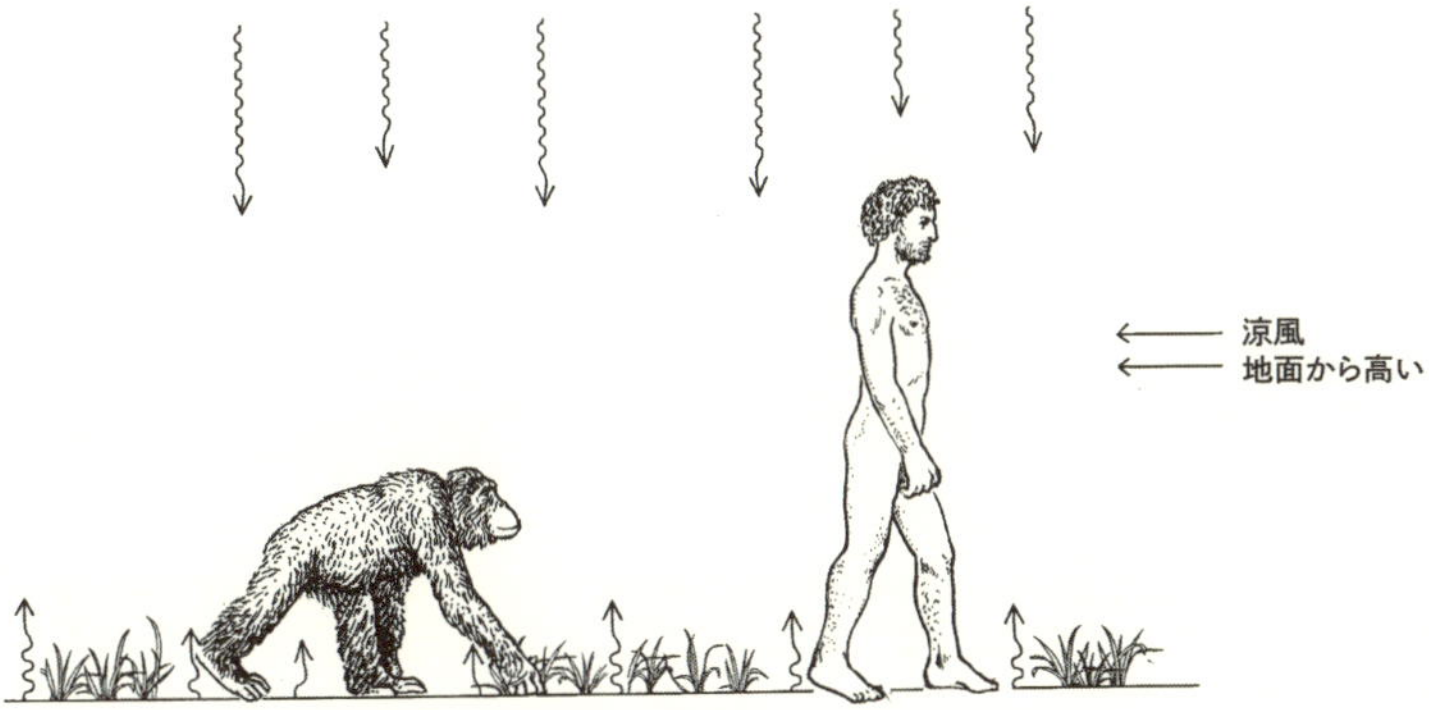

日陰のない熱帯サバンナで受ける二足歩行対四足歩行のいくつかの結果。四足歩行の類人猿と比べて、直立のヒトは太陽と地面からの熱を受ける体面積が小さくなり、体の熱を放散する皮膚面積が最大限になっている。また、体の大部分が地面より高い位置にあることで、風による冷却効果も得られる。図：ダイアナ・サレス

例では、それがエネルギー論の問題として考察されており、科学者は、ヒト上科が陸上を四足で移動する場合と二足で移動する場合とにかかるエネルギー量をはじき出そうと多大な努力を重ねている。予想されるように、答えは単純ではない。どれほど速く進むか、あるいは歩いているのか走っているのか、地形がどれほど起伏しているのか、そしてまさに体格や手足の動きはどうかということに、すべてが左右される。一定の距離で消費されるエネルギーという点では、人間は走るよりも歩く方が効率がよいことは明らかである。計算によれば、平均的な人間の走る時のエネルギー消費量は平均的な四足動物よりも多いが、歩く時は少ない。したがって、ゆっくり移動して捕食動物に気づかれないようにしている限り、初期のヒト科は二本脚でよちよち歩いているほうがエネルギーを節約できたのかもしれない。

しかしながら、一部の研究者がヒトの二足歩行は四足でぶらぶら歩くチンパンジーの動きよりもエネルギー効率が著しくよいと結論づけた一方で、全般的な現生人類のエネルギー効率にまったく注意を向けない研究者もいる。それに、私たちよりもエネルギー効率の悪い初期のヒト科では、その消費量は全体として現代人よりも高かっただろう。この議論は今後も続くだろうが、今のところは初期のヒト科が、開けた場所で一カ所から別の場所へ移動する時に燃費がよいという理由から、直立歩行を選んだとはどう見ても考えにくい。

直立姿勢について生理学的な説明を求めるなら、可能性が高そうだとする説は体温調節の観点から考えるものである。哺乳類は一般に適度に一定の体温を保つ必要があり、とりわけ脳は過熱の影響を受けやすい。脳の温度がわずかに急上昇しただけで元に戻らない障害を受けることもある。霊長目は熱帯の動物だが、脳を冷却する特別な仕組みは持たない。そこで木陰から出た時にそれを達成する唯一の方法は、体全体を涼しく保つことである。四足動物が開けた場所で立ち上がれば、垂直に差す日中の熱い太陽光が体に直接あたる面積が減るため、吸収される熱の量が最小限になる。まさにどのような動物の温度管理においても一考すべきことだろう。くわえて、体表面のほとんどが熱い地表から高く離れれば、最大限に涼風を受けることができる。人間は高温気候の中で汗の蒸発によって余分な熱を逃がしているため、これは重要だ。ところでこの説は、直立姿勢の採用が（ある時点で）蒸発を妨げる体毛の減少にも結びつき、今日の私たち「裸のサル」の特筆すべき特徴を作ったのかもしれないと考える強力な理由でもある。

こうした要素すべてが合わさって、一つの大きな説明が可能になる。また、それぞれにおいても、何らかの形で初期のヒトの劇的な状況に対して大きな意味を持っていた可能性もある。けれども二足歩行採用の説明としては、残念なことに、このすばらしい理論は不都合な真実に打ち消されてしまう。初期のヒト科の化石は、一般に森林あるいは少なくとも木の生えている環境と結びついている——すなわち、二足歩行は森林という避難所を完全にあきらめるずっと前に取り入れられたのである。

なお、同じ観点から、ヒト科が最初に直立したのは、近づいてくる捕食動物を効率よく見つけることができるように、サバンナの草原で遠くを見わたすためだったという、かつて優勢だった考え方も退けられる。今日、アフリカの典型的な眺めとなっているセレンゲティ平原を訪れると、果てしなく広がる大きな草原と、綿毛のような雲が浮かぶ青空の下で永遠に続くかのようなパノラマに、ほとんどの人は思わず息をのまずにはいられない。けれどもはるか昔の鮮新世では、動物の生息環境は一般にもっと閉鎖的で、セレンゲティ風のサバンナが現れるのは遠い将来のことであった。それを考慮した古人類学者の一部は、直立することによって——開けた場所で暮らしているチンパンジーで観察されるのと同じように——サバンナの木に垂れ下がった果実に手が届くようになったのではないかと提案し、またそれが初期のヒト科が直立したまま動き回る動機となった可能性があると述べている。そうは言っても、四足歩行するチンパンジーにもそれができるのだから、直立するという機能的能力をうまく利用するために常時二足で歩く必要がないことは明らかだ。

なお、直立の潜在的な利益は、生理学利点と効果的に背を高くすること（そして捕食動物を抑止できる可能性も）にとどまらない。直立で歩くことは特定の形の社会的行動と結びついてきた。最近になって、いくつかの点でダーウィンの当初の観察に立ち返り、一雄一雌制との関連が示唆されている。その見解によれば、二足歩行をする初期のヒト科の雄は、遠く広い範囲まで食料を探しにいって、自分たちの子どもを抱えているために行動が狭い範囲にかぎられている雌にそれを持ち帰ることができるようになった（最も、雌も二足歩行のおかげで容易に子どもを抱えて歩けるようになったとも言われている）。また、二足歩行になった雄は雌の気を引くために性器を誇示することが可能になった。同時に、太ももの間に性器が隠れた雌の排卵がわからなくなったため、雄はたえず相手に気を配らなければならなくなり、貞節が強化された——まあ、そうかもしれない。しかしながら、一雄一雌の霊長目ではたいてい両性の体の大きさが似ている。それに対して初期のヒト科の雌は、雄よりも著しく小さかったと考える根拠が十分ある。

重要な利点だった可能性（そしてそれに対する反論）のリストは果てしなく続けることができる。

だがそれをここで延々と述べても意味がない。なぜなら、ヒト科の最初の直立歩行を考える際に心得ておくべき最も重要なことは、ひとたび二足歩行を採用すれば、その利点の可能性がすべて現実となり、それに伴って不利益なこともみんなやってくるということだからである。したがって、重要な利点という発想は捨て去って、どのような初期のヒト科であっても、地上の暮らしに伴う明らかな課題に応えるために——そうした課題が何であっても——直立することなどあるのだろうかという、根底に流れる問いに目を向けるべきなのかもしれない。すると、その問いの答えになりそうな唯一の説明は、地上で長時間を過ごすようになった最初のヒト科はすでに、まっすぐに立ち上がって動き回っても不自由を感じないようになっていたという考え方である。すでにそうすることが自然なことではなかったのでない限り、祖先のヒト科は、バランスや体重の移動など対処すべき問題をたくさん抱えるこの厄介な陸上での姿勢を取り入れることはなかっただろう。確かに、テレビで見るかわいらしいミーアキャットは捕食動物を警戒する時にまっすぐに「立つ」けれども、敵が見つかれば、すぐに元の四つ足の姿勢に戻って走り去ってしまう。それはサルでも現生の類人猿でも同じだ。本来四つ足の動物は、現代の研究者が考えつくような潜在的な利益だけのために、その本能に逆らってまで直立して歩くことは絶対にない。

つまりほぼ間違いなく、私たちのヒト科の祖先は、すでに姿勢がまっすぐになっていたために、二本脚で危なっかしくよろよろと歩き回るのがいちばん楽だったのだ。おそらく彼らは木々の間を移動する時に——私たちと関係が遠いピエロラピテクスやオレオピテクスが明らかにやっていたように——、木々の周りを歩く時に習慣的に体幹部をまっすぐに保っていたヒト上科類人猿の系統を受け継いでいるのだろう。樹上で暮らすには重すぎる生き物であれば、その姿勢も確かにうなずける。そうした動物は、ほとんどの果実が実っている細い外側の枝に腕でつかまってぶらさがる能力からは不相応な利益しか得られない。今日のアフリカの類人猿が指背歩行者であるのは、彼らの祖先が基本的に樹上の四足動物だからだ。その子孫である類人猿は、森の地上を遠くまで直立して移動したり、危険を冒して森の外へ出ていったりするには、あまりにもしっかりと解剖学的に水平な姿勢が組み込まれてしまっている。初期のヒト科にとって、現実はまさにその正反対だったに違いない。地上を四つ足で歩くことの方がぎごちなかったのだ。マダガスカルの脚の長い霊長目のシファカが、まさにそうである。彼らは垂直に木々にしがみついては跳び、たまに地上へ遠出する時には二脚で跳ねる。

したがって、体は大きいけれども木に登っていたヒト科の祖先が、木々の間を移動したり食物を探したりする時に体幹部をまっすぐに保っていたとしてもまったく不思議ではない。木にぶら下がるオランウータンは樹上では体を垂直に保ち、実際に地上では上手に二足歩行をする。したがって、もしかすると遠く離れた私たちの祖先が、少なくともその体の形において「オランウータンよりもなおのこと直立姿勢」だったと考えることは筋が通っているのかもしれない。しかしながら真相がどうであっても、木を登る動物の物をつかむのに適した足は地上では障害となるため、常時ではないにしても、樹上生活者から時たまの地上の二足歩行者への移行は困難だったに違いない。ひとたび地上に進出してからは、ヒト科の祖先は急速にその足の形を失った。だが正確にはどのように、またどのような背景で指が直線的に並んだ地上用の足を獲得したかは、もどかしいほどに不明瞭だ。その情報が欠けていることは非常に不運である。なぜなら、その後に起きたことすべてが樹上から森の地上への運命的な移動に左右されたことを考えれば、その情報の欠落はまさに古人類学全体の根本をなす謎の一つとなっているからだ。

二足歩行の類人猿

一〇年あまり前までは、知られている中で最古のヒト科の化石は、アウストラロピテクス（「南方の類人猿」の意）属のものだった。この属の最初の仲間は一九二四年に南アフリカで発見され、それ以来その地域とアフリカ東部（アフリカ中西部のチャドの一カ所とともに）で相次いで発表されている。けれども一九九五年まで、こうした「アウストラロピテクス属」はおよそ二〇〇万年前から古くとも四〇〇万年前までのものだった。その後、新たな種であるアウストラロピテクス・アナメンシスが、乾燥したケニア北部の大きな水源となっているトゥルカナ湖岸のいくつかの遺跡で見つかった。このタイプの種名は現地語の湖（アナム）に由来し、化石が見つかった堆積層は三九〇万年前から四二〇万年前のものと推定された。これによってアウストラロピテクスの生息していた時代がだいぶ過去に広がり、実際に、かろうじてではあるが先ほど述べた「最古のヒト科」の枠内に入ることになった。

トゥルカナ湖盆の化石を含んだ堆積層がどれほど古いものであるかは、過去数百万年にわたってその地域で活発に起きている火山活動から容易にわかる。火山岩には様々な元素の不安定な（放射性の）変種を含む鉱物が入っていて、それがすでにわかっている一定の速さで安定した同位体へと崩壊するためである。火山岩は、溶岩流と火山灰層の両方の種類に由来し、その間にレアーケーキのように堆積した地層がはさまっている。その火山岩が、堆積層の山の上に積もって冷え始める時には、崩壊して出来た安定同位体はいっさい含まれていない。結果的に、火山岩で見つかる同位体生成物はいずれも、すでに知られている崩壊スピードから算出可能な一定の期間を経て、崩壊によって形成されたものであることに疑いないということになる。したがって、火山岩層の年代が特定でき、化石を含む堆積層がその上にあるか下にあるかで（できればなるべく近い方がよいが）、その年代よりも新しいか古いかを判別できる。むろん、たとえば地質学的な作用で出来る断層によって地層が傾いたり、変形したり、堆積層序が狂ったりするため、実際の地層がこのおおざっぱな説明どおりに単純であることはめったにないが、この半世紀にかけて地質年代学者は、正確な年代を算出すると同時に、データが十分な信頼に値しない場合にはそれを知ることにも熟達してきた。しかしながら、本書に記されている年代のほとんどは、古いものもすべて含めて、化石そのものではなく岩石のものであることには注意しておかなければならない。

それでもケニアのアウストラロピテクス・アナメンシスの化石（と近隣のエチオピアで見つかったおよそ四一二万年前のもの）の年代はかなり正確に確証されている。そして、むしろ完全な標本があるにもかかわらず多くの疑問が投げかけられているトゥーマイやアルディとは異なり、こちらの化石はその子孫と推定されるアウストラロピテクス属と明らかな類似点がある。さらに、アウストラロピテクス・アナメンシスはまったく疑問の余地なく、直立二足歩行の重要な特殊器官を獲得した、現在わかっている中で最古のヒト科である。

すでに知られているこの種の化石のほとんどは歯と顎のかけらだが、頭蓋以外の、すなわち首から下の骨もいくつかあり、特に重要なヒントとなるのが壊れた脛骨(下腿骨)である。この骨の遠位端(つまり足首側)が特に興味深い。大関節の接合面の向きが、体重が膝から足首へとまっすぐ下向きにかかり、類人猿のように斜めではなかったことを示している。類人猿は二足で動くことはできるが、人間とまったく同じような直立姿勢では歩かないことを考えると、これは重要である。類人猿の大腿骨は股関節から直線的に膝へと伸びており、それがさらに脛骨を通って下方へとつながっている。テーブルがそれぞれの角にある四本の脚で支えられているのとほぼ同じように、体を支える必要のある四足動物ではそれが自然だ。けれどもその同じ四足動物が後ろ脚で立ち上がって二足で歩くと、バランスの法則がすべて変わってしまう。二つの足が広く離れてしまうため、前進する時には、ちょうどコンパスが固定された先端を中心に円を描くように、それぞれの足がもう一方の足を軸に回転するような動きになる。これは不恰好なだけでなく極端なエネルギーの無駄遣いで、類人猿は直立して長距離を歩くとすぐに疲れてしまう。それとは対照的に、現代人では大腿骨の軸がその下にある垂直な脛骨に対して「運搬角」になるように、大腿骨が股関節から内向きに鋭角に曲がっている。その結果、私たちが歩く時には左右の膝がすぐ近くを通り、足が前方に向かってまっすぐ動くため、一歩踏み出すごとに体重が無駄に左右に揺れ動くことがない。

アウストラロピテクス・アナメンシスの下腿骨は、私たちヒトのように膝側が補強されており、この初期のヒト科が少なくとも効率のよい二足歩行の動きに欠かせない基本的な条件をすでに獲得していたことを示している。上半身では、ケニアで発見された手首の骨から、その構造が類人猿のものと

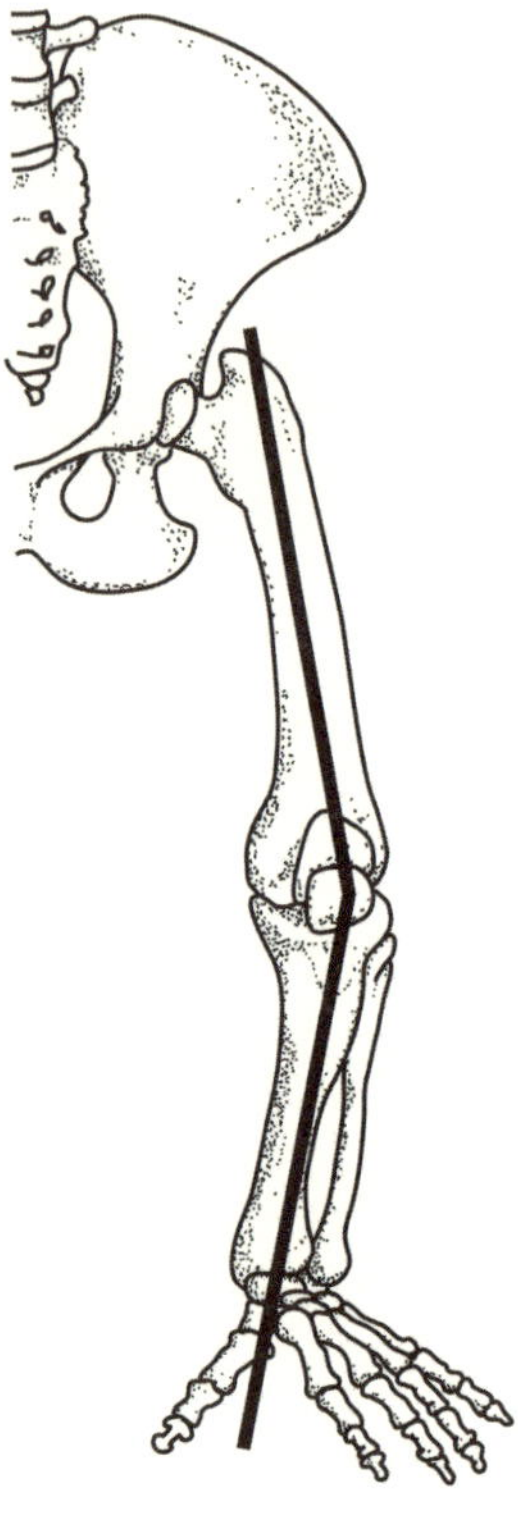

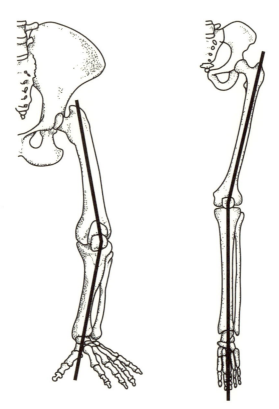

人間の脚の骨格は多くの点で二足歩行に適している。中でも重要なのは上腿と下腿の骨の骨幹に見られる「運搬角」である。大腿骨は膝に向かって内側に斜めに傾斜しているが、体の重さは脛骨と足首を通って足へとまっすぐ下方にかかっている。この形状のため、歩いたり走ったりする時には両足がすぐ近くを通り、体重が片足からもう一方の足へと移る時に重心が左右に移動しなくてすむ。また、足首を通しての体重移動時に横向きの力が働くこともない。類人猿は四足歩行であり、二足歩行に適したこのような特徴的な変形はない。この図では、現代人の左脚の骨格（右）がゴリラのものと比較されている。双方の霊長目の膝の角度は太線の挿入で強調されている。大きく異なる骨盤の大きさと脚の相対的な長さにも注目されたい。このゴリラはゴリラに特化した姿勢ではない状態（基本的に体重が股関節から下へまっすぐ、そしてやや斜めに足首にかかっている）で描かれたものであること、また図が一定の縮尺で描かれていないことにも留意されたい。実際には人間の脚はゴリラよりもはるかに長い。
図：ジェニファー・ステフィ。

比べて曲がりにくく、後のヒト科の手首によく似ていることが示唆されている。それとは対照的に、アウストラロピテクス・アナメンシスの歯は、特に、厚いエナメル質、大きくて広い小臼歯と大臼歯、小臼歯が犬歯を研ぐ仕組みの欠落においては後世のアウストラロピテクスと全般的に類似しているものの、いくつかの点ではそれより古い時代に戻った特徴も備えている。すなわち果実を食べる類人猿の仲間にはおよばないものの、切歯（前歯）が大きく、下顎第一小臼歯は尖っており、歯列は前後に長く並行になっている。下顎の輪郭もまた類人猿のように上から下へと鋭く後退している。それでもなお全体として、アウストラロピテクス・アナメンシスは後世のアウストラロピテクスの初期の祖先の種類である可能性が高く、それよりほんの少し前のアルディピテクス・ラミドゥスを後世のヒト科の直接の祖先候補から外すには十分である。

共伴した動物化石から、アウストラロピテクス・アナメンシスは一般に水辺に近い森林や低木林地帯で暮らしていたと考えられ、最初の二足歩行の採用が森を侵略する草原に適応する過程の一環として成し遂げられたのではないという考え方を、いっそう強固にする。実際、初期のヒト科は、解剖学的に必要な重要な要素のいくつかが発達してからでさえ、わざわざ開けた場所へ行くことはしなかった。そのイメージを完成させる、あるいは少なくとも広げるために述べておくと、エチオピアで見つかった指の骨は、細長く、大きくカーブしており、握る力の強い手であったことを示している。アウストラロピテクス・アナメンシスの行動レパートリーの一部に、すばやい木登りが含まれていたと考えられている。

これらすべてをより大きな環境図に組み込むと、大いに納得がいく。体重が五〇キロから五四キロくらいの平均的なアウストラロピテクス・アナメンシスは、おそらく典型的なアルディピテクスよりも多少重かった。樹上生活環境で補食される恐れを著しく軽減させるのには十分なほど、木の上で暮らす動物としては大型だったけれども、こうした霊長目は疎林をうろつく獰猛な捕食動物にとっては魅力的なごちそうでもあったはずだ。したがっておそらく、アウストラロピテクス・アナメンシスは食料の大半を樹上に求めただけでなく、ひときわ狙われやすい時間帯である夜間は木の上に恒常的に避難していただろう。

後世のアウストラロピテクス類は明らかにヒト科の仲間だが、古人類学者はしばしば彼らを「二足歩行の類人猿」と表現したがる。その理由の一つは、アウストラロピテクスが直立歩行に適した人間のような骨盤と脚に特殊化していながら、類人猿のような大きさの頭蓋を併せ持っているからである。彼らは小さな脳頭蓋の前に、突出した大きな顔面を持っていた。大きな脳を入れる巨大な丸い脳頭蓋の下に小さな顔が押し込まれている私たち現代人とは正反対である。もう一つの理由は、これら初期のヒト科が、木に登る時に大きく役立つと思われる前肢と胴体の特徴を維持していたことだ。彼らは確かに二足歩行ではあったけれども、それ以外の点では人間よりも類人猿にはるかに近かった。初期のアウストラロピテクス・アナメンシスについてわかっていることの中で、その姿に同じ表現を用いることを妨げるものは何もない。それはヒト科物語の始まりにうまく調和する。実際、一部の権威ある研究者は、アウストラロピテクス・アナメンシスがその後継種であるアウストラロピテクス・アファレンシスへと次第に姿を変えていったことを示唆する証拠を指摘している。それについてはこの先で語ろう。そうした学者は私より大胆だ。だがアウストラロピテクス・アナメンシスに、アウストラロピテクス類全体の中で最もよく知られているアウストラロピテクス・アファレンシスの先人としての価値がありそうだと述べても、確かに差し支えないだろう。

第二章　二足歩行の類人猿の繁栄

古人類学の小さな皮肉は、ヒトの化石記録の主要な構成要素が、その地質学上の年代と正反対の順序で発見されたことである。まず初めに私たちの最近の仲間であるネアンデルタール人の存在が、一九世紀半ばに明らかになった。この時代、古物収集はまだアマチュアの分野だった。その半世紀後、熱帯地方で初めての古代ヒト科の確信を抱いて探し求めた調査の結果、ネアンデルタール人よりも古い種であるホモ・エレクトスが姿を現した。そしてさらに古いアウストラロピテクスがきちんとした記録にまとめられたのは、現代の古人類学のおおよその幕開けとなったそのまた半世紀後である。こうした歴史の結果、ヒト科の記録を過去へと拡大することが古人類学者の究極の目標となった。

もし古い化石が先に見つかっていたなら、今日のヒト科の進化史がどれほど異なって解釈されていただろうかと推測すると面白い。その時の見解がどのように違うのかを正確に知るすべはないが、私たちの仲間の化石人類の発見順序がその解釈に大きな影響を与えるということに疑問の余地はない。それでも、本書の核となっているのは、一風変わってはいたがこれといって特別な霊長目の変種でもなかった私たちの遠い祖先が、今日のホモ・サピエンスという比類のない驚くべき生き物に変化した長く驚異的な過程の時系列的な説明である。古人類学の発見の歴史と解釈を差し挟もうとすると必然的に話の流れが中断されるため、それを極力避けるよう努めてはいる。しかしながら、今日信じられていることのすべてが、過去の考えの影響を大きく受けていることを決して忘れてはならない。そして現在の論争のいくつかは、かつて受け入れられていたけれどもすでに役立たなくなったと思われる発想を捨て切れずにいるために引き起こされている、あるいは少なくとも煽られている。そのような場合、現在の物の見方にたどりつくまでの説明を避けて通ることはできない。そしてアウストラロピテクスも、その例外ではない。

ルーシー登場

先におおまかに述べた古人類学的発見のパターンに沿うかのように、最近の「最古のヒト科」の大量発見の前に地質学上最も古いヒト科の種として知られていたものもまた、発見されたのは最後だった。それが前述のアウストラロピテクス・アファレンシスで、その最も有名な代表が、その名も高き「ルーシー」である。ルーシーは一九七四年にエチオピア北東部のハダールで発見された。それは比較的完全な（およそ四〇パーセントの）骨格から成る小型のヒト科で、その体の小ささから一般的に雌だと考えられている。ルーシーが生きていたのはおよそ三一八万年前であり、現在は人間の暮らす環境としては最も厳しい乾き切った砂漠だが、当時はヒト科にとってもっと暮らしやすい環境だった地域に生息していた。ハダール地域の堆積層の重なりには、今日のアワシュ川が川幅も広く曲がりくねっていたおよそ二九〇万年前から三四〇万年前頃、その古代の谷に堆積した岩石や化石が含まれている。そこの化石や古代の土壌の綿密な調査からは、その時期に乾燥から多湿へ、寒冷から温暖へといくらかの気候変動があったことがはっきりとわかった。しかしその地域は全体として草原の混じる疎林が残り、川の近くには木々の生い茂る森もあった。低木林が多い時期もあれば少ない時期もあったが、樹木がその地域からなくなってしまうことは決してなかった。そしてルーシーの体の構造にも、それが表れている。

ルーシーが見つかる前年には同じハダールで、その予兆となるような、上の大腿骨と下の脛骨の間に明らかな「運搬角」があるとわかるヒト科一体分の膝関節の両側が発見されていた。この膝関節がだれのものであるにしても、歩く時に左右の膝が近くを通り、一歩ごとに足がまっすぐ前に振り出されていたことは間違いなかった。当時その化石は、それより前に発見されていたものよりも数十万年古い、知られている中では最古の二足歩行するヒト科の証拠だった。翌年、古生物学者がハダールの発掘現場へ出向いた時の興奮と期待、そして同じような個体の全身骨格が出土した時の信じられないような気持ちを想像してみてほしい。

古生物学者はたいていの場合、全身、あるいは一部でさえ、陸上で暮らす脊椎動物の化石の骨格が見つかることなど期待していない。個体がある場所で死んでからその残存物が堆積層の中に埋もれるまでの間には、むろん仮に埋もれるとすればの話ではあるが、あまりにも多くのことが起こり得るからだ。そうやって埋もれた残存物の中で、浸食によって再び地球の表面にむき出しになって、雨や風によって風化してしまう前に人間の収集家に拾われるものは、ごくわずかしかない。だから、この信じられないほど遠い昔のまずまずというべき完全な骨格の発見は、想像しがたいほどの幸運だった。一九七〇年代、死者を手厚く埋葬することを初めて思いついた、私たちの近類であるネアンデルタール人の時代より古いヒト科については、その骨格の一部でさえほとんど見つかっていなかったのだ。したがって、ルーシーに完全な膝が欠けていても、それはさほど不思議なことではなかった。けれども、左右異なる脚の膝の上と下の部分が残っており、それは一九七四年の膝関節と同じ特徴を示していた。ルーシーは直立して歩いていたのである。

それだけではない。ルーシーは生前、身長が一メートルちょっとで、体重はおそらく二七キロほどだった。（アウストラロピテクス・アファレンシスの雄は身長がそれより三〇センチほど高く、体重

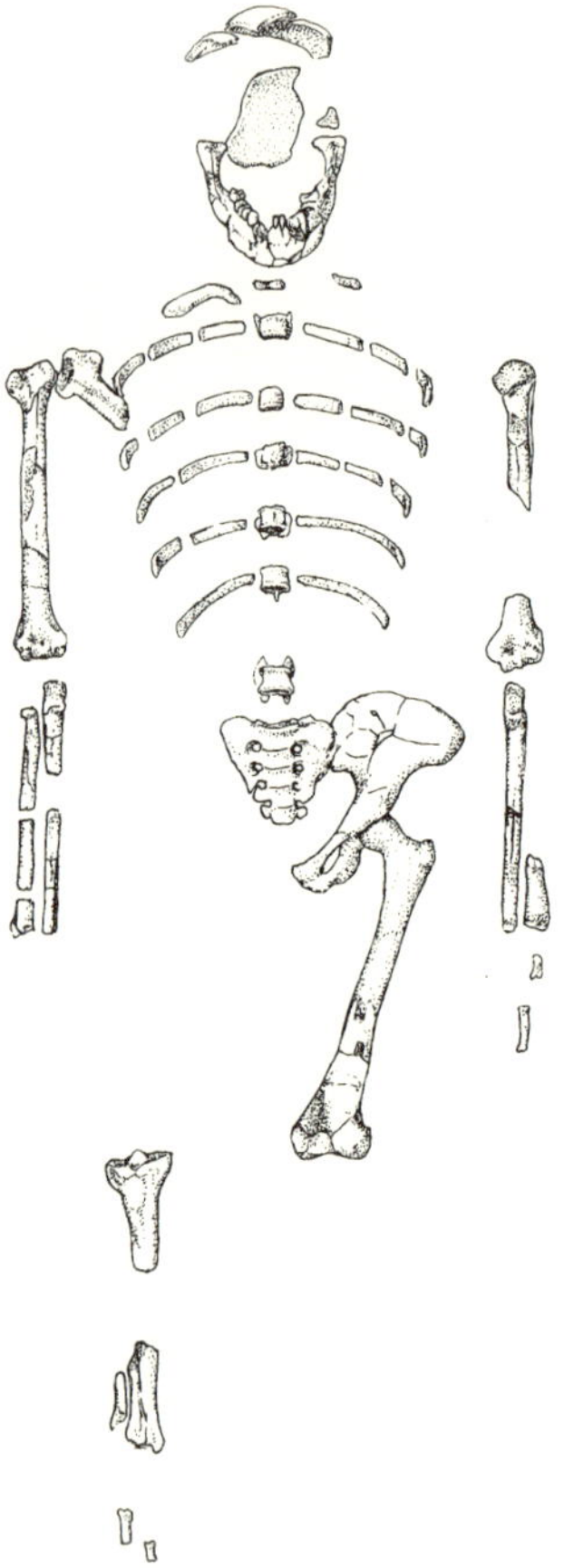

エチオピアのハダールで出土した「ルーシー」の骨格、NME−AL188。1974年の発見当時、これはそれまでに発見された中で最も完全な初期のヒト科の骨格で、エチオピアにおける大々的な古人類学的発見の時代の幕開けとなった。
図：ダイアナ・サレス。

は相当重かった）。もし私たちが奇跡的に小柄なルーシーと対面できたとしても、それがとりわけ自分に近いヒト科の仲間だとはとても認識できなかっただろう。しかしながら、膝以外にも多くの部分がルーシーは二足歩行だったことを証明している。その点において最も注目を集めているのが、全体を復元できるほどよい状態で残っていた骨盤だ。現生類人猿の骨盤は幅が狭く、それに縦に細長い、前傾した腸骨がついている。その背後についている三つの臀筋は主として脚の延長であり、座っている時に背中を支えるものだと考えられている。類人猿の縦長の腸骨はまた、下方から背中を通って上腕にまでつながる、力強い木登りに欠かせないがっしりした筋肉を持ち上げている。それと比べると、現代人の骨盤はまったくバランスが異なっている。私たちの骨盤は短く、カーブしていて、直立姿勢によって生じる圧力を効率よく分配し、上にある腹部の腸をお椀のように支えるために腸骨が後方へ回転している。また腸骨が幅広くなったことで三つの臀筋のうち「小さい方の」二つが側面へと移動して二本足で歩く時に骨盤と上半身を安定させ、同時に少なくとも大きさにおいてそれに勝る、かつてあまり重要ではなかった大臀筋が大きく発達した。大臀筋は私たちの体の中で最大の筋肉となり、足が地面に着くたびに胴体が前に傾くのを防ぐという新たな役目を担っている。

人間と類人猿の骨盤はこのように著しく形状が異なり、それぞれが特定の移動方法を厳密に表している。ルーシーが私たちよりもヒトと類人猿の共通祖先に近い時代に生きていたことを考えると、その骨盤は類人猿と現代人の間の形――ひょっとするとアルディピテクスの復元された骨盤に近いようなものが見られるのではないかと期待するかもしれない。ところが驚いたことに、まったくそうではないのだ。アウストラロピテクス・アファレンシスの骨盤は縦に細長い類人猿のそれとはまるで正反対なのである。私たちと同じように、ルーシーの腰の骨は実に縦が短く、そこにつながっていた筋肉組織がまさに現代人のように再編されていたことがわかる。けれどもルーシーの腸骨翼は私たちよりもさらに幅広く、横に大きく張り出している。この独特な解剖学的構造についての初めの解釈から、ルーシーは一種の「スーパー二足動物」で、その骨盤を支える筋肉は二足歩行をするうえで私たちよりも構造的に有利でさえあったという考え方が生まれた。その幅広さと推定される利点は、股関節の球関節の構造によってさらに誇張されることになった。骨盤の横にある穴にはまる大腿骨頭（「球」の部分）を骨の軸とつないでいる「首」の部分（頸部）が私たちのものよりはるかに長いのである。

祖先の二足動物の方がその推定される子孫よりも、ヒト科の独特な直立移動様式にうまく適応していたと言われると、どうも釈然としない。けれどもこの不思議な状況は、骨盤の二重機能によって説明がつくかもしれない。骨盤は内臓を支え、筋肉がつく部位を定めているのにくわえて、出産の出口にもなる。現生人類は赤ん坊の大きな丸い頭が産道を通り抜ける時に大きな障害に直面するため、私たちの種では出産時の問題が比較的多い。ルーシーの横に張り出した骨盤を見ると、その輪郭は楕円形で、内側の産道もまた楕円形である。

ルーシーの時代のヒト科の脳はとても小さかったため、移動効率のために出口の解剖学的構造が変更されても、赤ん坊が産道を通る時にはまったく問題はなかっただろう（ただし、赤ん坊が外へ出るために回転する必要はあったかもしれない）。しかしながら、幅広い産道を持つと左右の股関節の間隔が広がるため、それが生体力学的な影響をおよぼすことがわかっている。二足動物が歩く時は、足が片方ずつ前に振り出されるのに合わせて骨盤が水平に回転する。腰回りが広ければ広いほどその現象は大きくなり、大幅な生体力学的不利益をもたらす。人間の女性に男性よりも走るのが遅い傾向がある理由の一つは、平均的に腰回りが大きいからだ。

骨盤の特徴の多くはルーシーが紛れもなく二足動物だったことを証明している一方で、一部の特徴からは彼女が私たちとまったく同じようには二足歩行をしていたのではないことがわかる。同様の結論はルーシーの脚の骨からも導き出される。膝に明らかな運搬角があり、足首の関節も二足歩行を強くうかがわせる(可動性は高い)が、脚そのものがきわめて短いのである。胴体や前肢と比べると、ルーシーの脚はひどく短い——実にボノボほどの短さだ。その比率は地上を大股に歩くのに最適とは言いがたいが、木を登るには明らかに有利である。また、後にヒト科の脚が伸びたのは、ルーシーの時代よりも地上との関わりが大きくなった明らかなしるしだと広く認められている。そして生体力学的な理由から、脚の長さはまた、後のヒト科の骨盤がルーシーのものよりもいくらか狭くなる原因となった。

さらに、ルーシー自身の足の骨はたった二個しかないが、彼女の属する同じ種の別個体の足の一部から、彼女の足はかなり長く、つま先が若干カーブしていたことが推定できる(最も、足底中部は比較的進歩していたかもしれない)。それは明らかに、現生類人猿やアルディピテクスに見られるような、長くて曲がった指と離れた親指のある枝をつかむためだけの足とは異なる。しかし私たちのものよりは、著しく木の上で役立つ足であることは間違いない。ルーシーの上肢の骨も、体との対比ではボノボよりも短いとは言え、依然として樹上生活のものである。また、胸郭は幅広い底部から上にいくにしたがって細くなっており、そのためやや上向きの左右の肩関節が非常に近い位置にある。この特質はいずれも樹上できわめて役に立つ。ルーシーの骨格は足の骨と同じく手の骨も若干不十分だが、ハダールで発見されたほかのアウストラロピテクス・アファレンシスの個体の手は類人猿のものより短く、それでいて大きく曲がった指の骨と合わせて、手首の骨にも類人猿のような特徴が見られる。それらはまた屈筋腱が強かった。すなわち物をつかむ能力が優れていたことを示している。これらすべてを考え合わせると、私たちほど完全に二足歩行に適応しておらず、私たちよりもずっと樹上での生活に長けていた生き物としての、アウストラロピテクス・アファレンシスの全体像が見えてくる。

これは、他のアウストラロピテクスにも、これまでに知られているいかなる生き物にもない形態である。紛れもなく彼らの動きと彼らが好んだ生息環境を見る限り、ルーシーとその仲間を類人猿の進化した種類、あるいはヒトの原始的形態と考えることは誤解を招く。ルーシーの種とそれと同じようなプロポーションの類縁は、気候変動と森林の崩壊によって彼らのもとに現れた新しい環境で暮らし、移動するという問題に対して、彼ら独自の解決方法に行きついたのである。

けれども、ルーシーとその仲間が（不正確ではあるが）たびたび「二足歩行の類人猿」と称されるのは、単純にその体の構造に見られる奇妙な組み合わせからだけではない。頭蓋の構造にも、同様に前例のない特徴の合成が見られる。ルーシー自身は下顎と脳頭蓋の小さなかけらがいくつかあるだけだ。しかし、同じくハダールで発見された三〇〇万年前の二つの頭蓋は、アウストラロピテクス・アファレンシスの一般的な頭蓋の比率が、小さな脳頭蓋（その中に収まっている脳は体の大きさが同じくらいの類人猿のものと大差ない）が前方に突出した大きな顔面と組み合わされているという意味で、おおまかに類人猿に似ているということを雄弁に物語っている。しかしながら、その顔面には頑丈な顎があり、いかなる類人猿のものとも明らかに違う歯を備えている。上顎の中切歯は、アフリカの類人猿と同様、アウストラロピテクス・アファレンシスも大きく、その両隣にそれと比べて著しく小さい歯がある。ところが切歯のすぐ後ろでその歯列の特徴が変化する。第一章で述べた「ごく初期のヒト科」候補と同じように、犬歯が貧弱というほどではないにしても小さくなっているのだ。下顎の第一小臼歯で歯が研がれる仕組みも、その名残はあるが本質的にはなくなっている。第二小臼歯は幅が広く、その後ろの大臼歯群は平滑で顎と比べてかなり大きく、その後しばらくの間、初期のヒト科を特徴づける「小臼歯・大臼歯の巨大性」の典型を示している。

大きな大臼歯があるということは、アウストラロピテクス・アファレンシスの歯列が類人猿のように前後に長いということを意味する。しかしながら主として犬歯が小さいことから、歯列弓（歯列の描く曲線）は輪郭が若干カーブしており、類人猿が示すような極度に並行な配置にはなっていない。アウストラロピテクス・アファレンシスの歯列は、類人猿と後のヒト科の両方を思わせる特徴を持っているという点で、頭蓋そのものによく似ている。

アウストラロピテクス・アファレンシスの大臼歯に見られる、嚙むことによって生じた摩耗を調査した高度な最近の研究から、この種の仲間はおそらく柔らかい果実が手に入る時はそれを好んで食べたが、そうした食べ物が手に入らない場合には木の実、種、根、草の地下茎など、硬くて嚙み砕きやすい食物を追い求めていたことが示唆されている。そうなると今日の類人猿よりもかなり雑食だったことになり、アウストラロピテクス・アファレンシスの歯全体に見られる典型的な激しい摩耗と一致する。この種の食性からは、彼らが密林から開けた疎林までの広範囲におよぶ生息域に適応した雑食性動物だったことがうかがえる。

ハダールの砂漠のような不毛地帯から、長年にかけて信じられないほど大量のヒト科の化石が発見されてきた。そしてその多くの調査地からアウストラロピテクス・アファレンシスの化石が見つかっている。そうした現場の中で間違いなく群を抜いているのが、AL333として知られる調査地で、そこでは一九七五年以降、研究者によって一七個体分のヒト科を表す二四〇点ほどの化石群が発見された――そしてきわめて珍しいことに、それ以外の化石はほとんどない。そうした骨がどうしてそこに埋まっていたのかは謎である。骨がみなばらばらになっているのは、どこからか水で運ばれてきたと考えればつじつまが合う。けれどもなぜ一カ所にかたまっていたのだろう？　ハイエナのような死肉食動物によって積み重ねられたものではない（ハイエナはヒト科の死骸を巣穴に持ち帰ることで有名）。なぜなら、骨は割れてはいるけれどもかじられた形跡はないからだ――そして、ゆったりと流れる川の底にハイエナの巣穴が見つかることなどほとんどない。だから、これは少しばかり不可解である。そしてこの謎がいつか解決されることは重要である。なぜなら、骨が含まれていたきめの細かい砂礫の堆積層は、流れのゆっくりとした川底に積もる典型的なものではあるけれども、こうした骨がおよそ三一八万年前から三二二万年前に起きた一回の大惨事――鉄砲水か何か――によって押し流された、不運な一つの社会集団全体の残存物ではないかと指摘されているためである。そしてもし全員――成体が九体、思春期個体が三体、幼弱個体が五体――が本当に一つの社会集団に属していたのであれば、その個体全部が同じ種に属しているはずだからだ。

一方、必ずしもそうとは言い切れないとする見方もある。なぜなら、333地点から見つかった比較検討可能な化石はみな基本的に同類ではあるけれども、その大きさの分布範囲が幅広いためだ。しかしながら、化石が一カ所に寄せ集まった理由は謎に包まれていてもなお――333地点の標本の最小個体と同じくらい小型のルーシーを含む――ハダールのヒト科は、すべてアウストラロピテクス・アファレンシスという単一の種に属するというのが、現在の主要な見解である。つまり、彼らの体の大きさは個体によって著しく異なっていたに違いない。同じ種の個体間で体格差が大きいことに対する説明として最も妥当なのは、大きさに性差のあまりないチンパンジーやボノボとはまったく異なり、今日のゴリラに見られるように雄が雌よりも数段大きかったとみなす考え方である。

ラエトリ

ハダールで最初の発見が行われていたのとほぼ同じころ、別の古生物学者の集団がそれより一六〇〇キロほど南方のラエトリという場所で汗を流していた。有名なオルドゥヴァイ渓谷遺跡の近く、大地溝帯のタンザニア側にあるラエトリの地層はハダールより若干古く、およそ三五〇万年前から三八〇万年前にかけてのものである。一九七四年から一九七九年にかけて、ラエトリ近辺の様々な地点からヒト科の三個体分の壊れた顎と歯が収集されたが、この調査地は一九七六年に始まった数多くの足跡の発見で特にその名を知られている。その中に、三六〇万年ほど前のヒト科が残した足跡が含まれている。湿ったセメントのような火山灰の層の上を歩いた跡が、その後にすぐ固まったのだ。これは驚くべき発見だった。ルーシーは直立で歩いていたと確信を持って言うことはできるが、それは、骨で直接観察できるものではないことを忘れてはいけない。むしろ、ルーシーの解剖学的構造から、推察しなければならない。しかしながら足跡はまさに行動が化石となって残っているもので、それとは異なる。そしてラエトリの足跡列には、二足歩行の様子がこれ以上はあり得ないというほど鮮明に表れている。一つの場所では、ちょうどだれかが湿った海岸を歩いた時のような、まっすぐな二本の足跡がおよそ二四メートルほど続いている。明らかに目的をもった二足歩行の足取りだ。珍しいのは、この足跡がつけられた当時のラエトリの環境がかなり開けていたことである。このヒト科は木々のほとんどない平らな草原をせっせと歩いていたのだ。歩きながら、さぞかし自分が無防備だと感じていたことだろう。けれども彼らは数キロ先の、当時は浅い湖を囲んで森の恵みがたっぷりとあったであろうオルドゥヴァイ盆地へとまっすぐ向かっていた。

足跡は二足歩行の紛れもない証拠である。このヒト科が前肢を使って体を支えた形跡はなく、足跡から足跡へと体重が移動する方法は私たちと同じ歩き方を示しているようだ——つまり、足運びはかかとから入り、足の側面と親指のつけ根を通って、最後に親指のところでぐいと踏んばっている。これは二足歩行をするボノボのよろめくような足取りではない。足跡を作った足は本質的に私たちのような構造で、縦方向と横方向のアーチと、ほかの指と一直線に並んだ短い親指がある。歩幅の狭さからは、大きい部類に入る個体でも背丈が低かったことがわかる。最もこの足跡は急いで移動していたようには見えない——彼らが進んでいたのが地表がぬかるんだ所だったことを考えれば驚くにはあたらない。

この三六〇万年前のヒト科の二足歩行に疑わしい点は何もないが、彼らの正確な歩き方については議論が続けられている。たとえば、一歩ごとに膝を完全に伸ばしたのだろうか？　あるいは、今日の類人猿が直立で移動する時に用いるような、また、太古の昔にヒト科の祖先が取り入れていたに違いない、膝を曲げる歩き方の面影が残っていたのだろうか？　人間の被験者が膝を伸ばした状態と膝を曲げた状態で歩いた最近の実験研究によれば、膝を完全に伸ばさないと、湿った砂の上に残るつま先の跡がかかとの跡より深くなることが確認されている。ラエトリの足跡はつま先とかかとのくぼみがおよそ同じ深さであることをはっきりと示しているため、膝がまっすぐだったことになる。まさにこの足跡は本物の二足歩行の証拠である。

実験を実施した科学者は、地上を直立姿勢で移動する方法を身につけたことで、ラエトリのヒト科は、森林が減少していた時期に、余分なエネルギーを消費することなく活動範囲を広げることができたのではないかと述べている。実際、足跡列付近のどちらかと言えば不毛な古代の環境では、どのようなヒト科であっても暮らしが楽だったとは考えにくい。そこでなおさら、湿った灰の上に残された足跡は、近くのオルドゥヴァイ盆地にある森をまっすぐに目指している最中の姿を捉えたものだとする考えが妥当であるように感じられる。

このヒト科がだれだったかということは、また別の問題だ。ラエトリの足跡からさほど遠くない所に、先に述べたひと握りのヒト科の化石を産んだのと同年代の堆積岩がある。通常とは異なる共同の取組みだったが、当初ハダールの標本を研究していた科学者とラエトリの標本を研究した科学者は、最終的にそれらがみな同じ、それまで知られていなかった新しい種類のヒト科であると結論づけた。この新たな種は、問題となった化石のほとんどが出土したハダールの位置するエチオピアのアファール地方から名をとって、アウストラロピテクス・アファレンシスと名づけられた。しかしながら標準的な動物分類学の手順では、新しい種は必ず、その種に分類される個体の比較対照の基準となる単一の標本、「完模式標本」に基づいていなければならない。そこでハダールをフィールドにする科学者はラエトリの科学者との連携への確信を強調すべく、ラエトリの下顎をアウストラロピテクス・アファレンシスの完模式標本に選んだ。最も、だれもがそれに納得したわけではない。一部の科学者は、エチオピアとタンザニアの遺跡をひとまとめにするどころか、ハダールだけでも複数の種の形跡を見分けることができると感じた。

ほとんどの古人類学者が少なくとも暫定的に、これまでに知られている骨と歯はおそらく同じ種に分類できると認めているため、目下のところは不安定な休戦状態が続いている。だが、アウストラロピテクス・アファレンシス化石と足跡の結びつきは、それよりもかなり積極的に議論されている。もしかすると古人類学者の大多数は、アウストラロピテクス・アファレンシスの個体がラエトリの足跡を残したということに異存はないのかもしれない。しかし少なくとも十分な人数の少数派が、ハダールで出土した化石の足の骨は、並はずれて現代的なタンザニアの足跡をつけるには長すぎて原始的だと考えている。大多数が正しければ、ルーシーの樹上生活への適応と幅の広い骨盤のプロポーションが本当に驚くほどヒトに似た二足歩行と両立するということを受け入れなければならない。だが結論はまだ出ていない。現在、確実にわかっていることは何者かが三六〇万年前のタンザニア地溝を直立姿勢でゆっくり歩いたということだけである。

ディキカ

ほんの数年前まで「ディキカ」という言葉を知っている人はほとんどいなかったが、古人類学界では、今その言葉が最も熱く語られている流行語の一つである。一九七〇年代のハダールの絶頂期、そして一九九〇年代のもう一度の注目期に、だれもが忙しすぎてアワシュ川を渡った南のディキカにあるほぼ同じ時代の堆積層には目もくれなかった。しかし、今世紀になってようやくその堆積層の調査が始まると、そこで衝撃的な事実が明らかになった。最初はアウストラロピテクス・アファレンシスのものと思われる歯と顎の断片が出てきたが、まもなく身をかがめた姿勢の三歳の幼児個体骨格の一部が発見されると、注目はそちらへ移った。雌と考えられるその骨格には、すぐに「セラム」(「平和」というニックネームがつけられた。セラムは保存状態がよく、三三〇万年ほど前の鉄砲水で急に仲間から引き離されてほぼすぐ後に、丸ごと柔らかい泥に埋もれたかのようだった。その鮮新世の悲しい運命は、古生物学者にとっては思いがけない幸運となった。アワシュ川の北側で集められたアウストラロピテクス・アファレンシスの大量の採集物にはなかった、あるいは保存状態の悪かった部分が、セラムの化石に残っていたのである。その中に、人間より類人猿に似ている舌骨——喉仏の骨の部分——と、意外なことに形全体がゴリラに似ている完全な肩甲骨がある。セラムの足首は二足動物のものだが、大腿骨と脛骨の間の運搬角ははっきりと認められず、その発達には行動の要素が深くかかわっていたことが裏づけられた——現代人でも、生涯を車いすで過ごす人は、運搬角が正常に発達しない。

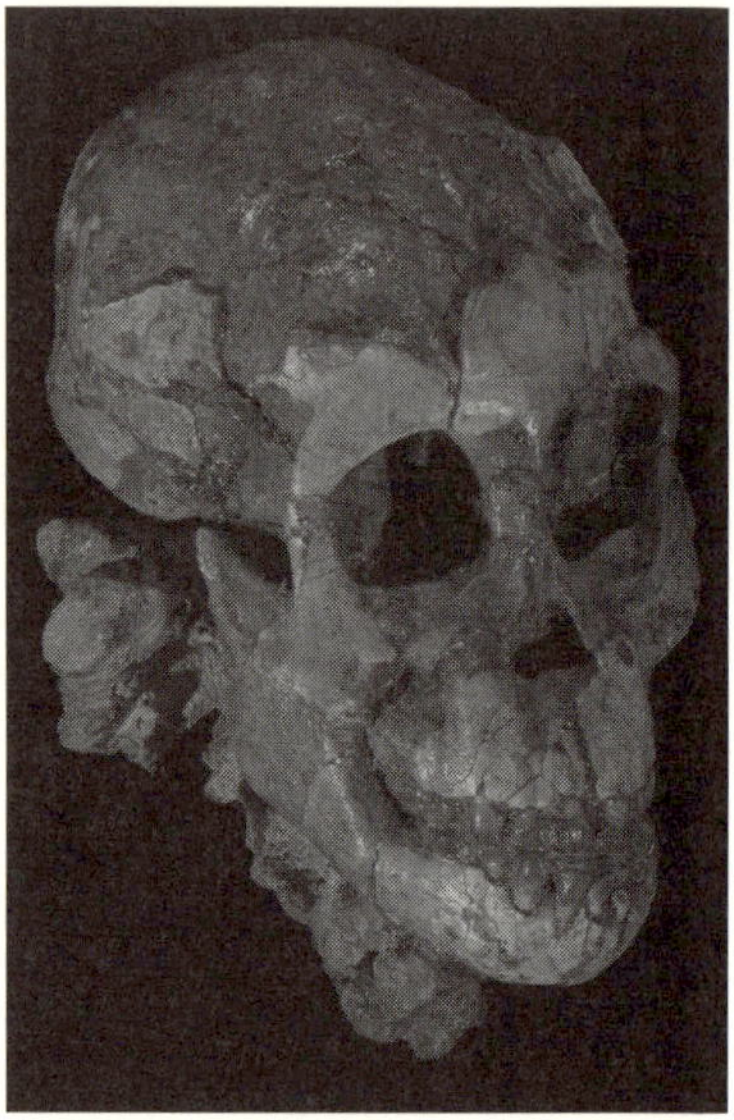

エチオピアのディキカで見つかった幼児骨格「セラム」の頭蓋。3歳という幼い年齢にもかかわらず、この小さな330万年前の骨格はアウストラロピテクス・アファレンシスという種の構造と発達について大量の情報をもたらした。ゼレゼネイ・アレムゼゲドの厚意による。

類人猿と現代人の大きな違いは、類人猿が現代人より著しく早く成熟し、私たちのような多くのことを学ぶ子どもの時代がないことである。セラムからだけでは、アウストラロピテクス・アファレンシスの個体がどれほど早く成長するかはよくわからないが、予想としてはセラムはきっとグラフの類人猿側に入るだろう。化石はまだそれを包み込む硬い岩の基質から完全に取り出されていないが、わかる限りでは、上半身の構造はアウストラロピテクス・アファレンシスの成体に見られるような、主に樹上で生活する特徴を持っている。うまく木に登るためには腕を頭より上に上げておく必要があるが、セラムの肩甲骨はそれに適した主として上向きの肩関節を見せているだけでなく、彼女の手もまた木登りに結びつくような特徴を示している。類人猿とヒトの手は見た目が似ているが、実はその構造が大きく異なる。類人猿の親指はそれ以外の指とくらべて短く、手は長くてその主軸が腕と一直線になっている。類人猿の手は細かい作業をするよりも力強く物をつかむための手だ。そしてそれは、ほとんどの時間を木々の枝によじ登って過ごす場合に必要な種類の手である。それとは対照的に、現生人類の手の主軸は手のひらを斜めに横切っており、親指が長く、それ以外の短くなった指のいずれに対しても正確に対向できる。セラムの指は長く、カーブしているように見える。

完全に地上に結びつけられたわけではなかったセラムのイメージの仕上げとして、セラムの耳周辺のCTスキャンから、内耳にある三半規管が類人猿やその他のアウストラロピテクスに似ていることが指摘されている。三半規管はバランスを保つために重要な器官で、その向きは習慣的に頭が傾けられている方向だけでなく、頭が乗っている背骨の動きからどれだけうまく隔離されているかということも反映している。セラムの三半規管が類人猿やその他の初期の二足動物に類似しているということは、彼女の種は直立歩行をしていたかもしれないが、速く走る、つまり頭より下が激しく動いても頭をしっかりと一定の位置に維持することが重要な活動には適していなかったことを示唆している。

しかしセラムだけが、ディキカのサプライズではなかった。二〇一〇年半ば、その研究グループはさらにすばらしいものに遭遇した。三四〇万年前と年代測定されている層の直下から、何の変哲もない哺乳類の骨のかけらが四つ出土した。ところが走査電子顕微鏡を用いて詳しく調べると、そこに、考古学者によれば石器によってしかつけることのできない傷があることがわかったのである。この結果の重要性を理解するためには、三四〇万年前という時期が、石器そのものが見つかっている年代よりも八〇万年も前であることを心に留めておかなければならない。現在知られている最古の石器はアワシュ川流域に沿ったそれほど遠くない場所で報告されているが、ほんの二六〇万年前のものである。だが、石器は非常に耐久性の高い遺物だ――肉食動物が噛むことはなく、ほとんどの場合、考古記録に永久に保存される。もしディキカの古代のヒト科が動物の死骸を解体するために、一つの石を別の石に打ちつけて鋭利な剝片を作っていたのであれば、その剝片はどこにあるのだろう？　そして剝片を取った後の「石核」はどこにあるのか？　古人類学者が同年代の興味深い遺物を探して、ディキカやハダールの一帯をくまなく探し回らなかったわけではあるまい。

　この地方で石器が見つからない理由として、いくつかの可能性が挙げられる。一つは、古生物学者が正しくない「探索像」を抱いていた、つまり彼らが頭に描いている具体的なイメージが間違っていたため、これほどまで古い時代のそうした石器を単に見つけられなかった可能性だ。けれども、どれほど原始的な石器であっても、意図的に作られたのであれば、それとわかるしるしが残っているはずで、長年の経験を積んだ研究者が明らかな変形のある石の破片を完全に見落とすことなどありそうもない。それに代わる可能性として、ディキカの研究者が述べるのは、きわめて初期の石器作りはその「度合い」が非常に低かったのではないかということだ。つまり、石核一つに対して剝片は一つしか作られず、剝片が数少ない一方で、石核には加工の痕がほとんど見られないという点だ。もう一つの可能性は、骨の傷が実際には骨を踏んだ草食動物の鋭い蹄によってつけられた「踏み跡」だとする説である。しかしながら、おそらくいちばん可能性が高いのは、アウストラロピテクスが単に自然に壊れた石を死肉処理に使っていたとする考え方かもしれない。実験考古学者は実際に、川を流される間に互いにぶつかってごく普通に欠けたような石を使って、哺乳類の死骸を解体することが本当に可能であることを証明している。そうした石の破片は、意図的に作った石器ほどの鋭利な刃先は持たないが、それでも目的を果たすことはできる。

実際に起きたことが何であっても、顕微鏡で見ると、そうした骨の断片のうちの二つ（肋骨の一部と大腿骨の断片で、一つはウシほどの大きさの動物のもの、もう一つはヤギほどの大きさの動物）には、骨がまだ新しいうちに鋭い道具で切りつけられた「切り傷（カットマーク）」だけでなく、新しい骨の断片を硬く先の尖った素材でこすったり叩いたりした時に出来るような、ひっかき傷やへこみがある。したがって、アウストラロピテクス・アファレンシスと推定される初期のヒト科が、およそ三四〇万年前に低木の茂ったディキカの地で、大型動物の死骸を解体していたということが強く示唆される――たとえ厳密には石器を作っていなかったのだとしても。

川の上流

ディキカには古人類学者にとって驚くべきことがまだまだたくさん秘められているのだろう。川をいくらか上流にさかのぼったミドル・アワシュ・バレーと呼ばれるアワシュ川中流域の土地もまた間違いなくそうである。この地域は古人類学の中で独特な位置を占めている。ハダールほど大量の化石は見つかっていないが、五八〇万年前のアルディピテクス・カダッバから、ほんの一六万年前の私たちの種である、ホモ・サピエンスのごく初期のものまで、広い範囲のヒト科化石が出土している。

世界全体で、これほどまで広大な期間にまたがるヒト科の進化が記録されている場所はほかにない。四一二万年前のエチオピアのアウストラロピテクス・アナメンシスの化石がミドル・アワシュで発見されているほか、それより地質学的に若いアウストラロピテクス・アファレンシスに分類されているヒト科の骨格の一部が、比較的近いウォランソ＝ミレとよばれる三五八万年前の土地から出ている。

ウォランソ＝ミレの骨はハダールのアウストラロピテクス・アファレンシスの化石よりもかなり古く、年代的にはラエトリの破片と同じくらいである。残念なことに、骨格には頭蓋と歯が欠けているが、残っていた部分においてはおおまかに後世の小柄なルーシーと似ていると言われている。肩甲骨は保存状態がよく、肩関節部分はかなり上向きになっているように見えるが、ディキカの子どものものとは異なり、アフリカ産類人猿のどれとも特に類似点はない。ミドル・アワシュの研究者は、下半身について、アウストラロピテクス・アファレンシスが実際にどのように歩いていたかを検討するうえで、この大型の標本の方が小柄なルーシーよりも適していると考えている。その理由は、小型であれば体重も少なく、自分の体を支えるために必要な特殊化が小さいからだ。これは実際には意見が分かれるところである。一つには、ルーシーのものほどはっきりと二足歩行を示す骨盤と脚の構造を想像するのが難しいからだ。とはいえ、大型骨格の発見が喜ばしいことに変わりはない。ウォランソ＝ミレの個体には残念ながら完全な脚がないが、研究チームの推定によれば、その後肢はルーシーのものと比べて相対的に若干長かった。それが事実であれば、ウォランソ＝ミレの化石はハダールの資料よりも、ほぼ同じ時代のラエトリの足跡をつけたヒト科らしきものに、よりふさわしいのかもしれない。もどかしいことに、化石には足の骨もないため、その点についてはまったく推測の域を出ない。

ミドル・アワシュの地質断面を上層に移動して、三四〇万年前のいくつかの顎もアウストラロピテクス・アファレンシスのものとされている。これは興味深いが、すでにわかっていること以外にそれほど目新しい発見はない。状況は、ハダールのアウストラロピテクス・アファレンシスが記録から消え去って久しい、それより一〇〇万年ほど後から格段におもしろくなる。ブーリと呼ばれる二五〇万年前の遺跡から出た化石がアウストラロピテクス・ガルヒ（「ガルヒ」は現地語で「驚き」を意味する）と命名された。標本そのものはさほど印象的なものではない——主に、歯の付いている比較的完全な上顎と額を含む頭蓋の破片、そして首から下の骨がいくつか——けれども、後述するように確かに驚くべきものがついてきた。ミドル・アワシュチームは、腕と脚の骨、そして（当時はまだ発見されていなかったウォランソ＝ミレの骨格のように）ルーシーよりも若干長い後肢を合わせると、四肢の力が強かったことがうかがえると述べた。さらに彼らは、そこで発見されたものは新しく「進歩した」種類のアウストラロピテクスで、私たちホモ属の直接の祖先であると主張した。四肢骨と頭蓋とは直接には共伴しなかったが、復元された骨格のプロポーションがその主張の要因の一つだったのかもしれない（ただし口蓋に残っていた歯はかなり大きく、ハダールの同じような標本によく似ていた）。しかしながらその結論にいたった正式な理由は、ほかの子孫候補、あるいはアウストラロピテクス・アファレンシスと関連づけられるかもしれない解剖学的特徴のいかんにかかわらず、ブーリの化石がホモ属の祖先の役目を果たすのに「最適な場所、最適な時代」にいたことだった。

これらをすべて並べると、あたかもミドル・アワシュ地域に、期待をかき立てるかのごとく一定の時間間隔でヒト科の一様な進歩記録が残っていたかのように聞こえるかもしれない。けれども、ミドル・アワシュの発見者による資料の解釈はすべて、ヒトの進化を本質的に一直線とみなす根本姿勢によって条件づけられてしまっていることを知っておかなければならない。その発想は、原始的なアルディピテクスが見事に洗練されたホモ・サピエンスに変異するまで、単一の主要な系統が自然選択によって、一つの種から次の種へと段階的に変化するというものである。当該化石の解剖学的構造よりも化石の年代に重きを置く物の見方だ。そこに一定の論理はあるが、それは進化を、時代の流れとともに種が鎖状につながっているものと考えた場合にのみあてはまる。すでにわかっているかもしれないが、進化過程そのもの、あるいはその結果として生じる人間の進化状況の捉え方はそれ一つではない。けれども後に詳細に触れるが、これは古人類学者の間に執拗に残っている物の見方なのである。

根底にある経緯が何であれ、実際の驚異は実はブーリの化石そのものではなかった。化石発見の報告と一緒に掲載された「アーティクル」論文に、ブーリの堆積層から見つかったいくつかの哺乳動物の骨に鋭い石の破片でつけられた明らかな傷があると記されていたのである――これが下流のディキカで同様な発見がなされる一〇年前であることを思い出してほしい。二〇世紀後半、「ヒト＝道具製作者」という概念が古人類学者の間で大きな注目を集めていた。石器を作ることは、ヒトがその独特な道を歩み始めるきっかけとなった重要な行動であり、したがってそれが人類を定義する特徴だと考えられていた。一九七〇年代には、ケニアやエチオピア南部のオモ盆地から、二〇〇万年前を超える非常に古い石器が報告されていた。その後まもなく、二六〇万年前にまでさかのぼる石器が近くにあるミドル・アワシュのゴナの地点から発見されることにもなった。けれどもこの時、ブーリの切り傷のついた骨が太古のヒト科による最古の石器利用の証拠であり、またそのような行動と結びつく唯一のヒト科は、その関連づけは決定的ではなかったけれども、アウストラロピテクス・ガルヒ――二足歩行の類人猿だった。ひとたび石器が二〇〇万年前よりも昔にすでに作られていたことがわかると、当然のことながら同じ時代範囲に入る初期のホモ属探しが始まった。そして議論の余地はあるが、初期のホモ属のものと思われる化石の破片がしかるべく発見された。しかしながら、ブーリで発見されたヒト科の解剖学的に原始的な特徴は再考を要した。

ブーリでは実際の石器は見つからなかったが、ゴナで出土したものは、それ以後の時代の遺跡ですでに知られている単純な「オルドワン」石器（そうした石器群が初めて確認されたタンザニアのオルドゥヴァイ峡谷からその名がついた）に似ている。それらは主に火山性の細粒性岩石で出来ている小さな丸石であり、「ハンマー」石で叩いて、一つあるいは複数の切断用の鋭利な刃のついた剝片を分離する。剝片を取り去った後の石核そのものが、何かを叩く時に用いられていた形跡が見つかることも多い。その行動は、硬いもので長骨を叩き壊して骨髄を取り出す際に生じるねじれ骨折の特徴と関連づけられている。

オルドワンの石器は、見た目には粗雑だが驚くほど役に立つ。考古学者は、オルドワンの技術を用いて作った長さ三～五センチの剝片でゾウを丸ごと解体できることを実証している。さらに、こうした単純な石器が役立ったことは、ゴナの時代より一〇〇万年（ディキカからはほぼ二〇〇万年）が経過して、新種のヒト科が生まれては消えていった間も、石器一式がほとんど変わらなかったことからもよくわかる。明らかにこれは、石器に求められていることをすべて実行できる、きわめて有効な技術だった。

一部が接合された「オルドワン」石器のレプリカ。細粒性の火山岩の丸石で出来ており、いくつもの鋭い剝片が続けて割り取られた。レプリカ：ピーター・ジョーンズ。写真：ウィラード・ウィットソン。

ゴナの石器群とブーリ（とディキカ）の切り傷が正確にはだれによるものであっても、そうした並はずれた発見物は、ヒト科の間に画期的な行動の変化が起きた証しである。カンジと名づけられたボノボ個体——類人猿の「言語」実験の花形で、認知的に実にすぐれているボノボの代表者——を徹底的に指導しても、石と石を決まった角度と必要な力で打ちつけて鋭利な剝片を打ち剝がすことは教えられなかった。カンジは手の届かないところにある食べ物に結びつけられた紐を切るために、そうした剝片を用いるということはすぐに理解した。けれども石で鋭利な刃を作る原理はどうしても習得できなかった。やがて彼は石を地面に向かって投げて砕き、それを丹念に調べて鋭利な破片を見つける方法を選ぶようになった。これは実際には、カンジの脳や学習能力だけでなく、その手とも関係があるのかもしれない。石器作りは難しい手作業であるだけでなく、それを行うためには物体を正確につかむことのできる手が求められるのである。

広い手のひら、長い親指、親指が残り四本の指すべてと先端を合わせることができる能力を持つ私たちの手は、物体を操作するのに最適な構造になっている。この能力のためには、手のひらにあるたくさんの筋肉すべてが、力ではなく繊細な動きを促進するよう配置されなければならない。それと比べて、現生の類人猿の手はバランス配分が大きく異なる。その手は人間のものよりもひときわ細長く、筋肉と腱は長い指をけたはずれの力で曲げられるように配置されている——生涯のほとんどを木の枝につかまって過ごす時にまさに必要な手である。さらに、類人猿にはナックル・ウォーキングの傾向がある——地上をゆっくり歩く時に、曲げた指の外側で上半身の重さを支える——ため、手の屈筋（曲げる時に使う筋肉）の腱がまっすぐにする時の伸筋の腱よりも短く、手首と指を同時に伸ばすことができない。このように強く屈曲する種類の手は、指の正確な動きと配置が求められる活動、すなわち石器作りには理想的とは言いがたい。

初期ヒト科の石器製作者が、なぜその珍しい作業に適した手をすでに持っていたのかはわからない。論理的には、握ることに特殊化した類人猿の能力を失うことに何らかの利点があったに違いない。依然として指が曲がってはいるものの、その発達状態はハダールから出土した手の骨にかなり強く表れていることがすでにわかっている。おそらく彼らの祖先は、ナックル・ウォーカーではなかっただろう。しかしながら、埋め合わせるものが何であったにしても、それは石器を作る能力ではない。わかっている限り、石器作りは、アウストラロピテクス類と手を含むその身体的な様々な特徴が、すでに定着してしばらく経ってから行われ始めたものだからだ。だが、正確な事情が謎に包まれたままであっても、人類の進化に関するこのエピソードから得るべき、まさに重要な教訓が一つある。身体構造は、それが手に入るまで使えないということである。つまり、いわゆる「適応」と呼ばれているもののほとんどは実際には「外適応」から始まる。外適応とは、遺伝子コードのランダムな変化を通して獲得された特徴が、その後無関係の特別な利用方法に転用されることだ。簡単に述べるなら、理論上新しい特徴がどれほど有益であっても、自然選択はその新しい特徴を出現させる立場にはない。それがまた、ディキカのヒト科が自然に作られた石を用いて動物を解体していたという考えが魅力的であるもう一つの理由である。なぜなら、そうでなければ、ディキカと、ブーリやゴナの発見物との間にある地質学的に長い時間の間に、石器やそれを使用した形跡がないのはとても不自然だからだ。

第三章　初期のヒト科の生活様式と内面世界

密林の奥から森の外れや隣接する疎林や低木林へと出てきたことは、初期ヒト科にとっては重大な行為だった。そしてそれは、複数の結果をもたらした。この生態学上の移行は食性と歩き方の急激な変化にかかわっただけでなく、捕食動物の攻撃を受ける可能性を大きく上げた。さらにそれは、私たちの祖先とその近類の類人猿との間にある、いくつもの根本的な違いをはっきりと示すことにもなった。類人猿が危険を冒してサバンナへ出かける時は四足で移動するが、どうやらヒト科はその新しい冒険に対して直立姿勢ばかりか斬新な食物調達方法を取り入れることで応じたようである。それによって引き起こされた変化は彼らの様々な体の機能に多大な要求を突きつけた。彼らがどのように順応したのかを、次に見ていこう。

十分な栄養を確保する

古人類学の大きな不思議の一つは、動物性の脂肪と蛋白質を明らかに含む新しい食性に、初期のヒト科がどのように対処したかということである。今日においてもなお、肉を食べる私たち現代人は、肉食動物のものよりは草食だった祖先によく似た消化管を持っている。そして私たちの歯は、小さくなったとは言え本質的には植物を食べる者のそれであり、肉を切断するというよりは硬い食物の磨りつぶしに重きが置かれている。けれどもいつの時点かで、太古の草食二足歩行類人猿は動物の死体に関心を抱き始めた。すなわち、そうした死体の食物としての潜在的可能性に基づく関心である。その慣れない食べ物の摂取はたくさんの問題を引き起こした。

死体の赤身肉をそのまま食べても、初期ヒト科には消化できなかっただろう。彼らの胃は、現代の肉食動物のような、食べた物を短い腸管に送る前に骨と筋肉組織を分解することのできる高濃度の胃酸で満たされてはいなかったからだ。一つの可能性は、肉を消化しやすくするために筋肉組織を破壊しようと、私たちの祖先が何度も剝片の打ち剝がされた石核で赤身肉を叩いたとする説である。もう一つは、彼らが筋肉組織にはまったく手をつけず、死んだ動物の内臓だけを食べていたとする考えだ。少なくともヒトが肉食の初期にそれを行っていたことはわかっている。ケニア北部で発見された一七〇万年前のホモ・エレクトス骨格には、おそらく肉食動物の肝臓から取り入れたと思われるビタミンAの過剰摂取によって生じた骨の変形が見られた。けれども、内臓に特別な関心が抱かれていたとは考えにくい。なぜなら内臓は、ヒトの競争相手だったに違いない肉食動物や死肉食動物の好む食物であることにくわえて、骨に明らかな切り傷が残っているからである。少なくともそうした切り傷の一部は、腹腔を切り開いて内臓を取り出すだけの処理ではつかないと考えられるため、赤身肉を四肢から切り離す手順でつけられたものに違いない。

最近注目を集めているもう一つの可能性は、ヒトが火を通すことで肉を消化しやすくしたというものだ。火を通せば間違いなく、植物性でも動物性でも食物の栄養を胃の酵素が消化しやすい形にできる。また、今日の人々は生の食べ物にかぎった食生活では体重を維持することが難しいというある程度の証拠もある。しかしここで問題となるのは、およそ八〇万年前より昔には管理された火を使った明らかな証拠がないことである。しかも日常的に調理に火が使われるようになったのは、それよりずっと後だと考えられる。それでもなお、研究者の一部は、二〇〇万年ほど前のヒトの平均的な脳の拡大は、植物性の食物からだけでは得られない質の高い（すなわち高脂肪、高蛋白の）食事によってのみ可能になると考えている。脳は極度にエネルギーを必要とする組織で、そのカロリー消費は脳の増大とともに増加する。カロリーを補わない限り、必要以上に大きな脳を維持することはとてもできない。したがって、脳の拡大に燃料を注ぎ込むためには、もともときわめて栄養価の低いヒト科の食事に動物性蛋白質が取り入れられるようになったに違いない、と主張されている。

ヒトが長い間、肉を食べていたことを示す、それぞれに独立した指標はいくつもある。奇妙なことだが、その中の一つはサナダムシの研究が基になっている。どこにでもいるこの腸の寄生虫は、異なる種類のものがそれぞれ特定の宿主と結びついている。人間が最初にサナダムシに苦しむようになったのは、ウシを飼い、動物の群れと至近距離で暮らすようになってからだと長く考えられてきた。ところが分子研究によると、サナダムシがヒトの個体群に取りついたのはかなり昔で、ウシ科のアンテロープの死体を肉食動物――おそらくライオン、リカオンやハイエナ――と共有し、その結果、彼らが残した唾液を摂取したからではないかと推測されている。

この知見は、アウストラロピテクスの歯や骨に残されている炭素の安定同位体の研究とも一致する。そうした研究は「あなたは食べた物から出来ている」という原理に基づいている。ほとんどの植物はＣ３経路として知られる方法で大気中の二酸化炭素を取り込む。そのため、その植物を食べる動物の骨と歯には炭素の安定同位体である炭素13が少量含まれている。しかしながら、熱帯のサバンナに生えている草を含むいくつかの植物は、それとは別のＣ４経路を使う。そのような食物源を採ると、それを食べる動物の組織に含まれる炭素13の量が大量になる。歯から計測可能なそうした化学的メッセージは、動物の獲物からそれを食べる捕食動物へと移される。したがって、組織に含まれるこれら同位体の相対的な量は、草食動物か食物連鎖のもっと上の方に位置しているのかとは関係なく、その動物の食性をうかがう手掛かりとなる。

同位体の研究は、行動観察によってすでにわかっていたことを裏づけた。つまり、今日のチンパンジーは開けた場所で暮らしているものも含めてすべて、森林がもたらすＣ３の食生活を保っている。それとは対照的に、多くのアウストラロピテクスはＣ４のメッセージを示している。そして、アウストラロピテクスがこぞって草を食べていたとは考えられないことから、そのメッセージは彼らが食べていた草食動物からのものに違いないということになる。犠牲になった動物の候補として可能性が高いのは、イワダヌキ（ハイラックス）や草を食む若いアンテロープといった動物だろう。

これは初期人類が主として肉を食べていたという意味ではないが、同位体のメッセージは、彼らが森林の植物という祖先からの食性から離れて、明らかに雑食になったことを物語る。したがって、彼らが家畜を飼っていた――ホモ・サピエンスが現代の姿形になってしばらくしてからようやく始まった習慣——のでない限り、彼らは肉を狩りで手に入れるか、死肉を漁るかしなければならなかったことになる。現在のヒト上科の中でもチンパンジーは時々狩りをするが、これといって死肉は漁らない。さらに、チンパンジーは主に仲間と協力して狩りをするものの、その獲物の分配は食生活に貢献しているというよりは、グループ内の社会的な絆を強めるという意味の方が重要であるように見える。そしてチンパンジーが実際に狩りをする時、彼らは森に住んでいる動物——オナガザル科のコロブス、ウシ科のブルーダイカー、小型のサルであるガラゴ——を追いかける。だから、彼らの体組織には、C3のメッセージがある。

大半の時間をどこで過ごしていたのかはわからないが、アウストラロピテクスがほぼ確実に、密林から離れた場所で草を食む動物の死肉からほとんどのC4成分を得ていたということは、彼らに何らかの異変が起きていたに違いない。体が小さくこれといって俊足でもない彼らにとって、最も明らかなC4源は死肉をあさることだっただろう。けれども、開けた場所で、この比較的手に入りにくい食物の獲得を他の肉食動物と争うことは大変だったはずだ。さらに重要なことに、死肉はすぐに毒性を持つようになる。ヒトを含む現在の霊長目は、ハゲワシのようなもっぱら死肉を漁る動物にあるような、その大きな問題に対処するための特殊化をとげてはいない。ひとたび腐敗が始まれば（熱帯地方では、最初にそれを狩った動物がいなくなってからそれほど経たないうちに）、死体についているウイルス、微生物、寄生虫などの数は急激に増加して、肉は消化が難しくなるばかりか、死を招く可能性すら出てくる。現在の霊長目がめったに死肉を漁らないのも無理はない。ウガンダのチンパンジーの調査では、たまたま死んだばかりの動物を食べる機会に出くわすことが年に四回ほどあったが、肉

小型で動きの遅いヒト科にとって疎林やサバンナは危険な場所だった。この子どものパラントロプスを引きずるヒョウの絵は、南アフリカのスワルトクランス遺跡で見つかった頭蓋の破片を基に描かれている。それには、ヒョウの犬歯の大きさと間隔にぴたりと一致する穴が空いていた。図はダグラス・グードのスケッチをもとにしたもので、ダイアナ・サレスによる。

の味見でさえ一〇回に一回、すなわち二年半に一度しかなかったことがわかっている。総じて、霊長目全般にとって古い死肉を漁ることはあまり魅力的な判断ではないようだ。そして仮に初期人類がそうしていたのだとしたら、そのようなことを大々的に始めた理由はまったくわからない。

それでも、悩みの種であるC4のメッセージが、実際にそこにある。そこで、初期人類は、かなりの時間を密林から離れて過ごすようになった時に、肉泥棒になったとも考えられる。たとえば、ヒト科とヒョウは、祖先のヒト科の生活環境が疎林や低木林にまで広がって以来、かなり密接な関係になったようである（南アフリカで出土したアウストラロピテクスの頭骨の破片には、ヒョウの歯に空けられた穴さえある）。ヒョウは、より大きな肉食動物に自分の獲物を奪われないように、しばしば縄張りを見回りに出かけている間、高い木の上に獲物を隠して保管しておくが、その様子がよく観察されている。アウストラロピテクスはその優れた木登り能力を利用して、ヒョウが留守の間に急いで木に登って死体の一部を横取りしたのかもしれない。その危険な行動は間違いなく、速やかに逃げる前にすばやく肉を切り取る能力を身に付けたことによって容易になったのだろう。そうだとすれば、もしかすると石器を最初に発明したのが、私たちの誇り高きホモ属ではなく二足歩行の類人猿だったとしても、さほど驚くべきことではないのかもしれない。その観点に立てば、その先の驚くべき発展を支える大きな食性の転換が、石器の利用によって達成されたのかもしれないと考えることができる。この新鮮な肉を略奪したという説明によって未解決の問題がすべて片づくわけではないが、少なくとも新たな可能性は切り開かれる。

チンパンジーは何を教えてくれるか

石器の利用、そして石器作りの証拠からはなおさら、二足歩行の類人猿が――もしかすると少なくとも二六〇万年より前の、三四〇万年前に――今日の類人猿が持っていると思われるレベルをはるかに超えた認知の状態へとすでに進んでいたことがわかる。初期の石器製作者は、ボノボのカンジにはまったく見られなかったような、石がどのように欠けるかということを見抜けなければできない活動を自然に行っていたばかりか、今日の狩りをするチンパンジーの行動には見られないようなある程度の洞察力を示していた。なおそれは、森を出て行くことになる最初のヒト科が持っていた認知能力とも明らかに異なっている。実際、それほどの初期の段階ではおそらく、私たちの先祖はそうした認知能力を備えるのに必要な生物学的な手段さえ持っていなかった。それをまず正しく認識しておきたい。そして、本書の冒頭で述べたように、チンパンジーは実際きわめて複雑な動物であることを思い出してほしい。チンパンジーを見つめる人間はだれもがその中に自分自身の姿を見出す。最も、たいていは檻の中に入れられているその個体が何を感じ、何を体験しているのかは依然として謎に包まれたままではあるが。

技術という面では、人間とチンパンジー（とほかの類人猿）との類似は、こうした霊長目が私たち人間だけのものと考えられていた高度な行動に従事する様子が毎月のように新たに記録されているという事実に強く表れている。そうした行動の中で最近わかったのが、鋭く尖った枝で眠っているガラゴを突き刺す行動だ。最もこの驚くべき習慣もまた、本書が出版されるころにはまた新しい発見に置き換えられているのかもしれないが。

チンパンジーが示す多様な単純な技術は――模倣することで「文化」を伝える形によって何世代にもわたって受け継がれてきたものだが――少なくとも、彼らが暮らす幅広い環境が一因だと考えられる。チンパンジーは熱帯雨林の密林から樹木の多い草原まで、中央アフリカと西アフリカの驚くほど多種多様な生息地で暮らしている。この環境の分布範囲は、初期人類のものに似ている。大きな違いは、乾燥した開けた土地に暮らしても、チンパンジーには森で手に入れていた資源と似たような食べ物――主に果実――を選ぶ傾向があることだ。彼らは、初期人類が明らかに享受していたような塊茎などの硬くて砂混じりの草原の食べ物には見向きもしない。それでも、チンパンジーは周囲の物が食べられるかどうかということには大いに気を配っている。

セネガルにあるフォンゴリと呼ばれる場所の、森の間に草地が点在するような環境で、チンパンジーはガラゴの個体群とともに暮らしている。ガラゴは小柄で無力な夜行性の霊長目で、日中は木の穴の奥深くに隠れて眠っている。チンパンジーが明らかにガラゴを突き刺す目的で、木製の「槍」を作って木の洞《うろ》に突き立てているのを現地の研究者が何度も目撃していることから、どうやらフォンゴリのチンパンジーはガラゴをおいしい軽食と考えているようである。記録された二二回の試みのうちわずか一回しか成功しなかったと知って私は胸を撫で下ろしたが、ここで最も興味深いのは——雄の成体だけでなく雌や幼弱の個体もこの狩りに参加していたという事実も珍しいけれども、それにくわえて——チンパンジーがいつも必ず、しっかりと定着していると思われる同じ手順にしたがっていたことである。

まず、枝が木から折り取られる。それから小枝が剝がし落とされる。ほかのチンパンジーがシロアリをアリ塚から「釣る」時に用いる細長い道具を準備する手順とほぼ同じだ。木の皮がその原始槍から取り除かれることが多く、さらに形が整えられる。時には、槍製作者が自分の切歯を使って槍の先を尖らせることもある。四五センチから九〇センチほどの道具が完成すると、それを木の穴に力いっぱい突き刺し、引き抜き、見て調べて、においを嗅ぐ。狩りが成功した唯一の例では、ガラゴは槍に突き刺された状態で枝の穴から引き抜かれたのではない。そうではなく、槍の先端に明らかな獲物のにおいまたは組織を見つけた若い雌のハンターが、枝の上で飛び跳ねて枝を壊し、その中のガラゴを手でつかんで取り出したのだ。その後、その雌はその場を立ち去り、だれもいないところで死体を食べた。ほかの二つの例では、フォンゴリのチンパンジーがガラゴを食べていたところが観察されているが、どのような方法で手に入れたのかはわかっていない。そうした個体は基本的には単独だったが、母親が自分の獲物を幼い娘に分け与えた可能性はあった。

チンパンジーが狩りに槍を使うことは、驚くべき技術的側面の発見である。こうした霊長目が石を金床のように使って硬い木の実の殻を割るという最近の目を見張るような発見もそれに匹敵するが、さらに驚嘆すべき新事実は、その行動が古代の石の散乱という形で四三〇〇年前の考古記録にも見つかっていることだ。また、フォンゴリの狩りの方法は、ほかの場所のチンパンジーに見られるものとは大きく異なっていることから、チンパンジーの行動が信じられないほど柔軟であることも改めて思い起こされる。アフリカ西部と東部の両方にある密林の生息地域では、チンパンジーは確かに時々、単独で狩りを行うが、通常は協力して狩りをする。そしてその行動は、かつて考えられていたよりもずっとありふれたものだ。たとえば、アカコロブスが広く生息しているアフリカの森林地帯で暮らすチンパンジーは、月に四回から一〇回はそうしたサルを狩り、成功率は五割強で安定している。狩りは成り行きまかせで、見たところ単に捕食者と獲物が偶然出会った場合に始まることが多いが、それ以外に雄のチンパンジーが積極的にコロブスを探して森の中を巡回しているような時もある。狩りは主に雄の仕事で、狩りに参加する雄の数が多ければ多いほど成功率が高くなる傾向にある。その手順は一見の価値がある。樹上で暮らすコロブスは、密林の林冠で大きな群れを作って生活している。チンパンジーのハンター集団は、一部が地上、別の一部が周辺の木の上に陣取ってコロブスの群れ全体を取り巻く。一部のチンパンジーが獲物になりそうなコロブスを狙って突進し、積極的に群れを追い回す一方で、他のチンパンジーは明らかにそれを見ているだけだ。ただしだれもがきわめて興奮した状態にある。林冠が途切れる場所に逃げ惑う一匹あるいは複数のコロブスを追いつめて、一本の木の上に獲物を孤立させることができれば、チンパンジーの狩りは大成功だ。捕らえられた獲物は引き裂かれ、狩りの参加者に分け与えられる。だれもがその分け前にあずかろうとやきもきしている。

一部のチンパンジー社会では、一年に何十キロものコロブスの肉を消費しているかもしれない。だからコロブスが貴重な食料源であるかのように見えるかもしれないが、それでも、たいていはその二つの種が遭遇しても、コロブスは追いかけられるのではなくむしろ無視される。チンパンジーが食物を探している時でさえそうだ。さらに、新鮮なコロブスの死体を持ったチンパンジーが仲間からも死体をよこせと迫られた場合、熟れた果実がたくさんなっている枝と比べると実にあっさりとそれを手放すことだろう。これが示唆することは、つまり狩りは頻繁に行われてはいても、チンパンジーにとって本質的に実利のある活動ではないということである。実際、ウガンダの森林におけるチンパンジーの狩りの最近の評価から、狩りは季節を通して行われていることがわかっており、だから、狩りは好みの食べ物が乏しい時期の食料不足を補うために行われているのではない。肉が優れた補助食品になる可能性もあるにもかかわらず、チンパンジーの栄養にとって欠かせないものにはならなかったようである。ではなぜ苦労してまで手に入れるのか？　一つの可能性は、成功を収めた雄のハンターが肉を分け合うことで雌に近づく優先権を得ることができ、ひいてはそれで生殖に有利になることだ。その点について決定的な証拠はなく、観察結果も場所によって様々である。一般に、交尾できる状態の雌が狩りの肉の分け前を手に入れられるのは、わずかにその機会の三分の一程度で、ほかの仲間と変わらない。そして分け前をもらえる時でも、交尾の後か先かに違いはない。その一方で、西アフリカでのある研究では、長い期間で見れば、雄は肉を分け与えた雌と交尾する機会が増えたことが示されている。それでもチンパンジーがコロブスを狩るのは、少なくとも主としてより大きな社会的目標を追求するためだと、チンパンジー研究者の間に意見の一致が見られつつあるようだ。つまり主に雄同士で分け合うために肉を手に入れるのは、同盟関係を構築する行為なのである。チンパンジー社会は流動的な階級社会で、その時々の個々の雄の地位（そしてもちろん生殖に有利かどうか）は、力や気性だけでなく仲間との協調性によっても決定されるため、この考え方は大いに理にかなっている。

二足歩行に特殊化した類人猿の行動

狩りをすることは道具を作ることとは別物だ。ヒト科の歴史の早いうちに動物の死体が解体されていたとは言え、その死体を手に入れた方法は、そこからはわからない。明らかに、最初の石器は大型動物を殺すために用いられるような種類の道具ではまったくない。初期ヒト科がその食性に相当な量の肉を取り入れていたとするなら、肉の供給源となった動物の多くは追いかけ、追いつめて、捕らえられるくらい小さかった可能性が圧倒的に高い。たとえばイワダヌキや、トカゲのような小型の脊椎動物だ。それ以外に唯一考えられるのは（ヒョウの獲物をこそこそと盗む以外に）、ヒトが何らかの攻撃を行って、捕食を専門とする動物が獲物から離れた隙に大型の獲物から大量の蛋白質を手に入れる方法である。初期ヒト科は体が小さく、動きが遅く、ちっとも獰猛とは思えないかっこうだった。さらに新鮮でない肉は死を招くかもしれないことを考えると、それを成功させる手段は一つしかない。

それは、ヒト科がすでに重い物体を正確に投げる術を身につけていたということである。

現在の私たちにとって、物を投げるということは自然なことのように思われる。実際、野球のようなスポーツはそれに頼っている。けれども現実には、それは私たちの類い稀な特性の一つなのである。今日の世界で、正確に物を投げられるのは人間だけだ。ラクダは人間の目に唾を吐きかけることができるかもしれないが、チンパンジーはその腕の力が強いにもかかわらず、近くに石を投げるのは正確なようでも、あまり遠くには投げることができない。彼らは動物園の訪問者に悪名高い排泄物の投げ飛ばしは行うかもしれない。けれども、生か死かという状況で頼れるような物を投げつける能力は持っていないのだ。そしてもちろん、石を投げつけることで肉食動物を追い払おうとする場合は、まさにその生死を分ける状況に置かれている。この行為は古人類学者に「力による死肉漁り（power scavenging)」として知られている。物を投げるには、手と目の機敏な連携と、何が必要かということを直感的に判断して一連の行動を結びつける能力が必要である。神経と筋肉の同時調整は一筋縄ではいかない。そして、明らかに飛び道具の先端に装着するような石器を作り始める前に、ヒト科がその能力を得ていたことを示す直接の証拠はない。

それでも、目と手の優れた連携は石器作りにも欠かせない要素である。したがって、初期の石器製作者は、体のバランスが原始的だったにもかかわらず、少なくとも時に肉を手に入れるには十分な、物を投げる技能を身につけていただろう。けれども肉食動物の獲った獲物は、ヒト科が依存したいと考えるような種類の食物源ではない。そのような形で日々を暮らすためには、どう考えても大きな動機付けが必要だろう。また、チンパンジーの状況を踏まえると、私たちの祖先が最初に肉を追い求め

この想像による復元図では、200 万年以上も前の時代に、石器を使う初期ヒト科の集団がアフリカのサバンナで暮らしていた様子が描かれている。こうしたヒトが解体しているような哺乳類の死体を手に入れた方法は正確にはわからないが、中央左奥の人影がリカオンの群れに向かって石を投げつけている様子は、力による死肉漁りという危険な行為を示唆している。一次捕食者を一時的に獲物から遠ざけ、四肢や内臓を取り分けて、後に安全な場所に運んで消費するのである。そうした避難所は、背後に見える森の中にあったかもしれない。一方、遠くの右では 2 個体のヒトが棒を用いて塊茎を掘り起こしているのが見える。拡大する草原へと挑んだ初期ヒト科にとっては、それも資源の一つだった。©'95 J・H・マターンズ。

た原因が餓えだったとはとうてい言い切れない――最も、ひとたび日常的に新鮮な獲物をあさるようになってからは、なぜその行為に依存するようになったかを推測することは容易である。けれども、もしヒトがこの危険な食物入手法を行っていたのだとすれば――当初から大型動物を解体していたことを心に留めておかなければならない――それは彼らが大集団で暮らしていたことの力強い証拠となる。なぜなら小柄なヒトが少人数でライオン、剣歯トラ、ジャイアントハイエナに石を投げても、逆にあっさりとかたづけられただろうと思われるからだ。そして、このすぐ後で述べるが、初期人類が大集団で暮らしていたことを示唆する理由はほかにもある。

一方で、解体された死体はまた、初期の石器を作るヒトそのものと彼らが持っていた認知能力についてもたくさんのことを語っている。道具作りに適した石材は、初期人類が歩き回っていた大地溝帯の景観のどこででも見つかるわけではない。また大型動物の死体を解体する時に必ず石器に適した素材が手元にあるよう、彼らが適当な石材を持ち歩いていた形跡は、はっきりと残っている。特に二〇〇万年前を境に、それ以降では切り傷のついた動物の化石の周囲に散乱して、あるいはそれと混ざって、太古の石器が見つかることがかなり一般的になる。特徴として、石器そのものは手近で自然に手に入る石から作られていたのではなく、時にはいちばん近い天然の石材産出地が数キロも離れていることもあった。つまり石器作りに必要なきめの細かい石材は、少なくともそれくらい遠い場所から運ばれたに違いないのだ。また石器は、小さく割り取られた完成品の形で運び込まれたのではない。それがわかるのは、石器作りの過程で作られるのが鋭利な剝片だけではないためだ。一個の丸石からは二つか、それよりいくらか多い切断用の剝片が作られたのだろうが、その過程でたくさんの「石くず」――使いものにならない石の破片――も出来る。考古学者は繰り返し、一つの解体現場で見つかった使える破片と使えない破片の両方を組み合わせて、元の丸石全体を復元してきた。その骨の折れる接合という過程から石器の作り方がわかっただけでなく、その重い石が初めは丸石のまま――どうやら石器製造に必要だと前もって見越して――持ち込まれたことを示す明らかな証拠にもなった。もしめったに使わないのであれば、そのような重い石の塊を何キロもわざわざ苦労して運んだりはしなかっただろう。

この種の予測や将来への洞察は、チンパンジーに見られるいかなるものとも異なっている。確かにチンパンジーは狩りをする。けれどもたいていは機会があれば行う状況依存型だ。また、狩りを行う道具が必要であれば、チンパンジーはその場で手に入る素材でそれを作る。それとは対照的に、初期の石器製作者は、見たところ狩りであれ、力による死肉漁りであれ、何をするか、そのために何が必要かということを正確に予測したうえで、出かけたようである。彼らはまたチンパンジーには理解できないような素材の特性や扱い方を心得ていた。鮮新世の類縁だけでなく現生類人猿と比べても、石器を作り始めた初期人類に何らかの認知的な飛躍があったと述べるには、これだけで十分だ。明らかに、石器を作る当時のアウストラロピテクス、そしてもしかすると技術を持たないその直前の祖先も、周囲の動物の中では飛び抜けて優れた頭脳を持っていたのである。

残念なことに、現在、古代の先人について言えることは期待されるほど多くない。だが、彼らはほぼ間違いなく協調性の高い生き物だっただろう。もし四〇〇匹のチンパンジーを飛行機に詰め込んでニューヨークから東京まで飛ばしたなら、到着までにチンパンジーが互いに殺し合っているだろうということはほとんど疑いようもない。チンパンジーはどこから見ても社会性の高い動物だが、今日の人間ほどは、ぎゅうぎゅうに詰め込まれた社会で暮らせるような特殊な社会性は持ち合わせていない。人口爆発はごく最近の出来事であるため、私たち人間が現代の密集した条件に応じてこの特別な形の社会性を身につけたのでないことは明らかである。実際、少なくともこの二〇〇万年かそこらの間、ヒトはたいてい地上にまばらにしか存在していなかった。したがって、もしかすると私たちの奇妙な社会的傾向の生物学的な土台は、それより前の進化の歴史の中に見出すべきなのかもしれない。その一つの推定として、初期の二足動物の生物学的な役割と環境の選好に目を向けるべきだろう。

初期の社会

ここまでは主にチンパンジーと狩りについて論じてきた。私たちの太古の祖先を、私たち（と彼ら）の現在の近縁――実際に自然界での行動を観察できる動物――の状況にあてはめて考えたいと思うなら、それは確かに理にかなっている。また、狩りを重要視することは古人類学に深く定着してもいる。実際、一九二五年に最初のアウストラロピテクスの化石（実際には捕食者であるワシの犠牲になった子ども）について記述したレイモンド・ダートは、一九五〇年代になって、「血にまみれ、虐殺本能に満ちた人間の歴史の記録保管庫」は、人類の最初の祖先が持っていた「この共通の血に飢えた分化形態、この捕食の習慣」が直接表れたものであるとおおげさに述べている。

私たちが今日の頂点捕食者であることは疑いようもないが、その一方で、私の同僚であるドナ・ハートとボブ・サスマンは、最近になって、ヒトの初期の進化で狩りに注目することがいかに不適切であるかを強調している。私たちは単なるスーパーチンパンジーではない、と二人は言う。そして、チンパンジーは進化的に私たちに近いにもかかわらず、たとえフォンゴリのような木の密度の薄い環境で長時間過ごしていても、森の動物としての本能をすべて保っていると指摘している。ハートとサスマンによれば、ヒトの太古の先祖がチンパンジーと本質的に異なる理由は、彼らが現生類人猿とは違って、密林の外れと疎林の環境をうまく利用するために、生活様式全体を環境に順応させたことにあるという。それは彼らの二足歩行、歯、組織の元素の同位体組成、その他多くの特徴に見ることができる。より開けた場所への生態的な移動は、ヒトに新たな機会を切り開くと同時に驚くべき未来の可能性ももたらした。けれども、直後には大きな犠牲も伴った。その不利益とはもちろん、疎林の捕食動物に攻撃されやすいということである。この新しい要因は重要だったと言っても決して過言ではない。どのような新しい影響力も、どこにでも捕食動物がいるということほどまでに、祖先の住んでいた生息地を離れたこの小柄な二足動物に大きな衝撃を与えはしなかっただろう。

この避けられない現実を踏まえれば、おそらく最初の人類の暮らし方の手掛かりを現存している近い類縁に求めるべきではない、とハートとサスマンは提案する。その代わりマカクやヒヒなどのサルのような、環境が似ている霊長目に手掛かりを探した方がよい。チンパンジーと比べるとアウストラロピテクスとの関係は遠くなるけれども、こうした霊長目は、新しい生息地のモザイク状の拡大に伴って、利点と欠点の両方を抱えて暮らすという似たような生態的状況に関与してきた。彼らがヒトと祖先を共有してからおそらく二五〇〇万年も経っているのは事実だが、生物学上は基本的に同じ霊長目であり、生態的な偏りという点でも似ている。くわえて化石記録から、二五〇万年前以前の時期の私たちの祖先は、体格が大きめのヒヒと大差ないことがわかっている。彼らと一つ大きく異なる点は、犬歯の大きさだ。特に雄のヒヒには裏側がかみそりのように鋭いエッジとなった、よく切れる恐ろしい上顎犬歯がある。これは私たちの先祖には明らかにない自衛のための特徴である。そして四足動物であるヒヒは格段に足が速い（実際、地上生活を好む類縁のパタスモンキーは必要に迫られるとおよそ時速六四キロに達することもある）。したがって、アウストラロピテクスは地上性のサルと比べて開けた生息地では非力であり、それに伴って捕食者の脅威もより大きかったことだろう。

少なくとも部分的にサバンナで暮らす動物によくあるように、ヒヒとマカクは雑食で、森はもとより草原の資源も利用するが、ある程度は水源に縛られている。けれども、日中は食料を求めてかなり遠くまで草原を移動しても、夜はたいてい身を守るために木の上か岩壁上で群れをなして寝ている。そして捕食される側のほかの種と同様に、あらゆる年齢の複数の雄と雌から成る大きな集団で暮らしている。何と言っても、目と耳が多ければ多いほど、だれかが遠くにいる捕食動物を見つけて警告を発する可能性が上がるからだ。したがって、こうしたサルがよく声を出すことも驚くにはあたらない。集団は、生殖能力のある雌や子どもを中心に取り囲むようにしてエサ探しや移動をすることが多く、どちらかと言えば取り替えのきく若い雄は攻撃を受けやすい外側にいて、見張りの役目も果たしている。集団が大きいため、きちんと系統立った組織が作られ、メンバー内に複雑な個体間の関係がある。この秩序立った様子は、個々の関係がより複雑でも固定された空間的構造を持たない暮らし方をするチンパンジーとは異なっている。

初期人類が頻繁に餌食になっていた証拠は、主に骨折と捕食動物の歯の跡という形で多く残っている。生息環境、体の大きさ、解剖学的構造という間接的な証拠も、同じことを告げている。したがってごく初期のヒト科は、ハンターではなく獲物の種としての社会的特性を持っていたとするハートとサスマンの結論は理にかなっている。私たちの祖先は狩るのではなく、狩られる立場だったのだ。ハートとサスマンは、現在の人間の行動にもそれが多く表れていると考えている。私たちが行動として受け継いだものについては後に述べるが、ここではまず、ハートとサスマンが明らかにした、地上で暮らすサルが用いる七つの適応方法を取り上げよう。捕食動物に狙われやすい新しい生態的地位にあった初期人類も、ほぼ間違いなく同じ方法を取り入れただろうと二人は考えている。

一：二五から七五頭の大集団で暮らすこと。数が多ければ安全である。もしかしたら自分たち人間社会の核家族がたいてい少人数であるという知識に無意識に影響され、また捕食動物の個体数を意識してのことかもしれないが、古人類学者には初期人類の集団は少人数だったと想定する傾向がある。これまで見てきたように、二足歩行は一雄一雌の関係に結びつけられ、アウストラロピテクス・アファレンシスの雄と雌の体格の違いは、通常「シルバーバック」の雄のボスが支配する二〇頭以下のグループで暮らすゴリラとの比較を招いた。けれども狙われやすい捕食される種にとっては、著しく大きな社会集団を作る方が一般的だと考えられる。

二：いろいろな特徴を持つこと。言うなれば、一つのことにすべてを賭けてはいけない。利用できる環境と基盤のすべてを活用する。地上の二足歩行と樹上の著しい敏捷さを併せ持っていた初期のヒト科にこの原則があてはまることはわかっている。サルは主に体を小型に保ったまま特殊化しないことでその適応力を得た。初期人類は、見たところ相容れないような特殊化を組み合わせることで同じことを成し遂げた。ヒトの両方の機能を両立させる運動機能戦略が、樹上から地上へと降りてくる行為の途中の適応ではないことは明らかであるように思われる。彼らは何百万年もの間その方法で栄えてきた。私たちが後から振り返って「経過」と考えるような状態であっても、当時は完璧に機能していたに違いない。初期人類が安定した適応を見せていたことは、彼らの体型からわかる。その地上生活に適した足や骨盤と樹上生活に適した上肢帯と腕を含む、異なる特性を備えた構造は、地上を歩き回る新しい方法としては弱い側面があったとは言え、当時の環境の必要性にうまく順応していたように見える。

三：社会組織においては柔軟であること。捕食動物を避けるのはよいが、自分が飢えてしまっては元も子もない。サバンナでは特に、霊長目が簡単に手に入れられるような資源は往々にして散在しており、一カ所に豊富に存在することはめったにない。したがって乏しい資源を効率的に探せるよう、社会的な大集団は小集団に分かれる必要がある。しかし本物の脅威が差し迫った時には、いつでもすぐに大集団に戻れる状態でなければならない。

四および五：どちらかと言えば、雄は雌よりも生殖機能的な重要度は低いが、少数の下位集団で動き回る時でも社会集団には常に複数の雄を入れておくこと。そしてその雄には見張り役を担わせる。特に雄は雌よりも体が大きいので、捕食を防いでくれる可能性が高まる。これについては実際に直立移動が役立つかもしれない。なぜなら捕食者に対して体を大きく見せることができ、地面から低い輪郭と比べて相手の攻撃反応を引き起こさない可能性があるからだ。

六：眠る場所は慎重に選ぶこと。夜間は仲間を集めて木の上などの比較的安全な場所で過ごし、日中はできる限り比較的植物の多い所で過ごす。開けた場所を移動する時には、可能な限り大きな集団を維持する。

七：賢くなること。周辺環境を読み解く力が高ければ、安全性も高まる。コミュニケーション能力が上がれば、その集団のメンバー全員が効果的に捕食者を避けることができるようになる。ヒトの脳が著しく大きくなった――そしておそらく知能も上がった――のは、私たちの先祖が密林から外へ出て何百万年も経って、ホモ属が出現してからだった可能性はある。けれども、最初の二足歩行動物に始まった環境の変化が、その後の発達状況を決定づける重大な要素だった可能性は高い。

この七つの適応方法を全部合わせても、太古の祖先の社会経済的な存在を表す全体像は描けない。現時点で確信できるのは、遠い先祖が今挙げたリストのうちの二つ、すなわち多能性と身を守る場所として樹木を利用するという方法を採用したということだけだ。それ以外は、類縁が同じような状況で行っていることに基づく有力な推測でしかない。しかし、たとえこのリストでは説明にまで届かないにしても、世界の頂点捕食者には今日でさえ、かすかであるかもしれないが、様々な肉食動物の食事メニューの好みの品目だった地位の低い時代の傷跡が残っていると言えることは間違いない。

内面の世界

ぼんやりとして不完全ではあるが、アウストラロピテクスの全体像が形を成しつつある。彼らは木を登る能力に秀でた小柄な直立二足動物だった。森と開けた場所の間を移動し、身を守るために大きな社会集団を作って暮らす生き物だった。彼らはまた、強い協調性と、様々な年齢や雌雄の個体を含む集団によって示される特殊な種類の社会性に基づく、複雑な社会生活を送っていた。彼らはよく声を発した。現生類人猿の解剖学的構造から（この点に関してそれが最適な比較だと思われる）、彼らには数十の異なる発声による語彙があったと思われ、それぞれが多様な状況や感情のうちのある一つのことを表していた。この遠い先祖が森林とサバンナの恵みを利用する融通性のある雑食動物だったということは、確信を持って言える。そうすることで彼らは、どこで暮らしても典型的な森林の食資源を求める現在のサバンナの類人猿とも一線を画した。太古のヒト科は少なくとも部分的に、危険で苦労の多い環境で暮らしていた。そして同じくらいの大きさの、類人猿とさほど変わらない脳を持っていたにもかかわらず、彼らはある時点で石器を作り始め、その製作に必要な石材を持ち歩くようになった。つまり、いかなる類人猿もいまだに示していない認知の複合性のレベルを示すようになったことが示唆される。石器とそれを用いて解体された動物の死体は、ヒトが動物性脂肪と蛋白質を消費していたことを示す最初の証拠である。最も、チンパンジーについての類推から、肉を食べ、分け合う行動が当時よりもさらに過去にすでに定着していた行動かもしれないと結論づけても差し支えないように思われる。

運動能力の向上と高次認知機能の向上が同時に起きたことはほぼ間違いないけれども、石器作りを可能にした知性の飛躍がなぜ起きたのかということは、現時点ではまったく確信を持って述べられるようなものではない。けれども、大きな変化の第一歩である最初の石器が、私たちが——多少ためらいがちに――「二足歩行の類人猿」と呼ぶ動物によって作られたという事実は、この先でも述べるが、ヒトの進化の全期間で繰り返されるパターンの出発点である。それまでにない複雑な行動を反映するような新しい技術は、新種のヒト科の出現に伴って現れるものではない傾向がみられる。新しい事物はいつも認知の複合性が一段階上がったことを示しているように思われるけれども、新しいことを始めたのはいつも古い種類のヒト科だったのだ。

ヒト科の典型的な技術革新のパターンについては後に触れるが、まずは大胆で小柄な二足動物が自分を取り巻く世界――あるいは自分自身――をどのように感じていたのかということに対して、私たちが何らかのイメージを抱くことができる立場にあるのかどうかを問い正してみると面白いかもしれない。私たちは彼らの暮らしがどのように見えるかを観察者の立場から推察することはできる。しかし彼らは、現代人が持つ独特な形の内的経験という一面を共有していたのだろうか？　この問いに正確に答えるすべはない。私たちにできることの一つは、ほかの生物を観察しておおよその基準を作り、そうした生物、ひいては初期のヒト科と自分たちとの共通点を探すことである。

まず第一に明らかな課題は、自己認識だ。広い意味で、すべての生物は自分とそれ以外を識別している。単純な単細胞生物をはじめとするすべての生物には、自分の境界の外側にあるものごとを検知してそれに反応するメカニズムが備わっている。結果として、外からの刺激に対する反応がどれほど原始的に見えたとしても、動物にはみなある程度の自覚があると言えるかもしれない。その一方で、人間の自己認識は私たちの種に独特なものだ。人間は特殊な方法――わかっている限りでは生物界ではヒトにしか見られない方法で自己を体験する。私たちはそれぞれ自分を大自然やほかの人間とは別のものとして概念化し、特徴づけることができる。自分と自分以外の人間に内面があることを自覚しているのである。このような知識を持つことを可能にしている知的能力は象徴化による認知方法だ。これは、周囲の世界を精神的に分析して、実態のない象徴化を膨大な語彙に置き換える能力を短く言い表した言葉である。その語彙は、限りある要素から限りないほど多くの状況を描くための規則にしたがって、心の中で再び組み合わせられる。語彙と規則を用いることで、私たちは世界と自分自身の解釈、あるいは実際とは異なる描写を作り出すことができる。この独特な象徴化能力こそが、人間固有の自己認識で表現される、主観的に見た時の自己表現を支えている。

自己認識の本源的な様式と象徴化する様式とをつなぐ幅広い様式の両端の間には、おそらく限りないほどの自覚の段階があると思われる。未知の認知状態は人間には想像できない数少ないことの一つであるため、祖先が持っていたようなそうした自覚の途中経過を体験することはおろか、議論することでさえ、擬人化の大きな危険性をはらんでいる。ほかの生物が特定の状況や社会の中のその生物の地位、あるいはまさに世界の中の地位を解釈している様子を理解しようとする時、人は自分の構成概念を押しつける傾向がある。ほかの種の生き物がどういうわけか、私たちと同じようにものごとを見て解釈している、ただそれほど上手にあるいは完全にできないだけだと思いたい衝動に駆られるのである。しかし実際には、私たちは自分たち現生のホモ・サピエンス以外の生物がどのように見ているのかを知る、ましてや感じることなどまったくできない。

ヒトの並はずれた認知方式は長い生物史のたまものである。象徴化もできず、言語も話せなかった先祖から（それ自体も非常に長い期間の波乱に富んだ進化過程の結果だが）、それまでに前例のない、象徴化と言語を駆使する私たちの種が、本格的な、また完全に個別化した意識を持つ存在として出現した。その出現はほかに例を見ない出来事で、大きな認知上の不連続性を埋めるものである。なぜならそこには質的な違いがあるからだ。そして、私たちの先達から導かれる合理的な予想に基づいて述べるなら、その溝がかつて埋まっていた可能性があると考えられる一つの理由は、それが実際に埋まっていたからである。その驚くべき出来事が起きたことは自明の理なのだから、問題はどこで、どのようにということになる。ただし、それに答えるためには出発点を決めなければならない。それは容易な課題ではなく、実際にどれほど難しいかは自己認識の研究によく表れている。

一九世紀半ばにさかのぼって、チャールズ・ダーウィンはロンドン動物園にいた二匹のオランウータンの間の床に鏡を置いた。ダーウィンは、鏡に映る自分の姿を見たオランウータンの様々な反応を記録したが、その実験から何かを得られたのだとしても、特に何を導き出せたのかは明言しなかった。問題はおよそ一〇〇年間棚上げされていたが、動物は鏡の中の姿を自分とは別の個体として扱う方が普通であることに着目した認知心理学者のゴードン・ギャラップが、ダーウィンよりも管理された環境で実験を行ったことで、問題は解決した。ギャラップは数日間、二匹の子どものチンパンジーを等身大の鏡と一緒にして、彼らが鏡に映っている自分の姿にどのような反応を示すかを観察した。するとその間を通じて、鏡に映った姿に対する社会的な反応が減少し、自分に向けた行動が増加した。つまり、チンパンジーは鏡に映った姿が自分であることを学んだとわかる。次に、そのチンパンジーに麻酔をかけて、顔に赤いしるしをつけた。チンパンジーを鏡のところへ戻すと、自分に向けた行動が激増し、その多くは顔のしるしに対するものだった。それとは対照的に、顔にしるしはつけられたけれどもそれまでに鏡を見たことのない別のチンパンジーでは、そのような反応は見られなかった。したがって自己認識は、鏡と向き合っていた期間、最初のグループによって本当に学習されたものだと言える。マカク属のサルを用いた同様の実験はそれとは反対の結果をもたらし、マカクにはチンパンジーのような自己認識を学習する能力がないことが示唆された。

ギャラップの先駆的な研究以来、「鏡のテスト」は脊椎動物の自己認識を調べる標準尺度となり、様々な動物で実験された。人間は生まれながらにチンパンジーと同じように鏡像認知を学習している。視力を回復した大人は急速に学習し、ほとんどの子どもは月齢一八カ月から二〇カ月でわかるようになる。幼い類人猿は人間の子どもよりもあらゆる点で早く成長するが、ギャラップの最初の実験に基づく調査では、八歳以下のチンパンジーでは鏡像認知はほとんど認められないことがわかっている。つまりこれは基本的に成体の能力だ。これまでに、鏡像認知はチンパンジーだけでなくボノボ、オランウータン、ゴリラでも実証されているが、テストされたすべての個体がその能力を示すわけではなかった。ヒトと類人猿の分類群以外の脊椎動物では、鏡像認知は明らかにきわめて稀で（ゾウ、イルカ、特定の鳥は示すこともあるが）、それが起こる場合には、大型類人猿やヒトとは異なる仕組みが働いていることはほぼ間違いない。しかしながら、類人猿とヒトにおけるその出現がほぼ疑いなくこの分類群に特有の性質である一方で、鏡像認知が正確には何を表しているのかということは依然としてはっきりとしない。この方法で探る明らかな意識の状態という点で、意味するものがあいまいなのである。

そこで、ヒト以外の霊長目における自己認識を理解するもう一つの方法として、サルの研究者であるロビン・セイファースとドロシー・チェイニーが、心理学者ウィリアム・ジェームズによる自己認識の二つの要素、すなわち「精神的」（「個の精神の能力と性質」）自己認識と「社会的」（集団内にいる多くの個体の中の個としての知識）自己認識を区別して用いた。サルは人間と同じようにきわめて社会的であるため、セイファースとチェイニーは、ベルベットモンキーとヒヒの個体が社会階層の中での自分の地位をどのように理解しているかに注目した。論理的に考えれば、「自分」という認識がなければ「他者」という認識を示すことはできない。サルが属する血縁関係と支配階層の両方の観察から、セイファースとチェイニーは、サルがまさしくグループ内のほかのメンバーを個体と認識し、仲間に対して適切な行動を取り、したがって仲間と向かい合っている自分を個として理解していると結論づけた。この結果はサルがある程度の社会的自己認識を持っていることを示しているように思われた。

一方で、この種の自己認識は明らかにヒトのものとは異なる。なぜなら、ベルベットモンキーやヒヒは確かに複雑な社会環境の中で適切な行動を取ることはできるが、わかっている限りでは、なぜ自分がそのような行動を取れるのかは理解していない。セイファースとチェイニーの言葉を借りれば、サルは「自分が何を知っているのかを知らず、自分の知っていることを省みることはできず、自分自身が注意の対象にはならない」。

大型類人猿がサルよりも高度な認知複合と行動のレパートリーを持っていることを否定する観察者はいないだろう。それでも、こうした点で、また特に内省という点において、類人猿がどれだけ上回っているのかはまったく明らかになっていない。われらが友人カンジのような類人猿の一部は、実験環境においてはとても上手に象徴を用いる。彼らは単語あるいは単語の組み合わせでさえ、それを認識して正確に応じ、コンピューターの画面上で器用に視覚的な象徴を選ぶこともできる。けれどもこれは、自分自身の客観的なイメージを作るべく、そうした象徴化を心の中で操作することができるという意味なのかという点では疑わしい。一般に、類人猿の象徴化の利用は、足し算であるように思われる。彼らは概念の短い連結（「外」、「赤い」、「ボール」、「取る」）は理解できるが、心の中の規則にしたがって概念を組み合わせ直して新しい考えを生み出すことはしない。つまり実際に観察されるものではなく、可能性があるものにまで考えがおよばない。したがって、象徴の羅列が長くなると急速に混乱し、最後には意味をなさなくなってしまうため、チンパンジーの象徴を扱う能力は本質的に限られている。

　チンパンジーの認知力の研究者として名高いダニエル・ポヴィネリは数年前、チンパンジーと人間の物の見方における根本的な違いは、人間が他者とその動機づけについて抽象的な概念を形作るのに対し、「チンパンジーは社会的概念を形作るにあたって、厳密に他者の観察可能な特徴に頼る。（中略）〈彼らは〉（中略）動き、顔の表情、行動習慣以外の何かが相手にあることに気づいていない。彼らは他者の中に私的な、内的な体験が存在することを理解していない」と指摘した。それはまた個々のチンパンジーがそのような自己認識を持たないことも暗に示している。彼らは、自分の心の中に生じる感情や直感を体験する。そして社会的状況の求めや許容に応じて、その感情や直感に基づく行動を取ったり、それを抑え込んだりする。けれどもポヴィネリの言葉にあるように、彼らは「他者が何を考え、信じ、感じているのかを推論しない。（中略）そもそもそうした概念を形成しないからだ」。それと同じように、チンパンジーで除外されているものの中には内省も含まれていると考えてよいだろう。なぜなら、もし個々のチンパンジーが他者に内面があることを理解する能力を欠いているのであれば、おそらく自分の内的な存在を見抜く力も同様に欠いていると考えられるためである。

人間とチンパンジーの認知力の差は大きいが、それが必ずしも見たところ極端に異なる行動につながるとはかぎらない。実際、チンパンジーと人間は時に著しく似たような振る舞いをすることがある。それでも、その類似性を強調しすぎないように注意しなければならない。目に見える行動の類似は、長く共有していた進化の歴史とその結果として起きた構造的な類似点の影響を受けている。しかし、ポヴィネリが指摘したように、目に見える似たような行動はまた、種類も複雑さも大きく異なる心の中の処理過程を覆い隠している場合がある。

このように、チンパンジーに多くの才能があることは間違いないが、認知力の隔たりは埋まらない。今日の世界で研究対象となり得るあまたの生物の中で、ウィリアム・ジェームズが言うところの「精神的自己認識」を示しているのは現代人だけのように見える。そして彼の「社会的自己認識」についてさえ、人間とヒト以外の霊長目とでは質的に大きく異なっているようだ。それでも人間が類人猿と祖先を共有していた時代以降、たとえ進化の流れのほとんどがその両側にかかる橋の下を流れてきたのであっても、チンパンジー（やその他の大型類人猿）に見られるような認知力が、七〇〇万年ほど前のヒトの祖先に現れた認知状態のおおよその姿を示していると結論づけて差し支えないだろうと多くの研究者が考えている。ポヴィネリの言葉に戻って、両者の祖先は「自分たちを取り巻く世界で繰り広げられる日常に巧みに応じ、学習していた、知的な思考する生き物だった。けれども（中略）彼らは目に見えない物を推論することはなかった。彼らは『心』が何たるかを知らず、『因果関係』は理解できなかった」と考えてよいのではないか。人間的な感覚で言うなら、彼らにはまだ自己という発想はなかった。これはヒトの系統の認知的出発点の特徴づけとしてはきわめて妥当であるように思われる。しかし同時に、この問題について、現在の比較認知学の知識に基づいて有益に述べることができるのはほぼここまでだ。

　当然、次の質問はこれまでにわかっている人間の祖先のどれが、ポヴィネリの特徴付けにあてはまるのかということである。おそらく、第一章で出合ったようなごく初期のヒト科を直接観察することができたなら、ポヴィネリの記述が十分あてはまるとわかることだろう。そしてまた、最初のアウストラロピテクス・アファレンシスにも広くあてはまると考えない理由はない。それでも、もし本当に、ディキカ（とブーリ）の証拠が示すような石器作りを始めたのがアウストラロピテクス・アファレンシス（やそれに近い種）であるなら、ポヴィネリの見解と、最初の石器製作者が持っていたきわめて高度な認知能力とを整合させなければならない。なぜなら石器を作り、それを死体の解体に使った最初のヒト科が、まったく斬新な方法で周囲の世界と触れ合っていた証拠を示していることは疑いようもないからだ。そしてその発明が内面に影響を与えなかったと信じる理由はない。この明らかな食い違いを説明する最も単純で妥当な方法は、石器を作るための認知上の潜在的可能性が、それまでとはまったく異なる新しい二足歩行の体型を獲得することにかかわった遺伝子の大規模な変化によって生じたと考えることである。そして、その潜在的可能性は、石器作りの発明として表に現れるまでのしばらくの間、休眠状態にあったと考えることだ。

すでに述べたように、新しい変革というものは適応として直接獲得されるのではなく、後から取り入れられる外適応として出現するということを思い出せば、この説明はそれほど不自然ではない。大々的な身体上の外適応が後に大きな行動の飛躍につながる例は、進化においては珍しいことではない。たとえば鳥は、飛ぶために用いるようになるずっと前から羽を持っていた。陸上で暮らす四肢動物の祖先は、まだ完全に海の環境にいる間に四肢を獲得した。

それについてはまた後に触れることにする。なにしろヒト科の進化における大変革に必要不可欠な力としての外適応の最後に述べたすばらしい例は、これまで論じてきた内容だけで終わりではない。しかしながら一方で、それがわかったところで、初期ヒト科が自分自身や周囲の世界をどのように捉えるようになったのかを理解する助けにはならない。なぜなら、その石器製作者が、後に文字どおり大地を揺るがすかのような結果をもたらして世界を変える可能性につながるような洞察性を示していたとしても、その新しい能力が彼らのほかの行動や経験にどのような影響を与えたのか、あるいはどのような形で反映されたのかということはまったくわからないからである。私たちに言えるのは、彼らがかつてないやり方で行動していたということだけだ。そのやり方はその後の多様な変化の土台になったとは言え、その中には、私たちがほかのすべての生き物とは異なると感じる、もろもろの特徴のいずれの証拠もまだ読み取ることはできない。

第四章　多様なアウストラロピテクス類

多くの理由から、アウストラロピテクス属の議論はアウストラロピテクス・アファレンシスから始めるのが適当である。まず、これが後のアウストラロピテクス属に枝分かれする「幹」となる種であると広く考えられているためだ。そして、今のところこれは初期ヒト科の種の中で群を抜いてよく知られている種で、初期ヒト科の生活様式についてアウストラロピテクス属が提起する問題のすべてを実質的に論じるうえで完璧な引き立て役の役割を果たしている。しかし、そのアウストラロピテクス・アファレンシスも、およそ三八〇万年前から一四〇万年前にたくさん存在していた初期ヒト科の一つの種にすぎないことを忘れてはいけない。ヒト科は、同様に成功した哺乳類群のすべてに見られる多様化というパターン内に無理なく収まる。最もよく知られている進化現象の一つに「適応放散」がある。これは生物が初期の二足動物のように新しい「適応帯」に入る時に起こる種の急速な増加のことで、一つの強い先駆者の子孫が利用できるすべての新たな可能性を試すべく多様な形に変化するものである。何度も繰り返し起きてきた現象だが、最初のヒト科が地上生活に専念するようになってから起きたものほど、はっきりと現れている例はほとんどない。チンパンジーは密林と比べて木の少ない疎林の環境でもうまく暮らしていける。しかしそれはすでにある性質を少しだけ新しいやり方で用いてい

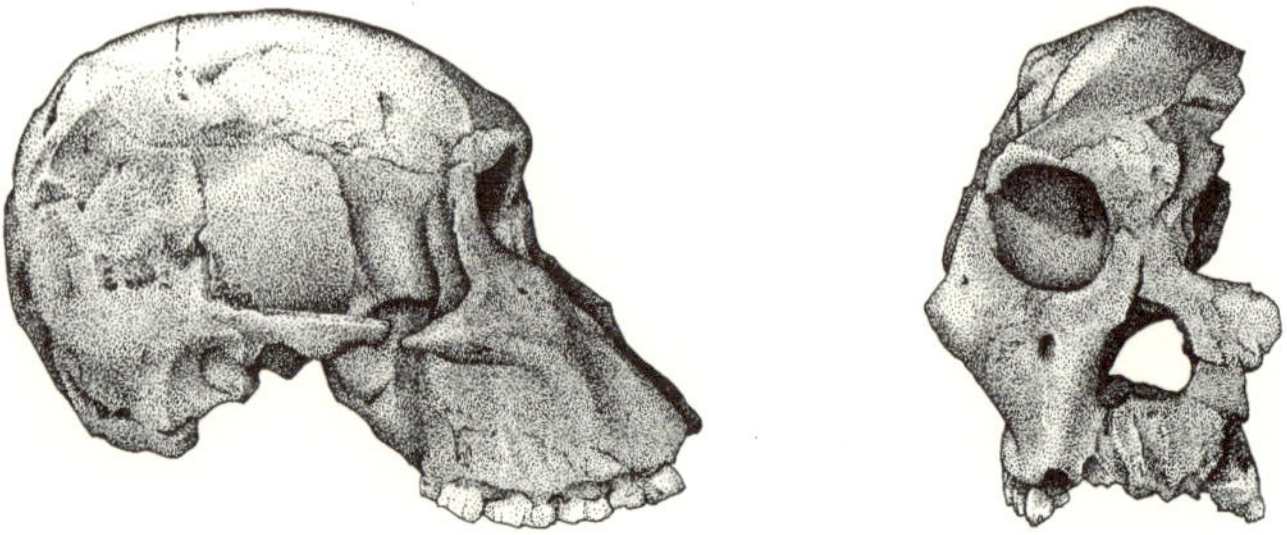

華奢型アウストラロピテクスであるアウストラロピテクス・アフリカヌスの頭蓋。南アフリカのステルクフォンテイン遺跡より。この標本はSts71として知られており、おそらく260万年前のものである。絵：ドン・マグラナガン。

るだけで、初期ヒト科が行ったようなある種の急激な変化を起こしたものではない。したがって、チンパンジーがサバンナへと生息範囲を広げても多様化につながることはなかった——つまりサバンナのチンパンジーが森林に住む仲間と同じ種の一員である——理由もそれで説明できる。一方、初期ヒト科は（部分的にではあるが）地上生活に対して、単なる行動の変化だけでなくむしろ身体的な変化で応じた。またそれによってたくさんの新しい機会が開かれ、存分に活用されることにもなった。

　最初に発見されたアウストラロピテクス属の化石は、一九二四年に南アフリカの高原地帯にある石灰岩採掘場で見つかった。一九三〇年代の終わり頃になると、同様の場所からさほど遠くないところで次々に化石が発見され始めた。間もなく、根本的にまったく異なる少なくとも二種類の脳の小さな初期ヒト科が化石に含まれていることが判明した。このうち体格の華奢な種類はアウストラロピテクス・アフリカヌス（「アフリカの南の類人猿」）として、がっしりした作りの頭蓋を持つ類縁はパラントロプス・ロブストス（「頑丈な近人」）として知られている。どちらも脳頭蓋は小さく、その内部の脳はせいぜい、体の大きさが同じくらいの現生類人猿よりもわずかに大きいくらいだった。しかしながら、アウストラロピテクス・アフリカヌスがアウストラロピテクス・アファレンシスによく似たプロポーションの歯を持っていたのに対し、パラントロプスの歯は大きく異なっていた。前の切歯は小さく、その後ろの犬歯も同様に縮小していた。ところが小臼歯と大臼歯は幅が広く平坦で、見事なほど磨りつぶす動きに特殊化した形だった。（前歯があまり場所をとらないため）顔面は前後が比較的短かったが、巨大な大臼歯が組み込まれているので、そしてその大臼歯が生み出す圧力を吸収するためにがっしりとした作りになっていた。顎を動かす筋肉があまりにも大きかったので――ちょうど現在の雄ゴリラに見られるように――大きな側頭筋をつける余分なスペースを確保すべく、脳頭蓋の中央にそって骨稜（「矢状稜」という）が後ろへ向かって高く盛り上がっていた。

首から下の骨が不足しているため、パラントロプス・ロブストスの個体の体がどれほど大きかったかはだれにもわからなかったが、ほどなくして、「頑丈」なパラントロプス型と「華奢」型、つまりほっそりしたアウストラロピテクス・アフリカヌス型に二分する方法が確立した。また、これらの初期のヒト科がどれほど古いものなのかもまったくわからなかったが、共伴した動物相から、華奢型の方が頑丈型よりも全般的に古いと推測された。現在では、南アフリカの華奢型は（最近になって、マラパと呼ばれる化石の宝庫のような場所から、新しい、そして多くの意味で進歩した種、アウストラロピテクス・セディバが発見されて数が増えたが）およそ三〇〇万年から二〇〇万年くらい前の期間に入り、頑丈型は二〇〇万年前から一七〇万年前くらいのものであると、おおよその見当がついている。

華奢型の遺跡の一つ、ステルクフォンテインで見つかったやや古い化石は、その特異な発見状況だけでも特別に言及するに値する。ステルクフォンテインのヒト科の化石の大部分は二五〇万年ほど前のものだが、その発見地の下部には三〇〇万年以上前のものかもしれない洞窟堆積層が表れている。数十年前にそうした古い洞窟堆積物をダイナマイトで破壊した時の骨の収集物をかき回していた古人類学者のロン・クラークは、経験を積んだ目にはひと目でそれとわかるヒト科の足首関節と足の一部を目にとめた。足首の関節の上側にあたる脛の破片が破壊されたのが最近であることに気づいて、クラークは同僚のスティーヴン・モツミとヌクワネ・モレフェに、薄暗い巨大な洞窟へ入って切り落とされた残りの白い断面の脛骨などを探してくれるよう頼んだ。灰色の洞窟の壁に埋まっている一ドルコインよりも小さいそれを探すことは、まさに干し草の山から針を探すような作業である。ところが奇跡的に、観察眼の鋭い二人の探索者たちは、クラークがそこにあるだろうと予想した輪の形をした骨の断面を即座に探し出した。そうして、岩のように硬い基質から、三〇〇万年間もの間、埋まっていた残りの骨格(小さな足という意味で「リトルフット」と名づけられた)を取り出すという骨の折れる長い作業が始まった。本書の刊行時点ではまだ作業は終わっていない[訳注:その後の二〇一三年前半に骨格は完全に取り上げられた]。しかし、ステルクフォンテインのそれより新しい地層から出土したアウストラロピテクス・アフリカヌスとあまり似ていないことがわかるほどには、その骨格が露わになってきている。さらにそれは、より新しい包含層から出てきたまだ名前のついていない第二の種の祖先となる種かもしれないということもわかってきた。したがって、ステルクフォンテインという一つの遺跡の華奢型アウストラロピテクスだけを取ってみても、思いがけないほど多様だったという証拠が示されていることになる。

頑丈型と華奢型のアウストラロピテクスの歯を見るだけで、彼らがまったく異なるものを食べていたことはすぐに想像できる。アウストラロピテクス・アフリカヌスの歯は、頑丈型のものより特殊化しておらず、果実があればそれを食べるが、それ以外の物が見つかればそれも食べる者の歯である――まさに祖先の二足歩行の類縁が持っているだろうと思われるような歯だ。一方で、頑丈型の歯は、根や塊茎など開けた環境に特有の硬い、砂混じりの植物性の食物を中心に食べていたような、磨りつぶしに特殊化した歯のように見える。ところが、そのような歯が咀嚼によって実際どのように摩滅するかを調べた研究から、状況はそれほど単純ではないかもしれないとわかった。華奢型と頑丈型双方の歯の摩滅した表面を高倍率の顕微鏡で拡大して調べたところ、実際にはヒト科全部が全般的に食べていた食物には共通する部分が多く、食性の大きな違いはおそらく一年のうちの環境に実りの少ない時期に限定されていたことが判明したのである。食物の少ない時期には、異なる種のヒト科がそれぞれ別の「いざという時の」食べ物に頼っていたのかもしれない。頑丈型では硬くて砕けやすい物、華奢型では硬いけれどもそれよりしなやかな物だ。

南アフリカの頑丈型と華奢型が主として似たような食性であったという見解はまた、炭素安定同位体の研究からも明らかにされている。標本によってばらつきは大きいが、いずれのアウストラロピテクスでも基本的に同じパターン、すなわちC４が強く表れている。C４は主にイワダヌキ（ハイラックス）、アフリカタケネズミ、C４の植物を食べる若いアンテロープなどの動物を食べていたことを反映していると研究者は考えているが、部分的には、おそらく根茎（地下茎）の形で植物を消費したことによるものである可能性は排除していない。興味深いことに、南アフリカの気候と環境はアウストラロピテクスが生きていた時代にかなり大きく変動したことがわかっているが、観察された様々な炭素同位体の比率は時期とは相関していない。どちらのアウストラロピテクスも、たとえ彼らを取り巻く生息環境が変化しても、いろいろな食物を食べるという雑食の傾向を維持したようである。

これらの全部は、初期人類のすべてあるいはほとんどの生き残りの成功が機会をうまく利用する能力によるものであるという見解を強く支える。彼らはみな、特定の食資源だけを頼るのではなく、手に入る物なら何でも食べた。大きく異なる食物に頼るのはやむを得ない場合だけだったのかもしれない。この一斉に起きた食性の幅の広がりこそが、アウストラロピテクスを、これまで見てきたようにサバンナへと活動範囲が広がっても森の恵みだけを好んだチンパンジーとは、大きく異なった存在にしたと考えられる。二つのアウストラロピテクスに見られる雑食の傾向は、彼らの多様な進化の起源をほのめかしてもいる。もしかすると、時に大きな彼らの解剖学的構造の違いは、長い年月をかけて微調整する適応によるものではなく、偶然の新しい経験が定着した結果と捉えるべきなのかもしれない。

粗雑な石器は、二〇〇〇万年前頃のステルクフォンテインの堆積層から見つかっており、また一八〇万年前くらいまでの似たような石器が、近くにあるスワルトクランスの頑丈型アウストラロピテクスの遺跡で発見されている。後者ではまた、磨かれた骨片がいくつか発見されていて、現代でも同じような即席の道具で根や塊茎を掘り起こそうとした時に出来るような傷がその骨についている。どちらの遺跡でもさらに、私たちホモ属と考えられる数の少ない化石、すなわち石器製作者の骨とおぼしき化石が見つかっている。それでも、エチオピアで見つかった新たな証拠は、華奢型と頑丈型の両方のアウストラロピテクスが少なくとも二〇〇万年前に石器その他の道具を作って使っていたという明らかな説明を受け入れやすくしている。それは、ほぼ間違いなくパラントロプスのものと思われる、手先の器用さと矛盾しない解剖学的特徴を備えたスワルトクランスの手の骨の解釈にぴたりとあてはまる。わかっている範囲内の首から下の骨の特徴では、南アフリカの華奢型（マラパを除く）はルーシーによく似ている（頑丈型についてはほとんど証拠がない）。だいたいにおいて、南アフリカから見えてくる全体像は、エチオピアのアウストラロピテクス・アファレンシスの後期に見出せるものとよく似ている。

東アフリカ

南アフリカは初期のヒト科の証拠が見つかった世界で最初の場所である。だが、一九六〇年代初頭からは東アフリカが脚光を浴びるようになった。一九五九年、かの有名なルイスならびにメアリー・リーキーは、タンザニアのオルドゥヴァイ峡谷から「超頑丈な」アウストラロピテクスの頭蓋の化石を発見したと発表して、それをジンジャントロプスと命名した。その名はかつて東アフリカ沿岸一帯を支配したアラブの「ザンジ」帝国にちなんでいるが、平坦で巨大な臼歯が小さな切歯と犬歯を完全に圧倒していることから、親しみを込めて「くるみ割り人間」とも呼ばれている。現在この標本は、（リーキーの研究の後援者の名をとって）パラントロプス・ボイセイ種に分類され、一八〇万年前のものと判明している。リーキー夫妻は長年にわたってオルドゥヴァイで原始的な石器を発見し続け、「道具を作る者こそがヒトである」という考え方の熱狂的な支持者であるルイスは、そうした初歩的な石器は初期のホモ属のものに違いないとすでに確信を抱いていた。石器製作者を探して、厳しいアフリカの陽光の下で定期的に峡谷を歩き回りながらすでに三〇年ほどを過ごしていたリーキー夫妻は、どのようなヒト科であってもそれが見つかれば大喜びだったが、ようやく発見したものがホモ属に分類するには無理があると知って当然のことながら少し落胆した。

それでも、彼らが長く探し求めてきたオルドゥヴァイの石器製作者の栄誉を担う、はるかに適した候補と呼べるものが見つかるまでに長い時間はかからなかった。一九六一年、ルイスは峡谷で、パラントロプスが発見されたのと同じくらいの地層中でそれよりずっと華奢なヒト科の下顎を発見したのである。当時、多くの人がこの標本の歯とアウストラロピテクス・アフリカヌスのものに明らかな類似性があると指摘したが、初期のホモ属を探し求めるリーキーはそれには目もくれず、数年後、同僚とともに、オルドゥヴァイの顎をホモ・ハビリス（推定される手の器用さから名づけられた「器用な人」という意味）の完模式標本に指定した。こうして、東アフリカの初期の華奢型ヒト科を機械的にアウストラロピテクスではなく私たちのホモ属に分類する古人類学の慣行が始まった。その慣行がようやく打ち切られたのはそれから一五年後に、ハダールとラエトリで初めて、さらに古い時代の頑丈型のアウストラロピテクス・アファレンシスが発見されてからである。その間の一五年間は古人類学にとってひどく波乱に満ちた時代だった。

オルドゥヴァイの華奢型ヒト科とその他の化石については、伝統を尊重し、ホモ属の起源の証拠を

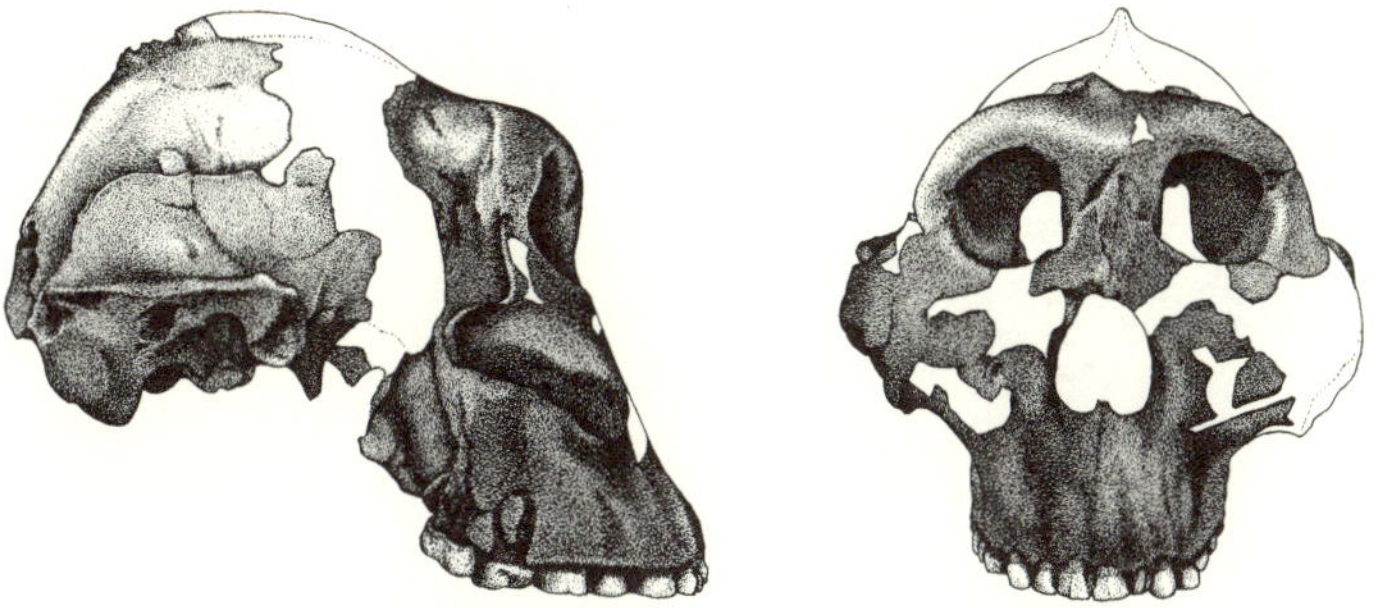

「ジンジャントロプス」という別名で知られるOH5番頭蓋。種名はパラントロプス・ボイセイという頑丈型のアウストラロピテクス。タンザニアのオルドゥヴァイ峡谷出土。180万年前。絵：ドン・マグラナガン。

概観する第五章で述べることにする。一方、オルドゥヴァイで見つかった頑丈型のアウストラロピテクスは、タンザニア、ケニア、エチオピアの遺跡でその後発見される同じような数多くの化石の始まりにすぎなかった。一九六〇年代、エチオピア南部とケニア北部にまたがる地域への遠征で、およそ二六〇万年前から一五〇万年前の期間に入るヒト科の化石証拠が発見された。それらの多くは「超頑丈型」だった。その中でも最古の二六〇万年前から二〇〇万年前の年代枠に入るものはエチオピア南部のオモ盆地で出土したが、きわめて不完全だった。それでもなお、顎の断片は頑丈で、くるみ割り人間に見られるのと同様の大きな平坦な臼歯と小さな前歯の組み合わせから、それらは総じてパラントロプス・ボイセイに分類された——ただし、二六〇万年ほど前の歯のない顎一点は、それが発見された国の名からパラントロプス・エチオピクスという名が与えられた。

そのすぐ南、ケニア北部にあるトゥルカナ湖の東岸では、一九六〇年代後半になって、年代のやや新しい（一九〇万年前から一五〇万年前）頑丈型アウストラロピテクスが現れ始めた。その中に、オルドゥヴァイの頑丈型標本とはいくぶん異なり、幅が広く縦が短い顔面で、歯はないけれどもかなり完全な頑丈型頭蓋があった。それでも、その歯のバランスは基本的に同じだろうということで、その標本もパラントロプス・ボイセイ種に分類された。興味深いことに、現在では東トゥルカナから、オルドゥヴァイの頭蓋とほぼ同じように見え、ケニアの同年代のものとは異なっている前頭骨が見つかっている。したがって、一九〇万年前頃のトゥルカナ湖盆には複数の種類の頑丈型アウストラロピテクスがいたと考えられなくもない。いずれにせよ、東アフリカの超頑丈型はみな同じような巨大な臼歯を持っていて、最近の同位体分析によれば、その歯は草やスゲのような栄養価の低い植物性の食物を大量に消費するために用いられていたことが示唆されている。明らかに彼らの食性は南アフリカの類縁よりも特殊化しており、アウストラロピテクスの雑食性の原則にあてはまらない例外だったのかもしれない。

とりわけ興味深い頑丈型アウストラロピテクスは、一九七〇年に東トゥルカナで発見されたもので、歯のない頑丈型頭蓋と同じ種に属しているが、それよりもかなり小さい個体の頭蓋の一部である。それでようやく頑丈型アウストラロピテクスにおける性的二型性——雄と雌の大きさが大きく異なること——が明らかになった。この発見によって、頑丈型と華奢型が同じ種類のヒト科の雄と雌であるという分類方法の望みはきっぱりと断たれた。なぜなら、頑丈型の雌は華奢型とは異なり、まさに頑丈型の雄の小型版だったからである。

東トゥルカナでは一九七〇年代を通して作業が続けられたが、一九八〇年代になって、注目の的

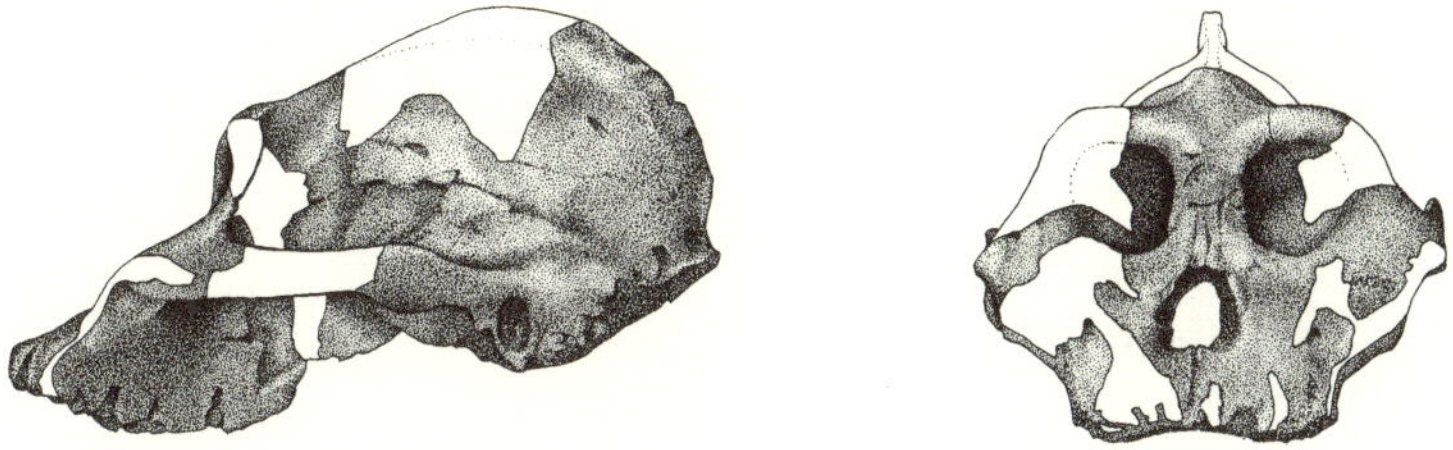

ケニアのロメクウィで発見された「ブラック・スカル」KNM-WT 17000。250万年ほど前のもの。「頑丈型」アウストラロピテクスの系統で最古の種であるパラントロプス・エチオピクスのものとしては最も完全な頭蓋である。

は化石を含むわずかに古い堆積層が現れたトゥルカナ湖盆の西側へと移った。一九八五年には、「ブラック・スカル」と名づけられた有名な標本が発見された。この標本はパラントロプス・ボイセイの頭蓋の特徴を多く持っているが、顔面が長く、横顔にくぼみがあり、頭蓋には後部に目立った矢状稜がある。これこそが、パラントロプス・ボイセイと南アフリカの頑丈型の両方の祖先であり、この系統を二五〇万年前まで年代をさかのぼらせたものだということで、やにわに見解が統一された。すでにオモで発見されていた超頑丈型の顎の化石があったので、それはパラントロプス・エチオピクス（オモの顎の名）の名を与えられた。一方で、最も新しい年代のものとしては、エチオピア南部のコンソと呼ばれる場所から、最後のパラントロプス・ボイセイの生き残りとして認定された一四〇万年前の頭蓋が発見されている。実際それはいかなるアウストラロピテクス類の中でも最後のものだ。そのころまでには、私たちホモ属の仲間がいたるところに見られるようになっていた。事実、ホモ属の化石としか伴出しないような進歩した石器もコンソの堆積層から見つかっている。

解釈の歴史が著しく異なってはいても、東アフリカと南アフリカの記録からは、めざましい適応放散を示すアウストラロピテクスの全体像が見えてくる。そこでは様々に異なる初期の二足動物種が積極的にヒト科の遺産を利用しようと試みていた。それでもわかっている限りでは画期的だが身体的には（私たちと比べて）古代的なこの生き物が、石器の発明によってまったく新しい物の見方と状況への対処のしかたを発達させていたことが明らかになった後でさえ、適応の基本パターン――樹上ですばやく動けるくらい軽量な、つまり小さな体、幅広い骨盤、短い脚、雑食の習慣と可動範囲の広い前肢、比較的小さな脳と器用な手先――はなお残っていた。それがまさに当時にふさわしい身体的ならびに行動的な適応方法だったのである。そしてまたそれは、祖先の森での暮らしと将来の開けた領域の居住との隔たりを埋めるものではあっても、その二つの「移行形」として語ることはできない。それ自体がれっきとした生活様式であり、私たちホモ属の明らかな仲間が舞台に登場してからもしばらくそこに生き残っていたからだ。それでもやがて、アウストラロピテクスは近縁なヒトの仲間に負けた。アウストラロピテクスがうまく利用していた資源のほんの一部で競合しただけだったにもかかわらず、明らかに初期のホモ属は打ち負かせない競争相手だったのだ。

だがまだ全体像は完成していない。二〇〇一年、ナイロビにあるケニア国立博物館の古人類学者が、トゥルカナ湖西部にある三五〇万年前から三二〇万年前の複数の地点から驚くほど特異なヒト科の化石を発見したと発表した。主要な標本はつぶれてくだけた頭蓋で、いくらかの歪みを考慮しても、トゥルカナ湖盆で見つかったほかのヒト科のいずれとも異なっている。奥歯はエナメル質は厚いがかなり小さい。頭蓋そのものはとりわけ顔面が短く、発見者はその新しい化石にケニアントロプス・プラティオプス（「平たい顔のケニアのヒト」）という名を選んだ。残念なことに、標本の状態からはそれ以上のことはよくわからないが、発表者はそれが東トゥルカナの年代の新しい堆積層から見つかった頭蓋に明らかに似ていることに気づいた。ロマンのかけらもないKNM－ER１４７０（博物館のカタログ番号）と名づけられたそちらの一九〇万年前の化石は（アウストラロピテクスの幅よりも若干超える大きい脳を持っていたが）、一九七〇年代初頭に初めて発見されたホモ・ハビリスの頭蓋として有名になったものである。すでに知られていたアウストラロピテクスのどれにも似ていなかったため、当時はホモ・ハビリスの存在が証明されたかのように見えた。けれども実際は残念なことに、その標本もまた保存状態が悪かったためどう分類すべきかを判断することが難しい。そちらの化石については次章で詳しく検討したい。ここではその化石をケニアントロプスと分類することが、少なくとも当面は理にかなっているようだと述べておけば十分だろう。理由はただアウストラロピテクス属とホモ属のいずれにもうまくあてはまらないというだけだ。

明らかに、鮮新世末期のヒトの進化では、中心となる一つのヒト科の系統が次第に洗練されていったというだけではなく、それ以外にも様々なことが起きていた。この後期の段階に認められるアウストラロピテクスの種の数は、特にアウストラロピテクス・セディバという種類の発見によって増加している。アウストラロピテクス・セディバにはいくつもの進歩した特徴が見られ、中でも骨盤はルーシーのような大きな横への広がりはない。その時期はちょうどホモ属の仲間と言われている最初のものが姿を現し始めたころだった。それらがホモ属という名称に値するかどうかは別として、その時期が私たちの先祖の間に進化上の劇的な変化が起きた時期だったことはいちだんと明らかになりつつある。ヒト科の時代には様々な役者がひしめいて、脚光を浴びようと互いに押し合いへし合いしていた。一つだけ確かなことは、アウストラロピテクス類が最後には負けたということである。

第五章　闊歩するヒト

　人間は、自分たちの種が、消えてしまって久しいいくつもの中間の仲間を経て自然界の残りとつながっているとは夢にも思っていなかったずっと昔から、自らを「人間」と称してきた。そして少なくとも、生きとし生けるものが祖先でつながっているという発想にたどり着くまで、「人間」という言葉を正確に定義づける差し迫った理由はなかった。チャールズ・ダーウィンが『種の起源』を発表する一世紀前に、スウェーデンの偉大なる博物学者カール・フォン・リンネ（カロルス・リンナエウス）がホモ・サピエンスの項目をラテン語のノスケ・テ・イプスム（汝自身を知れ）という一言で片づけてしまったのはそのためだった（リンネは今日用いられている生物を分類する体系を作り上げた。彼の偉業の一つは、自分が命名した種すべてについての明らかな形態的特徴を記載したことである）。リンネや彼と同時代の学者は明らかに、私たちの種がほかの生き物からあまりにもかけ離れているために、正式な描写は必要ないと感じたのだろう。だれがそれを責められようか。一八世紀にわかっていた動物学の状況を考えれば、人間＝ヒトを正確に定義づけることは、いくらそれが長く哲学者を虜にしてきたとは言え、実用科学の問題ではなかった。

しかし現在はそうではない。地球に現存する「ヒト」は私たちだけだが、類人猿よりもはるかに近い様々な――すでに絶滅した――近い類縁がいたことがわかっている。さらに、そうした化石の類縁は時間をさかのぼるほどに、いっそう私たちとは異なっていく。すると当然のことながら、私たちの先祖は正確にはいつ「ヒト」になったのかという疑問が湧く。言うまでもなくその疑問はまた、その移行にかかわった変化とはいったい何だったのかと問い正すことにもなる。そうした疑問は投げかけられて当然であり、この一〇〇年の間に何度も問われてきたが、すべての人はおろか、だれか一人でも納得できるような答えは出せなかった。「ヒト」とは人が違えば異なる意味を持ち、同じ人にとっても状況が変われば意味が変わる。たとえば私は、人類全体の歴史を語る時には、今日の類人猿との共通の祖先も含めて「ヒトの進化」という言葉を用いることに異論はない。その文脈では「ヒト」という言葉は「ヒト科」とほぼ同義語だ。しかし本当にヒト科がみな「ヒト」ということになるのだろうか？　私個人としては、歴史の最初の数百万年に暮らしていた二足歩行の類人猿種のいずれにもその言葉を用いることには抵抗がある。そして私が「完全なヒト」と呼びたいと考えるものは、人間の進化の系統樹のほんの先端にあるものだけだ。けれどもそれは一つの意見にすぎない。筋の通った反論の余地はたくさんある。このつかみどころのない「ヒト」という言葉に、正式な、あるいは一般的に受け入れられている定義はどう見ても、ない。驚くべきことに、その点については、二五〇年ほど前にリンネとほぼ同時代のサミュエル・ジョンソンがそのすばらしい英語辞典で、ヒトを「人の特性を持ったもの」、そして人を「人間」と定義づけて以来、ほとんど進展していない。古人類学者はすぐに異を唱えることでよく知られているが、それでもほとんどの人は、「ヒト」と呼んで意味を成すような最初の生き物がホモ属の化石記録の最古のものであることには広く同意すると考えておそらくよいだろう。

残念なことに、そうやって原則として意見が一致したところで、実際にはほとんど問題は解決されない。なぜなら、骨と歯しかわからない化石の種類にあてはめるのに必要な比較的単純な言葉においてさえ、「人の特性」が本当のところ何であるかという点で意見がまとまらないからだ。その結果、どの化石をホモ属に分類すべきかという点で多くの混乱が見られる。現状を理解するためには、まず少しの間、歴史に戻る必要があるだろう。第四章で述べたように、ルイス・リーキーとその同僚は一九六〇年代に、オルドゥヴァイ峡谷の底部にある一八〇万年前の堆積岩から見つかった華奢型の「器用な人」をなんとしてもそれを含めるために、ホモ属の定義をホモ・エレクトスより過去へと延長した。リーキーと同僚がホモ・ハビリスの完模式標本と考えた下顎の一部が南アフリカの華奢なアウストラロピテクス属のものとそれほど違って見えなかったにもかかわらず、リーキーは頭蓋の破片のいくつかは南アフリカの華奢型の典型的なものよりも脳が大きかったことを示唆していると考えた（七〇〇ccに満たないため、それでもやや小さい）。さらにその下顎は、親指がそれ以外の指と並行で、ほどよく反った土踏まずを持つ、明らかに直立二足歩行のものである足の一部と共伴すると推定された。当時、古いヒト科の化石記録にはこの足にほんのわずかでも似ているものは何もなく、同じ堆積層から発見された粗雑な石器が「ヒト＝道具製作者」というリーキーにとって魅力的な考えと見事に一致したのと同じように、その足の特徴は私たちホモ属のルーツがはるか昔にあると考えるリーキーの長年の思い入れにぴたりとあてはまった。そういうわけで、ホモ属の形態学的概念がいくつかのまさにきわめて古い形態を含むべく拡張されたのである。

古人類学者が、むしろ古代的に見えるオルドゥヴァイのヒト科をホモ属に含めるという考えになじむまでには数年かかった。しかし、どういうわけかホモ属が現在のホモ・サピエンスから太古のタンザニアの化石にいたる幅広い形態をすべて含むというそのやや奇妙な考え方がひとたび認められるようになると、東アフリカのほかの遺跡で発見された種々雑多な標本もホモ・ハビリスに含める道が開けた。その動きが始まったのは一九七二年で、東トゥルカナで一九〇万年前の歯のない頭蓋のKNM－ER１４７０が発見されるや否や、それまでで最も保存状態のよいホモ・ハビリスだと歓迎された。それがホモ属に分類されたのは、脳の推定容量が印象的なおよそ八〇〇ccだったことに主として基づいている（後に七五〇ccに引き下げられた）。しかし一二七ページで述べたように、標本は保存状態が良くないため、現在でもなおそれがどの種類のヒト科を代表するものなのかはよくわかっていない。１４７０の発見に続いて東アフリカでは次々にヒトの化石が発見され、オルドゥヴァイ峡谷と東トゥルカナ――そして遠く離れた南アフリカまで――の様々な頭蓋や首から下の標本が立て続けにホモ・ハビリスに押し込まれた。そうした化石が詰め込まれるにつれて、ホモ属の柔軟性はいっそう広がっていくように見えた。

皮肉なことに、そうやって寄せ集められた化石の極端な乱雑さが目に余るようになる前に、ホモ・ハビリスは実体として受け入れられると古人類学者のほとんどを納得させたその張本人であるわれらが旧友の１４７０は新しい名前の旗頭となった。一九八〇年代半ば、ロシアの古人類学者がこの化石にピテカントロプス・ルドルフェンシスという新しい名をつけたのである（奇妙なことに、一般的に

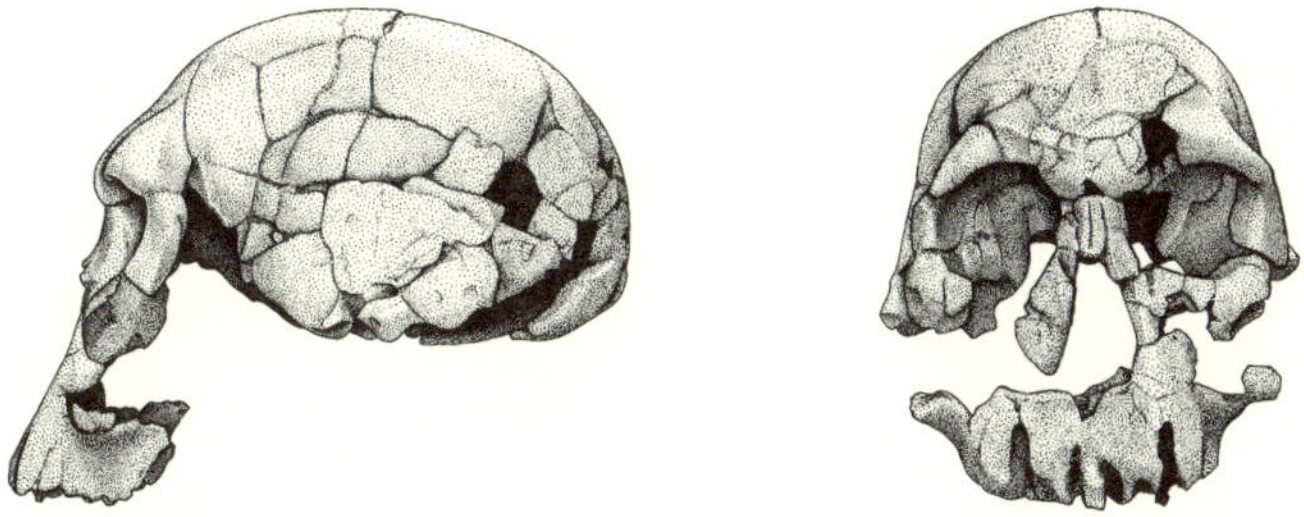

ケニアの東トゥルカナで出土した頭蓋の一部、KNM-ER 1470。およそ190万年前のものであるこの個体は、一般のアウストラロピテクス類よりも大きい、容積が約750ccもある脳を持っている。この発見によって多くの古人類学者はホモ・ハビリスが実際に存在する種であると納得してしまった。絵：ドン・マグラナガン

受け入れられているホモではなく、ウジェーヌ・デュボワの旧式の属名が用いられた）。数年も経たないうちに、ほかの古人類学者がホモ・ルドルフェンシスという種名を採用し始めた。ホモ・ハビリスの急増と並行して、この二つめの古代ホモ属の種はケニアと、そして遠くアフリカ南東部のマラウイで新しい標本を獲得した。これらの化石の一部は二五〇〇万年前の古いものだったが、ほとんどは二〇〇〇万年前頃かそれより若干新しい時期のもので、いずれもかなり断片的だった。

二〇〇〇万年前から二五〇〇万年前という決め手となる時期が東アフリカの多くの発見と重なったこともあって、おそらく混迷を深めるホモ・ハビリス（そしてホモ・ルドルフェンシスにも）に不安を抱いたのか、発見者たちはそつなく単なる「早期ホモ属」という分類を好むようになった。ディキカで切り傷のついた驚くべき骨が見つかる前は、最も古い化石の二五〇〇万年前という年代が石器使用のほぼ最古の証拠と一致しており、それがまた巡り巡って「早期ホモ属」と「ヒト＝道具製作者」の両方

の考え方を強く後押しした。それでも、保存された化石の解剖学的構造だけに基づくと、そうした化石をホモ属に含めるのにはやや無理がある。そして新たな証拠が積み重なるにつれて、この一致は紛らわしいものというよりむしろ、自己充足的予言の根拠、すなわち思い込みが現実になったものであり、それが古人類学者を袋小路に追い込んだように見え始めている。

幸いなことにそれほど待つことなく、二〇〇万年より後の時代に、明らかに私たちと共通の特徴を数多く持ち、まさにホモ属に含めるに値する化石が見つかり始めている。それについては後に述べる。まずは混乱を招くようではあるが、現時点ではそうしたきわだって新しく画期的な化石の類縁がどこに由来したものかがよくわかっていないことを指摘しておかなければならない。それらを先に述べた「太古のホモ属」化石と直接結びつけるものはほとんどない。また、既知のアウストラロピテクス類が多々ある一方で――そして突き詰めれば、ホモ属の出現につながったのがそうした初期の二足歩行の類人猿の一つの分岐であることは間違いないけれども――その多様な生き物の中のどこにホモ属の起源があるのかを正確に示すことはきわめて難しい。その状況を一言で述べるなら、つまりおよそ二〇〇万年前より古い時代のものに、後の新しいヒト科の直接の祖先という地位に値するような決定的な候補者となる化石が見当たらないのである。現時点で言えることは、二五〇万年前から二〇〇万年前の期間が、明らかにヒト科の仲間にとって進化の激動が続いた時代だったということだけだ。その期間に起きていたヒト科の潜在的可能性の試行は、すでにわかっている化石のヒト科の興味深い多様性に現われている。けれども、それは不確実であるばかりか、私たちには多様性のほんの一部がぼんやりと見えているだけなのである。

この不確実性の一因は証拠が断片的であることだが、少しだけ見えていることとさえぼやける理由として、可能性が高いのは古人類学者が概して、実際に多様性があるという原則さえ受け入れを躊躇していることである。その理由の一つは、手元にある豊富だけれども歯がゆいほど不完全な証拠の解釈が難しいことだ。化石標本内で種の構成を分類することは、古生物学者がなすべき一番基本的な作業だが、最も順調な時でさえ、それはたいてい何よりも難しいことの一つなのである。化石の破片で覆い尽くされた机の前で考え込んでいる時にたどり着く最も単純で標準的な仮説は、見えているものすべてが同じ変異種に属していると考えることである。そうすれば、区別できそうな線がどこにあるかということを考えなくてすむ。しかしながらこれは一要素にすぎない。だいたいにおいて、多様性を認めることをためらうのは、進化のパターンに対する思い込みがその根底にあることにも起因している。この数十年にわたって、なぜ古人類学者がホモ属に多くの種を含める途方もない手法を取る傾向にあったかということを理解するためには、もう少し歴史を知る必要があるだろう。

第二次世界大戦前の半世紀の間、古人類学は概して人間解剖学の領域にあり、人間の身体的な変化をつぶさに調べる教育を受けた科学者が研究していた。彼らはほかの博物学者が取り組むような種の豊かな多様性に直面する必要はなかった。この偏った歴史の副作用の一つは、その時代の古人類学者が、進化過程についても新種の命名を支えるために必要な手順や条件についても、ほとんど、あるいはまったく教育されなかったことだった。それが、まさに欧米人一人ひとりが姓と名前を授かるのと同じく、新しい化石が見つかるたびに固有の属と種を命名する必要があるかのように、新しいヒト科の属や種に気前よく名前をつけることにつながったと言えるだろう。第二次世界大戦が近づくころには、当時はそれほど数量の多くなかった化石記録に対して、少なくとも一五種類のヒト科の属と数え切れないほどの種が広く用いられるようになっていた。

長い目で見れば、そのような状態が続けられないことは明らかだった。さらに、進化総合説として知られる動きが進化生物学のほとんどの分野に根づくようになると、なおのこと続けられなくなった。この新しい理論は、それまで共通点がなく、それぞれ独自に進化過程について複数の見解を抱いていた、遺伝学、分類学、古生物学の分野が集まったものである。総合説は生物の個体群と種の中の多様性が重要であることを強調する一方で、進化過程の基本的な連続性も説いた。また総合説は、生物の進化系統の分岐も認めた（それなくして、今日の自然界に見られる豊かな多様性は決して成し遂げられなかっただろう）。けれども同時に、進化による変化とは、既存の系統内で自然選択の導きによって遺伝子頻度がゆっくりと変化した結果であると強調された。つまり、種とは主に、絶えまなく変化し続ける系統の任意の一部分だとみなされたのである。途中経過の形であるということは、どの時点においてもきわめて多様だということだ。そしてまた、そうやってゆっくりと進化することによって、過去の姿は消えていくとも考えられた。種が長い時間をかけてゆっくり進化するというこの漸移説の考え方にあまりにも説得力があったため、一九二〇年代末期から一九四〇年代半ばまでの間に、総合説は英語圏で進化生物学の中心をなす理論的枠組みとなった。実質的に最後まで抵抗したのは、一風変わった歴史を持つことが原因となった古人類学だったが、それも長くは続かなかった。

進化総合説の発案者の中でも特に影響力が大きかったのは、遺伝学者のテオドシウス・ドブジャンスキーだった。彼は早くも一九四四年に、化石証拠に基づいて、いずれの時点においても（変異の大きい）二種類以上のヒト科の種が存在したことはなかったと宣言した。一九五〇年にニューヨーク州ロングアイランドにあるコールド・スプリング・ハーバー研究所で開かれた重要な会議では、鳥類学者のエルンスト・マイヤーがドブジャンスキーに同調して、その提案をさらに発展させた。人間の生態的地位は文化によってかくも大きく広がったのであるから、原理的に、一度に一つのヒトの種しか存在し得ないとマイヤーは主張した。この時点で、たまたま今日世界に存在する唯一のヒト科であり、物語を伝えることのできる種のメンバーにとって、マイヤーの見解が直感的に非常に魅力的な提案であったことは覚えておくに値するだろう。人類の進化の物語を明らかにするためには、この一つの種の姿を過去にさかのぼって予想すればよいという考え、人類が古代の叙事詩の英雄のように原始の姿から現在の最高の状態にいたるまで一途に苦闘してきたという考えは、本質的に私たちを魅了したのである。

おそらく生涯に一度もヒト科の化石など見たことがないにもかかわらず、マイヤーは次いで、ヒト科の化石記録に散乱している多くの属をすべてただ一つの属、すなわちホモ属にまとめてしまった。それればかりか彼は、それにかかわる種もたった三つに絞り込んだ。その三種は、ホモ・トランスヴァーレンシス（アウストラロピテクス類）がもとになってホモ・エレクトスと呼ばれる中期の段階が生まれ、それが最終的にはホモ・サピエンス（ネアンデルタール人を含む）に姿を変えたというように、一続きになっていた。コールド・スプリング・ハーバーでのマイヤーの発言によって、古人類学界は大騒ぎになった。まもなく、頑丈型アウストラロピテクスの発見によって、マイヤーでさえ、主流のヒト科の進化から少なくとも一つの種は分岐したということを認めざるを得なくなった。だが、ヒトの化石記録に対するマイヤーの還元主義的な物の見方は、なおもその後、数十年にわたって古人類学を虜にした。ひょっとすると古人類学者がそれまで一度も進化の仮説にたいした注意を払ってこなかったためなのか、古人類学は突如として総合説に支配されてしまったのだ。実際、マイヤーの意見がこの学問分野を徹底的に打ちのめしたため、一九五〇年代全体を通して、さらには一九六〇年代に入ってからも、古人類学者の多くはあえて学名を使おうとはせず、個々の化石を産出した地名で呼ぶことを選んだ。そうすることで、生物学的に無知だと同僚から非難されないようにしたのである。

再び心おきなく学名を用いられるようになるほどトラウマが消えると、古人類学者は包括分類主義の流儀に入り込んだ。姿勢としては、学名を用いるのであれば可能な限り少なく使おうということだったようである。それ以降、急増する化石記録によって、実際に多くの多様なヒト科が存在していたという事実を無視することができなくなっているにもかかわらず、ほとんどの古人類学者はいまだに、今日の第一人者が教育された時代に徹底的に学界を支配していた、どちらかと言えば種の認定を最小限で済ませようとする物の見方にしたがっている。むろん古人類学者は愚かではないし、人類の進化の系統樹がすらりとしたヒマワリのようではなく、根元からたくさん枝分かれした低木のように見えることは、もはやだれも否定していない。それどころか、第一章の図で示したように、現在では数多くのヒト科の種があることが広く受け入れられている。進化の過程には自然選択に基づいて、単純な系統変化以外にも多くのことがかかわっていると広く認識されているにもかかわらず、それでも絶対的に必要な分岐以上の枝分かれを認めることに抵抗するという形で、漸移説の物の見方が古人類学者の間になおも残っているのだ。このためらいがもう少し消えれば、もしかすると「早期ホモ属」の化石に見られる多様性をより現実的に評価して、その集合体の中のどこにホモ属の起源があるのかを見つけ出すことができるのかもしれない。

そのプロセスはまだあまり進んでいないが、一九九九年にイギリスの古人類学者バーナード・ウッドとマーク・コラードが重要な最初の一歩を踏み出した。様々な初期のヒト科の化石をホモ属に分類するにあたって、この二人の科学者は、他の古人類学者が様々な初期ヒト科化石をホモ属に位置付けていた分類基準に目を向け、まもなくそれが不完全であると判断した。ルイス・リーキーとその後継者が行ったように、ホモ属に割りあてられている化石の山を出発点として、それらをホモ属に分類すべき理由をつける代わりに、ウッドとコラードは反対側の端――つまり、ホモ・サピエンス――から分析を開始して、そこから外に向かって広げていった。このようにほとんどゼロからスタートすることで、彼らは、形態的に明確なホモ属の一員であるためには、体の大きさや形状、小さくなった顎や歯、発達時期の長期化など、一連の基準を満たしていなければならず、アウストラロピテクス類はすべてそこから除外されると結論づけた。さらにこの基準ではまた、これまでホモ・ハビリス、ホモ・ルドルフェンシス、「早期ホモ属」と様々に分類されていた化石もすべて除外された。

残念なことに、ウッドとコラードは除外された化石はアウストラロピテクス属に分類し直すべきだと勧告したため、今度はそちらの属が以前にも増して乱雑になった。しかしながら、ミーヴ・リーキーらが数年後に、１４７０（さらに広げてホモ・ルドルフェンシスをまとめて）、トゥルカナ湖西岸の同じように判断しにくい頭蓋との顔面の類似性に基づいて、新しいケニアントロプス属に割り当てるべきだと述べたことで、事態はある程度緩和されている。このように新しい種どころかまったく新しい属を作ることは、科学者にとっては大胆な行動である。模式標本の保存状態が決して良好とは言えないことを考えればなおさらだ。けれどもそれはまさに必要なステップで、うまくいけば後の研究者によるヒト科分類学の、より現実的な研究法の先駆けとなるだろう。とりあえずは、先ほどから述べてきた化石の寄せ集めがホモ属から除外されたことで、ホモ属の概念は、なおも長い年代と幅広い形態的多様性を抱えてはいるけれども、以前よりも整頓されることになった。

恒常的な二足歩行者

ウジェーヌ・デュボワがジャワ島のトリニールで見つけた古代のヒト科、ピテカントロプス（現在ではホモ）・エレクトスを一八九四年に発表した時、彼にはそれが古いヒトであることがわかっていた。化石動物相の一部には、今では絶滅した数多くの種のみならず、多数の動物の属が含まれていたからだ。ヒト科そのものについては研究対象となりそうなものは、二本の歯、頭蓋冠一点、著しく人間に似ている大腿骨がいくつかあるだけだった。実際、古人類学者は現在も、その大腿骨がそれよりはるかに原始的に見える頭蓋冠と本当に共伴したものなのかどうかで意見を闘わせている。頭蓋冠は前後が長くて高さがなく、九五〇ccほどの脳が収容されていた。その形は、当時絶滅した唯一のヒト科として知られていた、より新しいネアンデルタール人の多くの頭蓋を思わせたが、それよりはずっと小さかった。ネアンデルタール人は平均して、私たちと同等か、それより大きい脳を持っていた（平均値でおよそ一三五〇cc）。それに対して、この頭蓋冠は現代人とは驚くほど異なっており、前方では頑丈な眼窩上隆起が、（失われている）眼窩の上に張り出していて、隆起の後方は特徴的に角張っていた。ところが大腿骨はきわめて人間に似ていて、直立姿勢をとっていたことが明らかに示されており、デュボワが「エレクトス」と命名したのはそれが理由である。

年代推定技術の進歩に伴い、このトリニールの化石はおよそ一〇〇万年前から七〇万年前のものと決定され、ジャワ島の別の場所で行われたその後の発見で、トリニールのホモ・エレクトスは、おそらく古くは一八〇万年前から四万年前というごく最近まで、東アジアの隔離された場所で栄えていた、（かの有名な北京原人を含む）地域的なヒト科集団の一部であることが明らかになった。対象となる化石標本にかなりの差異は見られるが、それらすべてをホモ・エレクトスに含めることは妥当だと考えられる。それらはみな、同時期のアフリカやヨーロッパのヒト科とは明らかに異なる、地域的な特徴を共有している。

それにもかかわらずエルンスト・マイヤーは、ホモ・エレクトスはアウストラロピテクスからホモ・サピエンスへとつながる進化系統の中間段階にすぎないと主張し、多くの古人類学者が今もそれに同調し続けている。その結果、一九〇万年前から四〇万年前の期間に入る種々雑多な化石の寄せ集めが、実際の形態ではなく、主にその「中間」の年代であることに基づいて、この種に分類されている。さらに、ヨーロッパではホモ・エレクトスの化石は見つかっていないということで一般的に意見の一致がみられる一方で、多くの科学者が今なお化石の一群を「アフリカ産早期ホモ・エレクトス」と呼びたがる。しかしながらそれは、ホモ・エレクトスの概念を理にかなった生物学的な限界の向こう側へと押しやってしまう。だから早期アフリカ型に望ましい名前は、ホモ・エルガステル（「働く人」、社会主義者エンゲルスがつけたような名だが、彼らの作った石器にちなんでいる）で、一九七五年に東トゥルカナで発見された一五〇万年前の下顎の骨につけられた名称だ。本当のことを言えば、ホモ・エルガステルに放り込まれた化石にもいろいろなものが混ざっている。しかし、そこに含まれている化石は、まずまず統一の取れた、より大きな集団に属していると思われる。詳細が整理されるまでは、ホモ・エルガステル種という名称が、そこそこ納得のいく覆いの役目を果たすことになるだろう。

トゥルカナ・ボーイ

一九八〇年代半ばまで、ホモ・エルガステルを代表する標本は、一九七五年にトゥルカナ湖の東にある一八〇万年前の堆積層で発見されたKNM－ER3733というカタログ番号の頭蓋だった。古いものであることは確かだが、それまでに知られていたどれとも少しも似ていなかった。顔面は、わずかに膨らんだ脳頭蓋の前に堂々とついているが、類人猿のように大きく前には張り出していない。けれども、やや突き出た鼻を持っていたと考えられ、現生類人猿やアウストラロピテクス類を特徴づけるような、平坦な中顔部とは著しく異なる。脳頭蓋には八五〇ccの脳が入っていたと考えられ、その大きさは1470に推定される脳の大きさをはるかに上回り、ずっと年代の若いトリニールの標本にわずかに届かない程度である。全体として、そこにあるのはそれまでで初めて、過去に戻るのではなくこれからを期待させるようなヒト科の頭蓋だった。それはホモ属の仲間として考慮に値するものだった。3733の頭骨には歯が一本しかなかったが、東トゥルカナで見つかったほかの頭蓋や歯の一部との関連から、一八〇万年前の東アフリカのヒト科が、ホモ・エレクトスにも例証されるまったく新しい状態――古人類学者の多くが新しい「段階／グレード」と呼ぶもの――に達していたということが証明された。

新しい段階がどれほど特色あるものかということは、一九八四年にトゥルカナ湖の西側にある調査地で、正式にはKNM‐WT15000、一般には「トゥルカナ・ボーイ」として親しまれている少年の骨格の大部分が発見されたことでようやく完全に明らかになった。この発見に先立って、湖の東側では様々なヒト科の首から下の骨が発見されていたが、病変した部分的な骨格一個体を除けば、すべての発見物はそれまでとは異なる一群のもので、どのような種類のヒト科に結びつくのかはまったくわからなかった。ところがここへきて、一六〇万年前に湖岸の湿地の泥にうつ伏せになって、若くして命を落とした不運な個体のほぼ全体の骨格が現れたのだ。私たちにとって幸運なことに、彼の遺体は死肉食動物の注意を引く前に柔らかい堆積物に覆われて保護されていた。その結果は古人類学者にとって思いがけない幸運となった。なぜなら今や初めて、一体のホモ・エルガステルの個体が実際にどのような体構造になっているのかを示す化石が手に入ったからである。

些細な不都合ではあるが、トゥルカナ・ボーイは完全に成熟する前に死亡したため、成体のホモ・エルガステルの生きている時の姿を再構築する作業は複雑になる。現生人類の子どもは若い類人猿（とアウストラロピテクス）に比べて成長して大人になるまでが非常に遅く、「思春期の急成長」を経て成熟するが、その発達段階の始まりはトゥルカナ・ボーイが死亡したのと同じくらいの年齢である。トゥルカナ・ボーイが不慮の死を遂げた時の身長はおよそ一六〇センチメートルで、もし現代人と同

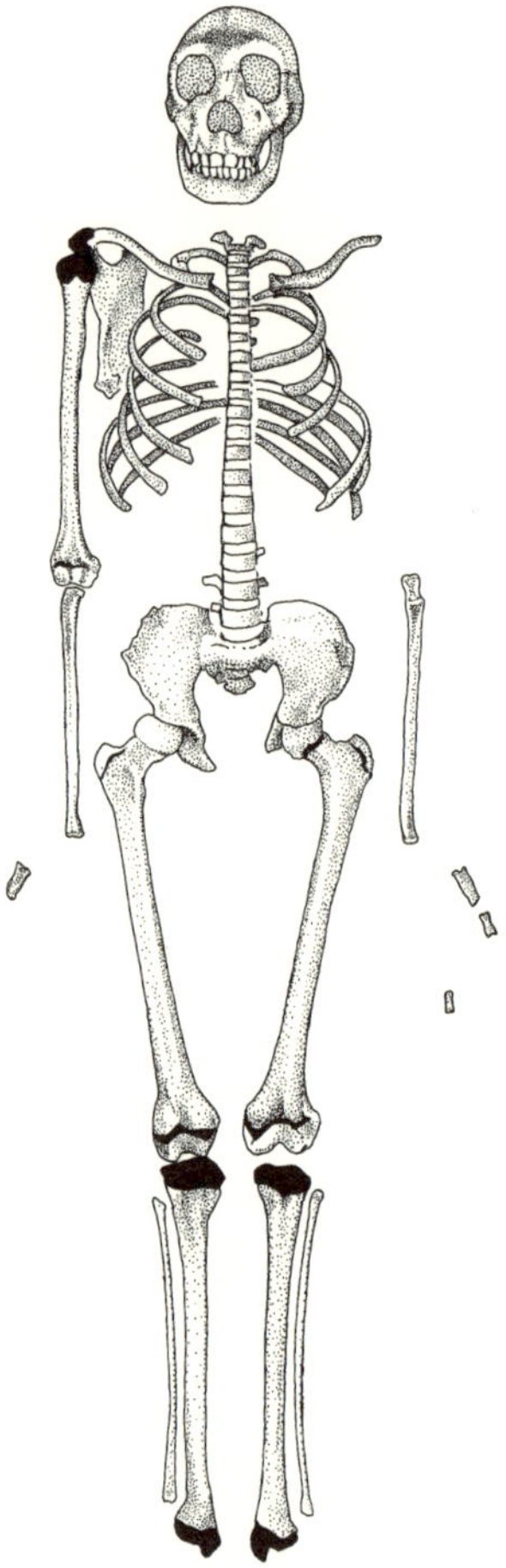

ケニア北部のナリオコトメで出土した「トゥルカナ・ボーイ」こと、KNM-WT 15000の骨格。およそ160万年前のこのすばらしい標本は、東アフリカで出土したホモ・エルガステルの比較的完全な骨格としては唯一のものである。脳はそれほど大きくはないが、基本的に現代人の体の比率を示している。絵：ドン・マグラナガン

じように成長を続けていたなら、大人になるころには一八五センチくらいの高さになっていただろうと想像された。生前は背が高く、ほっそりしていて、体重が六八キログラムほどだった彼は、小柄でずんぐりしていた二足歩行類人猿の祖先とは似ても似つかないことになる。

未成熟だったことには大きな科学的利点もあった。トゥルカナ・ボーイが私たちと同じようには発達していなかったことが観察できるからである。歯の萌出や骨の癒合は現代の一二歳くらいの子どもと同程度だが、高倍率顕微鏡で歯の成長線を一本一本数えていくという骨の折れる作業の結果、彼が実は八年間ほどしか生きていなかったことが示された。明らかに彼の発達は早く、私たちに近づく方向で変化していたとは言え、まだ現生人類よりは類人猿のそれに近かったのである。そうなると、トゥルカナ・ボーイは死亡した時にほぼ成長を終えていたことになる。結果として、彼がもっと長生きしたとしても、身長が一八〇センチ程度に達するということはありそうもないように見える。

それでも、現代人のほとんどはその線には届かない。発達についてはさておいて、トゥルカナ・ボーイに関して何よりも驚くべきことは、その骨格がルーシーなどの二足歩行類人猿とはかなりの違いを見せていることである。トゥルカナ・ボーイは背が高くて脚が長く、それが私たちによく似た体のバランスを作り出していた。一部に過去の面影も残ってはいるが、それでも本質的に、少なくとも首から下は私たちとさほど変わらない生き物をそこに見ることができる。ついに、樹上の隠れ場所から離れて、開けたサバンナを闊歩することに順応したヒト科が現れたのだ。「ケーキを食べたらそれを持っていることはできない」、すなわち矛盾し合う二つのことの同時実現は不可能で、そのような二足歩行類人猿の骨格のあいまいさは消え失せた。トゥルカナ・ボーイの体は、条件的な二足動物のものではなく絶対的な二足動物のものである。つまり、二足歩行が歩き方の単なる一つの選択肢だったのではなく、暮らし方として直立二足歩行をしていた生き物の体なのだ。

この状況を別の角度から眺めてみると、トゥルカナ・ボーイとその仲間はサバンナを生活拠点にしていた。地平線まで見わたせるようなセレンゲティ風のサバンナが現れるのはまだ何十万年も先のことだったが、一六〇万年前までにはすでにアフリカに草原が広がっていた。ホモ・エルガステルが動き回っていた環境はまだ、大小の草原が木立、あるいはまばらな樹木と入り混じり、谷間や水の流れに沿って本物の森が広がった過去の環境に似ており、湖岸に沿ってトゥルカナ・ボーイが命を落とした場所のような湿地があった。しかし、新しい体型は間違いなく、より開けた場所で手に入る食資源を重視する方向で環境をうまく利用する新しい方法を映し出していた。そうした方法を採れるようになった、あるいはそうした方法しか採れなくなったのかもしれない。

樹上を完全に放棄した証しは、トゥルカナ・ボーイの骨格のいたるところに現れている。たとえば、ルーシーの途方もなく横幅の広い骨盤は、一見して、脚が長くなるのに合わせて消え去った。ルーシーが、脚を一歩前へ投げ出すたびに重心が過度に下がらないようにするため、水平に回転する幅広の骨盤を必要としていたのに対して、トゥルカナ・ボーイではそれに代わって長い脚が同じ問題を解決する手段となった。トゥルカナ・ボーイの腕は私たちよりはやや長いが、類人猿のものとは大きく異なっていた。腕の上端は、類人猿のような上向きではなく、私たち人間のように外向きの肩関節窩とかみ合っている。しかしながらヒトと比べれば若干上向きであるため、トゥルカナ・ボーイの物を投げる能力は限られたものだったと推測できる。残念なことに、骨格には手と足の骨はほとんど残っていなかった。しかし、トゥルカナ・ボーイのようなヒト科がおよそ一五〇万年前にトゥルカナ湖盆周辺を闊歩していたことは、最近発見された湖の東岸にある大きなヒト科の足跡によって確認されている。その足跡は歩幅が広く、基本的に現代人的な足の解剖学的構造を示している。

急激な変化

新たに進化した体型は、完全な人間になるための道へと続く大きな一歩である。正確にそれがどのように達成されたのであっても、それは化石記録の扱いにおいてはまったく予期せぬことだった。なぜならすでに述べたように、化石記録の中には、アウストラロピテクスや「早期ホモ属」と、トゥルカナ・ボーイの間に、確かな中間的存在とみなせるようなものがいっさいないのである。したがって手元にある証拠に基づくと、トゥルカナ・ボーイは、新たな進化がヒト科の系統に沿って徐々に現れると考える総合説によって導き出される予想にはまったくあてはまらない。こうした不一致は今に始まったことではない。一九世紀にさかのぼってさえ、チャールズ・ダーウィンと(それ以外の点では)彼の勇猛果敢な擁護者であるトマス・ヘンリー・ハクスリーはすでに、「自然は跳躍する」かどうかで見解が大きく食い違っていた。ダーウィンが少しずつ徐々に変化することに注目した一方で、ハクスリーはそのパターンとは一致しない、化石記録——と自然界全般——に見られる多くの不連続性に頭を悩ませていた。ダーウィンが好んだ自然選択のメカニズムは漸進的な変化の仕組みとしては妥当だが、ハクスリーの疑念は説得力のある証拠に基づいていた。幸い、最近の分子遺伝学の進歩によって、自然界に見られる数々の不連続性はもちろん、人間の体型の起源期に実際に何が起こったのかについても、ようやく理解が進みそうである。

身体的な変化はすべて、（新しい個体を作り出す受精で組み合わされる性細胞を含む）細胞の核内にある染色体を構成している遺伝情報を含む分子、すなわちＤＮＡ（デオキシリボ核酸）に絶えまなく起きている突然変異——自然発生的な変化——によってもたらされる。長大なＤＮＡ分子の特定のひと続きが個々の「遺伝子」に相当し、それが遺伝情報を含む構成単位であることはＤＮＡの構造が理解されるずっと前からすでに予見されていた。かつて遺伝子はひもに通されたビーズのように染色体に沿って並んでおり、各遺伝子がそれぞれ、体を構成する種々の組織を作る材料となる一つの蛋白質分子を生産するための情報をコードしていると考えられていた。この整頓されたイメージは、総合説の漸進的変化の予測にうまくあてはまった。この解釈によれば、自然選択とは単に一部の変異が促進されてそれ以外のほとんどが消去されることである。そして、進化の変化とは、ビーズが徐々にほかのものに置き換えられていくように、系統内で好ましい変異が次第に積み重ねられていくものだと考えられる。ところが、一九五〇年代初頭に基本的なＤＮＡの構造が分析されると、ものごとがまったくそれほど単純ではないことが判明した。

そこで、先ほど手短に述べた主題に戻る。かなり前から、蛋白質をコードする遺伝子のほとんどが複数の身体的特徴を決定づけており、身体的特徴のほとんどがいくつもの遺伝子に決定されていることはわかってきた。しかし、遺伝子の数と生物の複雑性には、だいたいの関係があるに違いないと広く考えられていた。したがって最近の発見によって、人間には何十億個もの細胞があるのに、細胞が一〇〇〇個ほどしかないごく小さな線虫と同じ数の、およそ二万三〇〇〇個の蛋白質コード遺伝子しかないと判明したことは大きな衝撃だった。さらに、その蛋白質コード遺伝子は、細胞の中のＤＮＡの全体であるゲノムのわずか二パーセントにしかあたらないことがわかった。人間のような複雑で難解な生物の発達を支配する遺伝子が、それほどまでに少ないとはどういうことなのか？　それ以外の「ジャンク」、すなわちがらくたＤＮＡは何をしているのだろうか？

この二つの問いに対する答えには密接な関係がある。最近の独創的な研究から、コード遺伝子の効果は発達段階でそれがいつ、どれくらいの間働いているかに影響されること、そして「ジャンク」ＤＮＡの一部はその過程で蛋白質コード遺伝子のスイッチを入れたり切ったりする重要な役割を担っていることがわかってきた。また、コード遺伝子の効果は、それが「スイッチ」遺伝子によって動作可能になっている時にどれほど活発に働くかに左右され、それらとはまた別の「調節」ＤＮＡのひと続きが、コード遺伝子が組織の発達の過程で発現する強さを決定していることも明らかになった。さらに、同じ基本遺伝子の発現の差が表現型（個体に見られる特徴）にも大きな影響をおよぼす可能性もあるようだ。たとえばチンパンジーと人間の脳の発達を決定づける遺伝子は、その構造よりも発現という点で異なっていることがわかっている。ある研究によれば、人間の脳の発達にかかわる二〇〇個ほどの遺伝子は、チンパンジーのものと比べて「発現増加」している、つまりきわめて活発であることが判明した。興味深いことに、精巣、心臓、肝臓といった体の他の組織と比べて、脳では両者の差が小さく、変化そのものに関する限り、脳には特別な抑制がかかっていることが示唆される。

ＤＮＡがＤＮＡを管理するという仕組みは、なぜごくわずかのコード遺伝子が多くの仕事をこなせるかを紐解くかぎである。この役割分担はまた、なぜすべての生物のゲノムが驚くほど似ているかということの説明にもなる。ほんの二〇年から三〇年前、遺伝学者はハエとヒトの外見を決定する遺伝子はまったく別のものだと考えていた。ところがその後、どちらも同じ遺伝子のひと組で驚くほど幅の広い働きをしていることがわかった。ハエとヒトが共通の祖先を持っていると考えると（五億年以上前ではあるが）、後から振り返れば、それが判明した当時ほど驚くべきことではない。それでも、これほど大きく異なる生物が基本的な遺伝子の三分の一を共有していることには驚嘆する。むろん、そうした遺伝子は種によって構造が様々である。それこそが、研究対象となる生物間の関係を探ろうとする分類学者にとって遺伝子が有用である理由だ。しかしながら特に近縁同士では、コード遺伝子が生む表現型の結果に見られる差異は、基本的な構造と同様、その遺伝子が働く時の組み合わせ、そしてタイミングと発現の違いによる影響も受けている可能性がある。

この事実は、自然界が時折、トマス・ハクスリーの頭を悩ませた跳躍を起こす様子を理解するかぎとなる。一九四〇年代、遺伝学者のリヒャルト・ゴルトシュミットは、些細な遺伝的変更が大きな表現型の違いを生むかもしれないと提案して、激しく非難されることになった。何と言っても当時は総合説の絶頂期だったことにくわえて、変異した生物を「前途有望な怪物」と呼んだゴルトシュミットの言葉の選択も災いしたかもしれない。しかしながら現在は、構造的に些細な遺伝的変化が新しい適応型を生むことがあり、またそうした変化が少なくとも時には進化上有利になる場合があるという考え方がすっかり定着している。その典型例はトゲウオに見ることができる。その小さな魚にある尖った背びれはひれの骨が変化したもので、捕食動物にとっては飲み込みにくい。ところが水底に生息するトゲウオの仲間にとっては、たとえばその持ち主を食べようとするトンボの幼虫、ヤゴにつかまりやすいなど、この背びれが明らかに不利だった。その結果、水底で暮らすトゲウオからは、明らかに最近になって急にそのトゲがなくなった。実際には、複雑な構造の重要な部分を排除することにかかわるこの変更は、まったく些細なことではない。しかしこの主要な身体的変化は、コード遺伝子に変化がまったくない状態で起きたことが最近になってわかった。代わりに、短いひと続きの調節遺伝子が消去されていたのである。そうすることで、必要不可欠な仕事を行う基本的な遺伝子をそのまま残しながら、体の特定の場所の活動を抑えてトゲの発達を解消した。ゲノムの小さな変化が表現型に大きな結果をもたらしたのだ。実際にはこれほどの規模の変化はたいてい不都合を招き、またこの種のメカニズムが、トゲウオの進化において、もっと小規模で局所的な効果を持つ変異が重要であることを排除していない。しかしながら、水底のトゲウオにとっては、まさにこの変化がたまたま有利なものだったために、明らかに急速に広がった。

もしかするとトゥルカナ・ボーイのまったく新しい体の構造は、同様の遺伝的原因があるのかもしれない。遺伝子の発現とタイミングの変化を通して、トゥルカナ・ボーイの系統に小さな変異が起きて、それが持ち主の形態を大きく変え、まったくの偶然から彼らに新しい適応の道を開いたのかもしれない。だからこれまでに見つかっている化石記録の中に、トゥルカナ・ボーイの本質的に新しい体の形態の兆しとなるようなものが見つからない理由を探す必要などはないのかもしれない。ひょっとするとそのような中間の形は——少なくとも、化石記録が示すおおざっぱな時間の尺度で見つけられそうなものは——単に存在しなかっただけなのだろう。トゥルカナ・ボーイの祖先に、ゲノムのレベルでありふれた、目立たない何かが起き、それはたまたまヒト科の歴史の進路を変えることになったのだ。

さらに研究が進むと、トゥルカナ・ボーイの急速な発達のスピードが特異ではないことがわかってきた。類人猿にやや似ている早い成長はホモ・エルガステルやホモ・エレクトスのようなヒト科には典型的だったようで、トゥルカナ・ボーイの歯と同じような結果はジャワ島のホモ・エレクトス標本の歯の分析からも得られている。そうした観察結果を考え合わせれば、古人類学者がこの「段階」(一般的な種類)と呼びたがるヒト科がその時代に生きていた時の様子がだいぶ見えてくる。中でも、発達過程の早い段階で脳が成長していたことがよくわかる。類人猿は人間よりも成長がかなり早く、長い思春期の発達期を通ることなく一気に子どもから大人になる。ところが、驚くかもしれないが、妊娠期間はヒトとほぼ同じである。ただしその過程そのものは微妙に異なるのだ。胎児期の主な違いは、妊娠の最後の三分の一の期間で、人間が類人猿よりも脳の発達に多くのエネルギーを注ぐことである。その結果、ヒトの新生児は生まれてきた時すでに、類人猿の赤ん坊と比べて大きな脳を持っている。それ自体はまったく申し分のないことなのだろうが、かなり制約の厳しい骨盤の産道を困難なく通り抜けなければならないために、頭の大きさに厳重な制限を受ける。

今日、ホモ・サピエンスは、この限界に無理に逆らっている。その証拠に、現代医療の監視がなければ出産時の死亡数は痛ましいほど多い(世界のどこかでおよそ九〇秒に一人の女性がひどい状況で死亡している)。新たに狭い骨盤を得たホモ・エルガステルの母親も、生まれてくる新生児の頭がいくらかでも大きくなれば、出産時に助けが必要だったかもしれないと考えられる。まさに助産師のような役割が求められる状況である。この思いつきは、社会と認知の複合性と深くかかわり合っているので、今のところは推論にすぎない。疑いようもないのは、この出産時の条件によって生まれるまでに起こる脳の拡大量が必然的に制限されるがゆえに、大きな大人の脳を手に入れるために、現代人は生まれてからもしばらくの間継続して脳の発達に大量のエネルギーを振り向ける必要があるということだ。その結果、類人猿が大人になった時の脳の大きさの四〇パーセントの脳を持って生まれてくる一方で、人間は胎児期の脳の拡大が加速したにもかかわらず、成人のわずか二五パーセントほどでしかない。したがって、類人猿やその他の哺乳動物では誕生後に脳の発達が減速するのに対して、人間の脳は例外的に、少なくとも生後一年は胎児の時のスピードで拡大し続ける。類人猿の脳は早くも生後一年で成体の大きさの八〇パーセントに達するが、それでも人間の子どもでは大人のたったの五〇パーセントである。ヒトの脳は長期間成長し続ける必要があるため、大人の大きさに届くのは七歳頃だ。

トゥルカナ・ボーイが死んだのは、その八八〇ccの脳がすでに大人のサイズにかなり近づいていた発達段階だったので、彼の化石からは、幼いころの脳の発達についてはほとんど何もわからない。しかし、ほかの証拠から、ホモ・エルガステルならびにホモ・エレクトス段階の個体は、脳の発達においてもその他の成長面と同様に、ヒトより類人猿のパターンによく似ていることが裏づけられている。たとえば最近の研究では、おそらく一八〇万年前に一歳くらいで死んだと思われるジャワ島のホモ・エレクトス幼児は、その幼い年齢にもかかわらず、発達の早い脳がすでにホモ・エレクトス成体の平均的な大きさの七二から八四パーセントだったことがわかっている。

脳の発達の早さからは、太古のホモ属の仲間の精神面の複雑さと彼らの暮らしぶりがうかがえる。現代人は「二次的な晩成性」である。つまり私たちホモ・サピエンスの子どもは比較的少ない数で生まれるが自分では何もできず、長い間、親に頼り切っている。人間の場合、その期間に言語を含むたくさんの複雑な学習と社会技能の移転が伴う。また子育てに多くの世代がかかわるようになるため、子どもを育てるうえでの複雑な社会的仕組みも伴ってくる。大型類人猿が性的に成熟して、主要な学習期間を終えるのは七歳頃である。それに対して、人間は、性成熟にその約二倍の年月を要し、肉体と精神の発達を終えるにはさらにまた長い時間がかかる。脳が未熟で危険を判断する能力が完成していないため、たとえば一〇代の運転者は事故率が恐ろしく高い。もちろん、発達の早い類人猿も、きわめて複雑な社会と込み入った個体関係を持つ非常に高度な生き物である。けれども、広い意味で「文化」と考えられるようなある程度の初歩的な段階——種全体ではなく特定の地域に限られた慣習の伝達——を示してはいても、きわめて複雑な人間の流儀にしたがえば、彼らはどう見ても文化的とは言えない。明らかに、現代人が社会の一員として溶け込むために知っておかなければならないことは、類人猿が習得すべきことよりもはるかに多い。

それでは、トゥルカナ・ボーイとホモ・エレクトス段階の仲間は、発達予定表の幅の中のどこにあてはまるのだろうか？　そしてそれはどのように彼らの認知力に影響、あるいはフィードバックを与えたのだろうか？　額面どおりに受け取るならば、これらのヒト科の比較的早い成熟は、たとえ彼らの新しい身体的特徴が私たちに似てはいても、認知面では今日のホモ・サピエンスと著しくかけ離れていたことを強く示している。彼らは確かに独特だ。二足歩行の類人猿でなければ現代人でもない。

類人猿の段階を大きく超えてはいるが、私たちのような精神力を介した生活を送っていたのでもない。そして、成体は二足歩行類人猿よりも物理的にはるかに大きい脳を持っていたが、その脳とて大きくなった体と比較するとそれほど大きいとは言えない。これは考慮に値する。なぜなら体が大きくなれば、その基本的な運動ならびに感覚機能を制御するためにより大きな脳が必要だからだ。

もちろん、認知的に正常な現代人に見られる脳の大きさの分布幅の大きさから、どのような種であれ、同じ種の中では脳の大きさと知能に密接な関係があるわけではないことが明らかだ。しかし種と種の間となると、話は別だ。哺乳類全体について脳と体の大きさの関係を描けば、実際その二つの変数の間に強い相関関係があるとわかる。体が大きくなれば、脳のサイズも大きくなるのである（ただし、哺乳類では通常は脳の体積は体の大きさほどには増加しない）。ホモ・サピエンスに多々ある注目すべき特徴の一つは、私たちの大きな脳が、その基本的な相関関係を表す曲線のかなり上の方に位置することである。つまり哺乳類としての体の大きさから予測されるより、ずっと大きな脳を持っているのだ。ところがトゥルカナ・ボーイとその類縁は、その点においてあまり外れていない。大きくなった体に比べて脳が小さい大型類人猿特有のパターンからは抜け出ているが、典型的な霊長目の脳と体の関係からみて、現代人ほど目立って離れているわけではない。このホモ属の初期の仲間は、当時の哺乳類の中では何よりも知的だったのかもしれない。それでもほぼ間違いなく、私たちとは異なる物の見方で世界を捉え、情報を扱っていたことだろう。彼らは私たち人間の単なる下位の仲間とはまったく違う。だから彼らをそんなふうに見たいという衝動を抑えなければならない。

そのような抑制は、トゥルカナ・ボーイの脳の形を見る時にとりわけ重要である。あらかじめ軟骨で組み立てられて、成長するにつれて徐々に硬骨になる体の骨の大部分とは異なり、頭頂骨は膜組織で出来ていて、内部の脳が拡大すると外側に向かって押し広げられる。類人猿と比べて大きくなった人間の脳で増えた部分のほとんどは、脳の外側にあたる大脳皮質が拡大したものである。脳の大きなヒト科は比較的狭い空間に増えた皮質を詰め込んでいるため、人類の進化に伴う脳の拡大によって、大脳皮質が何重にも折りたたまれてしわが寄り、表面積が広くなった。ここで重要なのは、その大きなしわが、従来から脳の主要機能部分と考えられてきたものをおおまかに表していることである。また、骨と脳の外側とは発達上密接な関係にあり、脳頭蓋の内側に重要な脳の区分の記録が残っている。脳そのものは失われても、それは入っていた頭蓋にぴったりと収まるはずなので、トゥルカナ・ボーイのような化石頭蓋の内側にある痕跡（「頭蓋内鋳型」）は、そこに入っていた脳の表面上の様子を正確に示せる。むろん、機能上は脳神経が内部でどのようにつながり、どのように働いているかが重要であるため、その情報から実際に言えることには限りがあるが、それでも表面上の詳細から多くを知ることができる。

トゥルカナ・ボーイの頭蓋内鋳型の調査で早くから研究者の目を引いたことの一つは、皮質の左前頭葉にある「ブローカ野」と呼ばれる小さな領域の外形が顕著に表されていることだった。その名を付したポール・ブローカは一九世紀フランスの医師で、脳のこの特定の部分を負傷した患者がほぼきまって、以前と同じように人の話は難なく理解できるにもかかわらず言葉を発せられなくなることに気づいた。明らかに、その部分は何らかの方法で発話にかかわる脳の一領域（現在では神経解剖学者が細胞の構造に基づいてさらに区分をつけたため、実際には二つの領域に分かれる）だった。そしてそれは特定の機能にかかわる脳の表面領域で最初に確認されたものの一つでもあった。これは脳の特定の領域――神経細胞の異なる塊やタイプ――が特定の作業に対応しているという認識の重要な一歩だった。人間は刺激に対して脳全体で考えたり応じたりしているのではないのである。古生物学者にとっては何か特定のことの代理として絶対的または相対的な脳の大きさを用いることができなくなることを意味するから、ある程度、これはがっかりさせられることである。しかしこの発見はすべてをはるかに興味深いものにした。

ブローカの時代以降、脳機能の理解がとりわけ大きく進展したのは、脳の持ち主が様々な精神作業を行っている間に、その生きている脳で起きている活動を映像にする技術が発展したためだろう。そうしたリアルタイム調査の貴重な成果は、言語を含む機能の大部分が、単純な表面だけの割りあてによって示されていたものよりも、実際の脳の広い範囲にまたがっているとわかったことである。それでも、トゥルカナ・ボーイにブローカ野があったとわかると、彼には話すことができたのではないかという憶測が生まれた。けれども、ものごとがそれほど単純であることなど決してない。ブローカ野は現在、たくさんの記憶と、言葉とは関係のない重要な機能にかかわっていることもわかっている。発話に必要とされる、それに適した機能にかかわる多くの特徴のうちの一つがあるからといって、それが発話そのものの一応の証拠《プリマ・ファキエ》だと解釈してはいけないのは明らかだ。また、たとえ発話の潜在能力にかかわるかもしれない構造があったにせよ、それはこのヒト科が私たちが知るところの言語を持っていたと言うことはできない。

トゥルカナ・ボーイの別の解剖学的構造もまた、彼らには言語能力がなかったことを強く示している。脊柱は、上体を支えるだけでなく脳から下へと脊髄を通しており、その脊髄から伸びる神経網を介して体の残りの部分を制御したり、そこからの情報を受けたりしている。脊髄が通る管の幅はヒト科を含む霊長目のほとんどでほぼ同じだが、現代のホモ・サピエンス（と、公平のために言っておくと、ネアンデルタール人も）では、肺のある胸部で異常に広くなっている。この余分な幅は胸郭と腹壁の筋肉につながる増加した神経組織を収容しているが、その増えた神経は呼吸のコントロール――何よりも、発話に用いる音の微妙な調節に必要な細かい制御――を強化するためのものだと言われている。興味深いことに、トゥルカナ・ボーイはこの点において平均的な霊長目である。したがって彼の脳の特性とは関係なく、彼には発話するための周辺能力がなかった、と推定されてきた。

トゥルカナ・ボーイの脊髄の狭い空間は何らかの病理学的異常かもしれないとする異論も出されている。そうかもしれない。けれども、彼とその仲間がどのように意思を伝え合っていたのだとしても――何らかの高度なコミュニケーション方法があったことは間違いないが――私たちがよく知る言語を用いて情報を共有していたのではないと考える、それとは別の理由はたくさんある。たとえばまず、現代の分節言語は究極の象徴化活動だが、ホモ・エルガステルならびにホモ・エレクトス集団と関連する考古記録には、外界から受けた情報を内面で象徴的に操作していたことを示すものは、その長い生存期間の間にも、どこにもない。実際、おおざっぱではあるが、こうしたホモ属の初期の仲間が残した考古記録は、そのような証拠がないことで目立っているのである。驚くかもしれないが、トゥルカナ・ボーイとその仲間は、彼らよりおよそ一〇〇万年も前にゴナで作られていたものと概念上は同じ石器を作っていた。技術的なレベルでは、その長い時間の間に目に留まるほどの大きな変化は何もなかった。まったく新しい体の形態の出現は、いかなる技術革新にもつながらなかった――またいかなる技術革新からも生まれなかった。そして、解剖学的な指標から何らかの変化が起きたに違いないと推測したくとも、ホモ・エルガステルがその祖先と大きく異なる生活様式を持っていたことを裏づける物質証拠はほとんどない。

新しい（そして脳の大きい）ヒト科が新しい技術とともに出現しなかったことは直感に反するように思えるが、この不連続性こそ実際にヒト科の中にすでに定着している一つのパターンを映し出している。何と言っても、最初の石器製作者はホモ属ではなく二足歩行類人猿だった。新しい技術の導入を新しいホモ属の種の出現と結びつけることはできないというこのパターンは、後の発展のひな型である。よく考えればそれでつじつまが合う。結局のところ、技術というものはだれかに発明されるはずで、そのだれかはすでに存在する種に属しているはずだからだ。どのような革新であってもその起源は既存の種の中に存在しなければならない。たとえそれ以外に生じる場所がないというだけの理由だとしても。

第六章　サバンナの生活

トゥルカナ・ボーイの比類のない骨格からは、その種ホモ・エルガステルのすばらしい姿を思い描くことができる。成長は早いけれども、それより前の時代の何者にも似ていない体つきで、先祖代々暮らしてきた森から離れても明らかに問題のない生き物だった。すっかり様変わりした環境はこの若い種に多大な新しい要求を突きつけたが、彼らはどう見ても当初から技術的な適応を行ってそれに応じたのではない。わかっている限りでは、最初のホモ・エルガステルは、解剖学的に彼らよりも古い先行者たちが作っていた類いの石器を作り続けていた。技術的変化の起こったことを示す実質的証拠がないため、ホモ・エルガステルの暮らしで何が新しくなったのかを理解するにあたっては、形態などの間接的な指標に頼らなければならない。特定の結論を導くのは難しいながらも、そうした指標は多くのことを示唆している。

トゥルカナ・ボーイはほっそりした体型だったが、決してひ弱ではなかった。力学的な用語を用いれば、四肢骨の長骨骨幹部は基本的に内部が空洞の円筒である。それを形作っている素材は硬くて強いが、いつも中身は入れ替わっている。それどころか、四肢にかかる重圧に抵抗して、生きている間ずっと形を変え続けている。様々な骨幹の壁の厚みは、実際の暮らしでどれほどのストレスがかかっていたのか、それがどのように配分されていたのかを反映している。そのため、フェンシングやテニスの選手は利き腕の骨がそうでない方よりも頑丈だが、微重力空間で長い時間を過ごした宇宙飛行士の骨は薄くなる。トゥルカナ・ボーイの四肢の骨が私たちのものと大きく異なる点は、初期ヒト科同様、現代人と比べて骨幹の壁がはるかに頑丈だったことである。つまり生きていた時のトゥルカナ・ボーイはすでにかなりの力持ちで、典型的な現代人よりも非常に高水準の活動を維持していたと考えられる。むろん、ほとんど体を動かさない現代人のライフスタイルはごく最近の現象だが、古代の狩猟採集ホモ・サピエンスの先祖でさえそれと比べれば、長骨の骨壁は薄かった。総じてトゥルカナ・ボーイの時代以降、四肢を構成する骨幹の骨の厚みが急激に減少していることから、ヒト科の生活様式において体の力強さがあまり重要な要素ではなくなったことが示唆される。

トゥルカナ・ボーイの生活環境は、楽なものではなかった。少なくとも当初、彼らの仲間は、石器にこれといって重要な改良もないまま、林の点在するアフリカのサバンナにいた。どちらかといえば木登りが得意ではなかった彼らが、祖先の二足歩行類人猿のように樹上で身を守っていたのではない、またそうすることはできなかったと信じる理由は十分にある。そして彼らが好んだ開けた場所には、森の外れに潜んでいるものと同じくらい凶暴な、様々な捕食動物がうろついていた。すべてというわけではないが、主にそうした捕食動物は、今日のアフリカで見られるよりも種類が多い、大型のネコ科の動物で、それらがこぞって油断している哺乳類が見つかればいつでも飛びかかろうと身構えていた。私たちの基準に照らせばホモ・エルガステル個体は十分に強力だが、それでも大きな顎とよく切れる犬歯を失った彼らは、どちらかといえば無防備である。この危険な新しい環境に、彼らはどうやって対応したのだろうか？　またどのように活用したのだろうか？　思いつきにはこと欠かない。それを証明する証拠はほとんどないが、状況証拠から判断できるのだ。

筋の通った説の一つは、若干脳が大きくなったホモ・エルガステルは、その祖先が食料にしていた多様ではあるけれども依然として植物中心だった食性よりも、高品質な食物が必要だったと考えるものである。私たちホモ・サピエンスにとって大きな脳を持つメリットは一目瞭然だが、その代価も少なくとも同じくらい明瞭であることから、それがわかる。すでに手短に述べたが、代謝という点で、脳は最も「燃費の悪い」体組織の一つである。両耳の間にあるその塊は体重の二パーセントほどにしかならない一方で、それは実際、私たちが摂取する総エネルギーの二〇～二五パーセントを消費する。これは、消化器系を含む体全体の効率に大きな影響を与える。トゥルカナ・ボーイの祖先であるアウストラロピテクスの大きな腹腔には、現生人類とはまったく対照的な特徴として、巨大な消化器系が入っていたことはほぼ間違いない。私たち現代人の驚くべき――脳の大きさとほぼ同じくらい驚くべき――特徴の一つは、体の大きさに比べてとてつもなく内臓が小さいことである。比較的腰回りの小さいホモ・エルガステルについても同じで、それはトゥルカナ・ボーイとその仲間の食性に重要な示唆を与えている。なぜなら内臓も脳とほぼ同じくらい、エネルギーという点で「燃費が悪い」からだ。人類の進化の過程で内臓が小さくなったのはそれが脳を拡大するために必要な代償だったからだが、同時に質の高い食物の必要性が大きく増したからだと、もっぱら言われている。したがってホモ・エルガステルの時代はまだ顕著な脳の拡大時期のごく初期にあたるとは言え、腸が縮小しただけ

アメリカ自然史博物館のジオラマ。180 万年ほど前のケニア北部のホモ・エルガステル 2 体。このヒト科が解体しているインパラの死体を漁っていたのか、それとも狩りをしたのかは見る人の想像に委ねられている。人形：ジョン・ホームズ、写真：デニス・フィニン。

でも高栄養価の食物に依存する必要に迫られていた可能性はある。

それでは、体が大きく、そこそこの脳を持つホモ・エルガステルが必要とした余分なエネルギーはどこから補給されたのだろう？　明らかな答えの一つは、こうした初期人類が手に入れられる中で最も質の高い食事、すなわち動物性蛋白質と脂肪に目を向けたということだ。何と言っても、そうした食資源は大量にアフリカのサバンナを歩き回っていた。すなわち、新たに適応した環境に溢れかえっていた大小様々な草食動物である。しかし同時に、そうしたおいしい草食動物はまた、現在のアフリカ大陸を支配している個体数や種よりはるかに多かった肉食専門の多種多様な動物群を引きつけもする。

サバンナの草食動物を追うとなれば、ヒトはそうした筋金入りの捕食動物と食べ物を争わなければならなかったばかりか、自分の身も守らなければならなかっただろう。

ひょっとすると、魚を釣る方が危険は少なかったかもしれない。ホモ・エルガステル（とその子孫）にとって、物的証拠が示す以上に魚釣りが重要だったかもしれないと考えるには理由がある。水生動物は、脳が正常に機能するために重要なオメガ3脂肪酸などの重要な栄養源である。そうした栄養素は、たとえば類人猿の小さな脳を維持するくらいの限られた量であれば体内で生成される。しかし、大きくなった脳に必要なほどの多くの量となると食生活で補うしかない。したがって、過去二〇〇万年ほどの間にヒト科の脳が大きくなるにあたっては、魚など水中に棲む動物の摂取が一つの前提条件だったのではないかと提案されている。多くの霊長目――中でもマカク属のサル――は水生の無脊椎動物を捕獲して食べているところが観察されており、一カ所ではオランウータンが手で魚を捕っているところが目撃された。乾季で水の減った池や川で魚を捕ることは、早期ホモ属にとって難しくはなかっただろう。したがって、食事をそうした資源で増量した可能性は高いように思われる。

陸生草食動物であれ、魚など水生動物であれ、動物性食物は、何らかの処理を行わない限り消化しにくいだけでなく、肉は本来、手に入れるのがきわめて難しい。獲物になりそうな動物は捕まえるのも大変である。むろん食べられたくないそうした動物は、イモなどの塊茎や果実のように、経験豊富な採集民に掘り出されたり摘み取られたりするまでおとなしく待っているわけではない。動物は逃げる。しかもすばやくだ。たとえ小型の動物であっても、この傾向は、主要な資源としてそれを活用しようとするサバンナの新参者には問題となっただろう。それでも、考古記録に必ずしも表されるとは限らない類いの画期的な行動によって、新たな解剖学的構造がもたらした身体的な長所だけを用いて、ヒト科は実際に大型哺乳類を狩ることができたのではないかと、一部の研究者は考えている。ホモ・エルガステルは四足の捕食動物ほど速く走ることはできないが、新たに獲得した細い腰回りと長い脚のおかげですばらしい長距離ランナーになっていただろう、と彼らは指摘する。日中の暑さの中で、単純に走り続けられる能力は、やせてひょろっとしたこの二足動物に、たとえば一頭のアンテロープを狙って、それが暑さで疲労して倒れるまで追い続けることを可能にしたことだろう。

そのような方法は、代謝の観点からエネルギーの無駄遣いであるばかりか、目に見える限り地の果てまで動物を追いかけるという精神的集中力をも必要としただろう。だから獲物が見えないとしても、足跡、折れた木の枝などの間接的な痕跡から追跡したのかもしれない。この追跡方法は今日、アフリカの狩猟採集民が用いているもので（柔らかい地表を走ることは硬い土地を走るよりも危険であることを知っている彼らは周到に、走るのではなく歩くか小走りをする）、狩りをする側の高度な認知能力だけでなく、彼らと獲物との間に生理学的な違いがなければ成り立たない。ほとんどの哺乳動物は人間より足が速いが、木陰で立ち止まって主にあえぐことでゆっくりと熱を逃がす以外に、熱帯の太陽の下で持続して活動する時に外から受けたり体内で発生したりする熱を発散する手段を持たない。それに対して、体毛を失っていたホモ属は発汗と放射でたえず熱を発散することができるため、ほかの動物が熱射病で倒れても動き続けることができる。

ホモ・エルガステルが実際に毛をなくし、汗をかいていたのかどうかを確かめることはできない。今日においてさえ、ほとんど見えない場所に限られた形ではあるけれども、ヒトはなおも体毛に覆われている。しかし、ホモ・エルガステルは肌がむき出しだったという説の支持者は、面白いことにヒトジラミの興味深い研究を指摘する。ほとんどの哺乳動物には一種類のシラミしか寄生しないが、人間の場合には贅沢なことに二種類いる。この寄生虫の一つは頭髪に棲み、もう一つは陰部の毛に宿る。やや恥ずかしいが、アタマジラミは人間に特有だが、陰部のケジラミはゴリラに宿るものの近い類縁で、そこから移ったと考えられている。アタマジラミはヒトの祖先の体の隅々にいたものの名残だと思われるが、ケジラミは体毛がなくなってから獲得したものである。「分子時計」(基本的に、DNAの変異がほぼ一定のスピードで積み上がるという仮定による)を用いることで、寄生虫学者はこの二つのシラミが三〇〇万年前から四〇〇万年前に枝分かれしたと推測することができた。この年代から考え、体毛の喪失はトゥルカナ・ボーイよりも前の時代、ひょっとするとルーシー以前に起きていたことが論理的にわかる。

寄生虫のデータには議論の余地があるかもしれないが、それでも、現代的な体型が獲得されてすぐにふさふさとした体毛が失われたという点では、全体として意見が一致している。森から離れ、熱帯のアフリカの太陽の下で、生理的な原理が変わった。発汗で熱を放散することが脳と体を冷たく保つための主要な方法だったことはほぼ間違いないため、おそらくトゥルカナ・ボーイとその仲間の肌はむき出しだっただろう。さらに、強烈な太陽放射を受ける環境にいた彼らの肌は濃い色だったはずだ。南国のビーチで長時間過ごしすぎた北国の人間にはよくわかるが、色白の肌は紫外線放射の影響を大きく受けやすい。今日の世界で皮膚がんの比率が最も高いのが、肌の色の白い人々が最小限の服装で日光浴をするのが習慣となっている、太陽がさんさんと輝くオーストラリアのクイーンズランドだということは偶然ではない。

だがもしかすると、こうした行動の推測はホモ・エルガステルの姿を描くには人間的すぎるのかもしれない。これではまるで、私たちの主要な行動的特徴がはるか昔のその時点で確立され、ホモ属はただ、その後さらに一五〇万年かけて脳が大きくなるのを待っていればよかっただけのように見える。そのうえ、持久狩猟説は数多くの重要な問題を提起する。その中の一つは、ホモ・エルガステルが水を持ち歩く技術を身につけていたかどうかということである。なぜなら、発汗は熱を放つには効果的な方法かもしれないが、体中の水分を使い果たしてしまうという副作用もあるためだ。暑い熱帯の太陽にさらされながら広大な土地で動物を追いかける間、体の水分を補うには、常に水が必要だろう。ホモ・エルガステルに、そうするために欠かせない容器を作るような技術があったという直接の証拠は見つかっていない。その一方で、水を運ぶために使えそうな唯一の素材は中型から大型の動物の胃か膀胱だが、そうしたものは腐りやすいために、それを使った証拠が見つかるとは思えない。そして証拠がないということは、なかった証拠にはならない。ただそれ以上は、ホモ・エルガステルが簡単な容器を用いていた可能性も排除できるような認知力だったかどうかはわからない、また合理的に推察することもできないと述べるのが適切だろう。たとえばホモ属が出現するかなり前に、最古のアウストラロピテクスの石器製作者はすでに日常生活において、先のことを考えて計画を立てる能力を示していた。そうした初期ヒト科はある程度まで硬い石質の特性を理解していた。ならば柔らかい物も理解していても不思議ではないだろう。それでも、必要な景観考古学調査の結果、トゥルカナ・ボーイの時代のヒト科の活動は、たいていの場合、水が手に入る場所の近くで行われていたことには注目すべきである。ヒト科が野原を限りなく歩き回っていたという証拠は、それよりも後の時代にしかない。総じて、全体像はもどかしいほど不完全である。

火と料理

必要とされる良質な食物を手に入れる方法が正確には何だったにせよ、狩りはやはりエネルギーを大量に消費する活動である。そこで、腸の短いヒト科にとっては特に、狩りの結果を最大限に活用することが不可欠だ。二足歩行類人猿におそらく肉食の傾向があったということに関してはすでに手短かに述べたが、これを行った一つのやり方は、獲物の肉に火を通すことである。ライオンやハイエナのように肉を消化するのに特殊化した消化器官がないと、生肉はかなり消化しにくい。チンパンジーは大きな胃袋と長い腸を持っているが、長い間噛んでも、狩りの後の糞便には消化されなかった肉片がたくさん排出される。霊長目の消化器官は、生の動物性食物からエネルギーを引き出すのには向いていないのである。けれども火を通すことでそれが一変し、様々な利点をもたらす。ていねいに調理すれば、肉のみならずすべての食べ物が咀嚼しやすくなり、栄養を摂取しやすくなる。また毒素を抜き、長期間食べられる状態に保ち、風味と歯ごたえもよくなる。火が利用されるようになったのがいつの時点であったにしても、調理がヒト科の生活を大きく変えたことは間違いない。

それでも火を使うという行動が、ホモ・エルガステルのような生き物が繁栄するために本当に必要不可欠だったのかどうかは、依然としてまったく推測の域を出ない。特に調理するためには火を扱えることが前提であるうえ、ホモ・エルガステルがそれを成し遂げていたという直接証拠がほとんどないためだ。ホモ・エルガステルの時代のヒト科の遺跡では、火で焼けた古い痕跡が二カ所で見つかっている。一つは一八〇万年前頃の明らかに焦げた骨が南アフリカのスワルトクランスから、そしてもう一つは一四〇万年前頃の焼けた粘土の塊がケニアのチェソワンジャにある頑丈型アウストラロピテクスの遺跡から、である。確かにこれらの物は焚き火の温度で焼かれたように見えるが、ヒトが火を管理して使っていた決定的証拠とは考えにくい。火を管理していた実質的に最古の証拠は、ずっと後の時代にあたる八〇万年前のイスラエルの遺跡［訳注：ゲーシャ・ベノット・ヤーコブ遺跡］から見つかっており、そこでは灰が厚く積み重なった炉が報告されている。もちろん、火の使用は長い時を経ても保存される痕跡を必ずしも残さないと主張することはできる。また、この時期のアフリカの考古記録は疑問を呈する余地がたっぷりあるほどおおざっぱである。問題が提起されて当然だろう。

　年代表の反対側の端で、いつも火を使っていた生活習慣はヒトの歴史の最後の方で獲得されたものだと積極的に主張されている。だがそれでも火を管理することは、ヒト科の生活にとって画期的な新技術だっただろうということは疑いようもない。そしてそれが発明されたというのに、広く取り入れられないというのはやはりおかしい。広く取り入れられていれば、もっとたくさんの明らかな証拠があるはずである。炉があったとすれば見つかるはずの遺跡はいくつもあるが、見つからない。炉で火が使われていた証拠がさらに集まり始めるのは、しっかりした証拠のあるイスラエルの出来事があって数十万年経った時代からである。それさえ初めは恒常的に火を使っていたというより、偶然の機会を利用した可能性が高い。

ホモ・エルガステルが火を利用したという証拠は、ほぼ完全に状況証拠だという事実を無視することはできないが、そうした初期の類縁が食物を調理したという考えにはそれでも若干説得力がある。さらにその考えは、同様に間接的ではあるが、別の観点によっても支持されている。どのような形であれ、火の使用はサバンナにいたホモ・エルガステル集団の生活をかなり楽にしたことは間違いない。そしてその新しい生活様式を可能にしたと考えられるものは、火の管理をおいてほかにないと言われている。なぜなら最初にホモ・エルガステルをサバンナへと誘い出した可能性のある食資源、すなわち草食動物がそこにいたということは、サバンナはヒトにとっても危険な場所だということでもあるからだ。ヒト科はもちろん、捕食者と獲物という二分する分け方にぴたりとあてはまらない。彼らは捕食者だったかもしれないが、少なくともある程度は、足が遅くて狙われやすい獲物でもあった。実際、ケニアのある調査地で見つかったホモ・エルガステルの前頭骨には眼窩の上に肉食動物の歯の痕が見えており、捕食動物に襲われた凄まじい最期を物語っている。

この時代の初期の人類は本質的に素人ハンターで、狩りを始めたばかりであり、学習曲線の下の方にいた。実際、私たちを今日の頂点捕食者に仕立て上げた自慢の技術力にもかかわらず、私たちは遠く離れた過去の弱さを完全に脱し切れてはいない。ジョギング中にピューマに切り裂かれた人や、弓矢を用いるボウハンティングで木の上まで熊に追われた人を見ればそれがわかる。ホモ・エルガステルにとって、特に腕の関節が前方へ回転できず、それで物を投げる能力が制限された分を補うためにも、火の使用は捕食動物から身を守るのにはうってつけの方法だっただろう。そしてもう少し仮説を追加してもかまわないなら、火を使うことの影響はさらに広がる。研究者の一部はもう一歩踏み込んで、社会性の高さや協調性などホモ属の行動の特徴の多くには、今も昔も、暖と肉食獣からの保護を求めて火を囲んで体を寄せ合うことで集団のメンバー間に芽生える、親近感がかかわっていたとさえ述べているのである。

社会的環境

今日の人間にとって、火が実用的な意味と同時に独特な象徴的意味を持っていることは否めないが、その結果としての過大視への衝動を抑えることは重要である。すでに複雑な仮説だらけになっているところから、さらに火を操れるようになったことがそのまま類い稀な強い社会性につながったと考えるのはやや憶測がすぎるかもしれないが、それでも、ほかの霊長目と比べて現生人類はきわ立って協調性が高いことはまさに真実である。ヒトは単純な協力を超えて、ヒト特有のものと思われる巧みな社会性、すなわち「向社会性」を共有している。もっと簡単な言葉に置き換えると、人間は少なくともある程度まで互いを思いやることができる。これはチンパンジー、そしておそらくほかの霊長目の仲間のいずれにもない。むろんチンパンジーでも、母子の絆は一生続くこともある。そして狩りやそれと似たような複雑な行動では、時折集団のメンバーの間に広い協調関係が見られる。さらにチンパンジーでは、攻撃された犠牲者を慰める行動が観察されており、個体間に共感のようなものがあることが示唆される。けれどもそうした形跡は、向社会性を支える他者への広い関心とは異なる。そして多くの実験結果から、チンパンジーは――チンパンジーびいきの研究者にとってさえ――仲間への配慮が著しく欠けている生き物だと考えられている。

研究者は飼育環境でそれを試してみた。異なる複数の場所で、いくつかの異なる飼育グループで行われた一連の実験では、様々な方法でチンパンジーに自分自身と仲間、もしくは自分だけに褒美がもらえる選択肢が与えられた。いずれの場合にも選択者は褒美をもらえるが、チンパンジーは決まって二つの選択肢のうちからどちらかをほとんど気まぐれで選んだ。この実験に基づくと、少なくとも実験対象となった個々のチンパンジーは一貫して仲間の利益には無関心だと考えられた。心理学テストで、驚くことに犠牲を払ってでも見ず知らずの人を助けようとする人間とはまったく対照的である。

チンパンジーの結果はむろん、社会性とは直接関係のない認知力の限界を反映している可能性はある。しかし厳密にその限界が何であっても、肉食獣に攻撃されやすかったホモ・エルガステルが何らかの形でチンパンジーを超えていた可能性は高い。危険であると同時に実りも多い新しい生息環境において、ホモ・エルガステルはおそらく彼らの子孫の大きな特徴である認知的、そして社会的性質がなければ多少なりとも生きていけなかっただろう。残念なことに、それ以上のことは自信を持って述べることはできないが、サバンナの開拓者たちが送った生活と彼らが暮らしていた集団の性質を描けるような推論はほかにもある。

森林の外れにとどまっていた小型のか弱い生き物だったアウストラロピテクスは、捕食される可能性が高いために大きな集団で暮らしていたと考えられることは先に述べた。けれどもトゥルカナ・ボーイとその仲間では、その得失の計算はまったく異なっていただろう。もし本当に予想どおり、このヒト科が新しい環境における捕食の脅威を弱める文化による方法を手に入れていたのだとしたら、大集団を維持しなければならない圧力は弱くなる。そして、動物性食物に大きく依存していたことを考えると、本格的な捕食動物にあてはまる制約がヒトの生活でも大きな意味を持つようになっただろう。どのような生態系でも、獲物となる個体は捕食者よりも圧倒的に数で優る。捕食動物が多すぎるとあっというまに獲物がいなくなって、だれもが不利益を被るからだ。もしホモ・エルガステルが、少なくとも部分的に捕食者の生活様式を採る初期段階にあったのだとしたら、人口密度を下げる、つまり集団の大きさを縮小する方がメリットがある。その大きな理由は、集団が支えられる個体数が、一つの集団が歩き回れる範囲で持続的に手に入れられる資源の量によって決められているためである。

行動範囲はまた、自分では何もできない赤ん坊を産み、長期にわたってかかりきりで面倒を見る女性がどれほど動けるかどうかによっても制約を受けただろう。一般的に霊長目では、生まれたばかりの幼体は母親の体毛にしがみつく。哺乳という生理学的な必要性が高いとは言え、しがみついている幼体を運びながら移動することは、子どもが一度に一頭あるいは二頭しかいなければ技術的には大した問題ではない。けれども、ホモ・エルガステルの母親にはおそらく赤ん坊がつかまる体毛がなかったうえ、成長の遅い乳幼児を運び回るのは大変な仕事だっただろう。子どもに関して言うなら、その数が多ければ多いほどよいとは限らなかっただろう。実際、民族誌記録ではホモ・エルガステルと似たような環境で暮らす、現代の狩猟採集民は繁殖よりも人口抑制の方が重大な関心事だった。アフリカ南部のカラハリ砂漠に住むサン族の女性は一般に子どもが四歳になるころまで母乳を与えるため、排卵を抑制するプロラクチンというホルモンが高レベルで維持されている。捕食やその他が原因の乳児期や幼年期の高い死亡率は、ホモ・エルガステルの母親が育てられる子どもの最大数を抑えるのに好都合だったことは間違いないが、この限界が本質的に集団の大きさを適度に保ったことだろう。そのような小さな集団では、子どもという負担を抱えた女性が、その子どもを作ることに関与したであろう男性との結びつきから利益を得られたことは明らかである。ただし、集団内で男女の絆が長く続いたかどうかについては、まったくの仮説でしかない。

ホモ・エルガステルの典型的な一集団内の個体数——一〇個体か二〇個体か——もまた推測の域を出ないが、明らかに集団の大きさは生息環境の食物の量に応じて、また場所によって異なっていただろう。ヒトの集団は間違いなく広大な地域を歩き回り、ひょっとすると状況に応じて少人数の採集グループに分かれ、時折異なる集団に遭遇しつつ、植物性の食物を利用しながら、機会があれば常に動物を手に入れたのかもしれない。太古の石器で解体された骨についている切り傷は、時に肉食動物の嚙み痕と重なっていることがあるため、死骸を漁っていたこと——もしかすると力による死肉漁り——もあったのだろう。解体された骨に嚙み痕がいっさいない場合もあることから、ヒトの狩りは十中八九、あるいは控えめにみても五分五分で成功していたことが示唆される。

早期ホモ属の集団は、少なくとも時折は、頻繁に立ち返る一カ所を拠点にして周囲を歩き回っていたとも考えられる。たとえばオルドゥヴァイ峡谷では、一シーズンに一カ所で複数の死体が処理されていた証拠が発見されている。そしてケニアのカンジェラという遺跡では、二〇〇万年ほど前にはすでに、遠い場合には一二～一三キロも離れた様々な場所で採れる石で作られた石器を用いて、ヒト科がたびたび同一場所で動物の断片を処理していたようである。こうした発見はいくつもの興味深いことを示唆しているが、中でもおそらく重要なのは、その場所にホモ・エルガステルがいたことを示す決定的な化石証拠がまだないにもかかわらず、ヒトがすでに後の人類の行動のかぎとなる要素をいくつか見せていることである。移動距離から考えて二〇〇万年前のヒトは、トゥルカナ・ボーイの骨格の分析から明らかになったような、すでにきわめてエネルギッシュな生活をしていたことが示唆されるが、このヒト科が厳密に何者なのかはよくわからない。運がよければ二五〇万年前から二〇〇万年前の時代枠に入るヒト科の興味深い収集化石が増えて、整理されることによってこの問題が明らかになることだろう。今のところはとりあえずトゥルカナ・ボーイが出現した一六〇万年ほど前までには、ヒト科がすでに大きな飛躍は間もなくだと感じさせるほど複雑な暮らしをしていたということは確信できる。

いずれにしても、直前の先祖がいくら進歩していたからといって、ホモ・エルガステルを単なる新しい体形を持った高度な二足歩行類人猿と片づけてしまってはいけないことは明らかである。しかし同時に、この人類の生活が過去の行動とかなりの程度で連続性を示していることもおそらく間違いない。これはヒトのそれまでの歴史という大きな流れの中で捉えればほとんど驚くにはあたらない。一つにはホモ・エルガステルの最初の仲間が、彼らの祖先が何十万年も前にすでに使っていたものと基本的に同じ石器を使ったという事実に、ヒトがずっと続けてきた別の行動パターンが垣間見えるためである。それはすなわち、変動する気候と周辺環境に対して、新たな技術を発明するのではなく、すでにある道具箱一式を新しい方法で利用して対応する傾向だ。これは、ヒト科が最初から常に生態的に様々に対応してきたこととぴたりと一致する。私たちは一般に時として劇的に変動する世界で、変わりゆく外部の環境にいつも柔軟に対応し続けることで特殊化する危険を避けてきた。ヒトは主として変化に適応してきたのではなく、むしろ順応してきたのである。

これはいずれも、二足歩行類人猿の長い時代に、変化が徐々に積み重ねられたことを否定するものではない。アウストラロピテクス類の生活のしかたは、その古代の集団が存在していた数百万年の間におそらく複雑化し、資源の利用方法は多分に高度化しただろう。そうした変化はみな、今、私たちの手元にある物質記録には間接的にしか反映されない方法で達成された。これは残念なことである。なぜならまったく新しいホモ・エルガステルは行動学的に高度なアウストラロピテクスの孤立集団から生まれたに違いないと思われるからだ。おそらくその新たな体の構造は、状況に追い立てられるどころか、それまでとは違ったより広範囲な環境において、その持ち主にとってきわめて有利な新しい可能性を切り開くことになっただろう。確立されたパターンに沿って、次の技術上の飛躍は、一定の時間を空けてホモ・エルガステルの個体群の中で起きた可能性が高い。

第七章　アフリカを出て、舞い戻る

ヒト科はアフリカで生まれた。そしてそれから何百万年もの時を経るまで、彼らがその大陸から脱出した形跡はない。これまで長い間、ユーラシア大陸へ移動した最初のヒトは、脳の拡大や技術の進歩など何らかのめざましい獲得があったために移動できたに違いないと考えられていた。現在ではしかし、事態はもっと不透明だ。なぜならアフリカから初めて拡散して行ったのは一八〇万年前か、あるいはそれより前で、きわめて古い考古学的状況で起きたと思われるからである。

黒海とカスピ海の間に位置するジョージア（旧称グルジア）の中世の街ドマニシの廃墟は、だれも初期のヒト科の化石を探そうとは思わないような場所である。アフリカの大地溝帯にあるレアーケーキのような堆積層やむき出しになって日に焼けた地層の露頭とは大きく異なり、ドマニシは青々とした景観の黒い玄武岩の断崖の上にあり、古代に貿易ルートとして栄えた二つの川が合流する谷を見下ろしている。その環境だけでも化石の発掘現場としてはこのうえなくすばらしい部類に入る。一五世紀にトルクメン人部隊の侵略によって広範囲に略奪されて終わったその長い争いの歴史の後かつて活気に満ちていた街は廃墟と化した。何百年もの間、放置されたこと以外に変化のなかったドマニシは、中世のシルクロードから枝分かれした道筋での暮らしをより深く理解したい二〇世紀の考古学者にすばらしい機会を与えた。住居跡の発掘から、古代の街の住民が家の下に穀物を保存する円形の穴を掘っていたことが判明したが、一九八三年になって、そうした地下室の一つの壁から思いがけない化石哺乳類の骨が発見されたのだ。実は、街は土台となる玄武岩の上に薄く積もった堆積層の上に築かれていた。そうした柔らかい岩から最初に見つかった化石はサイの歯で、前期更新世に特有の種に属することがわかった。突如として、街そのものよりも、その下にある大地がより大きな関心の的になった。

それから間もなくして粗雑な石器が見つかり、一九九一年には最初のドマニシのヒトが出土した。その下顎の骨の一部には、きれいに保存された歯が残っていた。一九九五年に公表されると、この標本は広範囲にホモ・エレクトスと比較されることになった。その結果、東アフリカの標本と最もよく似ていると思われ、またすぐ近くで出土した哺乳動物の化石もほぼ同時代のものと考えられた。後にそれは、下層の玄武岩の年代が一八〇万年前のものと測定されたことで裏づけられたが、同時に地質解析によって、浸食されていない玄武岩の表面は溶岩の噴出後すぐに化石の含まれている堆積物に覆われて保護されていたことが明らかになった。二〇〇〇年と二〇〇二年にドマニシの古い年代が証明される直前、かなり初期（一八〇万年前から一六〇万年前）にホモ・エレクトスが東アジアにいたことを示唆する年代が、ジャワから発表されていた。それらの観察結果を合わせると、ヒトのアフリカからの脱出は、アフリカに新しい体形のヒトが出現したほぼすぐ後に始まったということに議論の余地はなくなった。そしてそれは、それまでだれもが考えていた年代よりもはるかに古い時代だった。

二〇〇四年までに、四個体のヒトの頭蓋と、非常に大きなもの一つを含む三個体分の下顎骨がドマニシの堆積層から発掘された。それらは――それ以前に発見されていた頭蓋と同一個体と報告されている大きな下顎骨を含めると特に――多様な個体の寄せ集めだったが、堆積層で互いに非常に近い場所に固まって発見されたことから、ほとんどの観察者はそれらがみな同じ種のものである公算が大きいと解釈した。巨大な下顎骨は二〇〇二年にホモ・ゲオルギクスという名を与えられたが、ドマニシのチームはその後、すべての化石はホモ・エレクトスに属するという見解に戻って、実質的に分類学的な最終判断を先送りしている。

ドマニシの化石は雑多ではあるが、実際のところきわめて特徴的だ。すべてに共通しているのは、脳が小さいということである。頭蓋の脳容量は六〇〇から七七五ccにわたり（主にその下方の範囲に集まっている）、トゥルカナ・ボーイと比べて著しく脳が小さいが、体格もまた小さい。頭蓋の一つと同一個体とされる青年期の個体を含む二体の部分骨格からは、このヒト科がケニアの類縁と比べて小柄であったことがわかったのだ。したがって相対的に見れば、脳はそれほど小さくはないということになる。個体の長骨をもとに推定される身長はかなり低く、およそ一四七から一五七センチメートルと算出されたが、骨の形態は主要な要素が解剖学的にアウストラロピテクスよりもトゥルカナ・ボーイによく似ており、現代的な体型を強く思い起こさせるものと言われている。

ドマニシのヒト化石のそばで見つかった石器は、東アフリカの同時代のホモ・エルガステルが用いていたものに似ていた。それは単純なゴツゴツした石核とそこから打ち剝がされた鋭い剝片で、ごく初期の石器とほとんど見分けがつかない。まさしく有用で、融通が利き、耐久性のある技術であり――このような原始的な道具はその後一〇〇万年も作られ続けた――、このドマニシの発見から、ヒト科が初めてアフリカから外へ移動できたのは技術が進歩したからではないということが裏づけられた。脳の容積の証拠を額面どおりに受け取るならば、この石器を作ったヒト科はアフリカの先行者と比べて賢いとは言えない。したがって、アフリカからの脱出を可能にした要素から技術と脳の拡大を除外すると、明らかに違いを生んだのはヒト科の体型の大きな変化ということになる。それには環境の変化もかかわったかもしれない。全般的に乾燥化した気候が、新しい人類に適した生息環境の拡大に拍車をかけた可能性がある。ほぼ同じ時期にアフリカからユーラシアへほかのいくつもの哺乳動物の種が拡散していることから、環境の変化は親大陸と同様にアジア南西部でも進行していたことが示唆される。いずれにしても、この新しい人類の順応性が著しく高かったことは間違いない。たとえばレヴァントと呼ばれるその地域に生息していた哺乳類の種類から判断すると、シナイ半島を経てアフリカ北東部とユーラシアを結ぶ地中海の東端にあたるその地域は当時、主に地中海性の森林に覆われていた。その環境は熱帯のアフリカのものとは明らかに異なることから、この新しいヒトは幅広い環境に対応できたに違いないと考えられる。

ドマニシの古環境については、花粉の調査から、ヒトが初めてその地を支配する直前まで、ジョージア南部は森林と草原の混在する豊かな環境を支える暖かく湿潤な気候だったことがわかる。ところが実際にヒトがそこへ現れるころには、冷涼で乾燥した傾向に転じていて、草原が広がり、多湿な森林は湿気の少ない乾燥した景観へと姿を変えつつあった。ヒトにとっては、祖先が故郷のアフリカで享受していた植物性の食物が手に入りにくい環境となっていただろう。しかしドマニシにはまた、草食動物の大きな群れを含む幅広い哺乳動物群のいた証拠があるため、彼らは何らかの形でそれを利用したに違いない。叩き切られて切り傷のつけられた動物の骨がそれを物語っている。

ドマニシにたどり着いた人類が直面した新しい状況では、湿度はもちろん気温でもはっきりとした季節変動があった。その変動は一年のうちでも時期によって手に入れられる資源を大きく変えただろう。これは簡単に対応できる環境変化ではなく、一般的な霊長目の種ではほぼ間違いなくうまく対処することができなかったに違いない。これによってドマニシのヒトは、丈夫で適応力のある雑食性の生き物であり、急速に変化する状況に対処できる能力を備えていたという全体像がよりはっきりする。明らかに初期人類がユーラシアで成功するための秘訣は、今も昔も変わることなく、アフリカの祖先の特徴でもあった類い稀な行動の柔軟性だったのだ。

ドマニシで特に驚くべきことは、そこで見つかった四番目のヒトの頭蓋の発見であった。D3444として知られるその頭蓋は、年老いた個体のもので、男性だと考えられ、一本を残してすべての歯を失っていた。歯の持ち主が死んだ後で歯の無くなった化石頭蓋が見つかることは珍しくないが、D3444の場合は失われた歯は死亡するかなり前に脱落していた。ほとんど歯の無い彼の歯槽はすでに縮んで消失しており、その過程には数年間もたっていたと考えられる。彼とその仲間が主に肉に頼って食生活を営んでいたとすると、特にこの年老いた男性は食べ物を噛むのに大変に苦労したはずだ。ドマニシの発掘チームは、社会集団にいる他者の助けがなければ、おそらくこの男性は飢え死にしていただろうと考えている（最も、石核の一つで肉を柔らかくするために自分で肉を叩いていた可能性は考えられる）。それでも、このきわめて恵まれない個体が長期にわたる仲間の思いやりで救われていたとする主張は、全体的に見て、一つの可能性にすぎない。チンパンジーは、ドマニシの

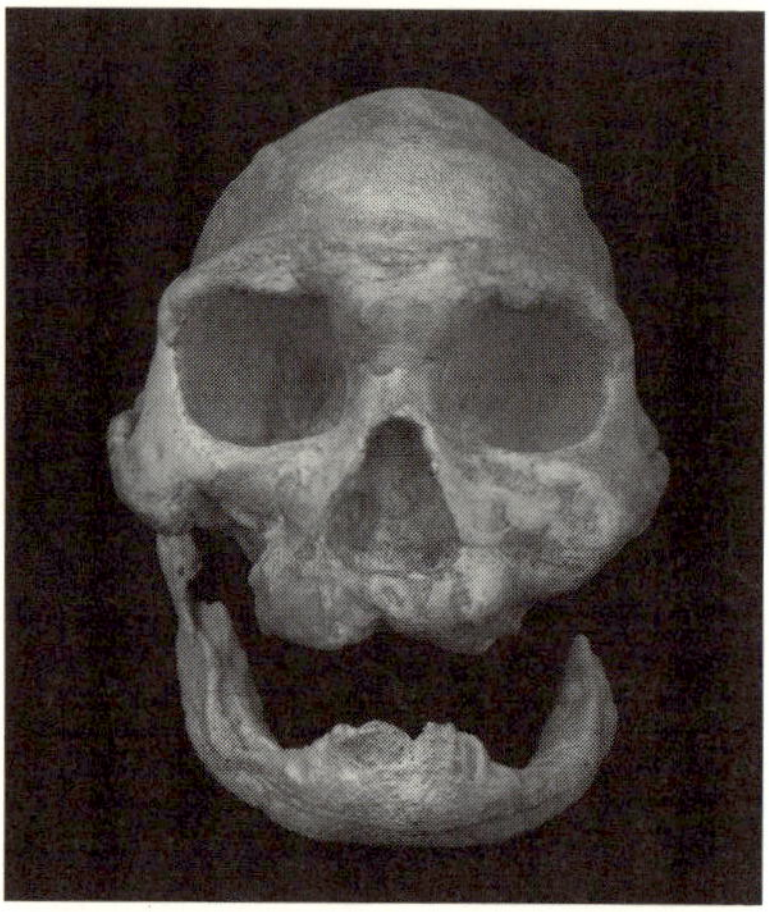

ドマニシ（D3444／D3900）で出土した歯の無いヒトの頭蓋前面。およそ180万年前。おそらく男性と思われるこの年老いた個体は死亡するかなり前から1本を残してすべての歯を失っていた。生き延びるためにはほかの個体の大きな助けが必要だったのではないかと考えられている。したがって、かなり複雑な社会環境が示唆される。化石写真：ジェニファー・ステフィ。

ヒト科が食べていたと思われる食物よりずっと柔らかい物を食べるとはいえ、たまに歯が無くても長く生きることがある。

D３４４４は、大きなハンディキャップを持ちながらどうにか長期間生き延びることができた古代のヒト科としては、最古例である。実際、不利な（頭蓋と脳の奇形を持っていた）個体のその次に古い例は、これより一〇〇万年も後の時代にしかない。ドマニシの年老いた男性が身体的な障害を少なくとも部分的にどうやら文化的な手法で補うことができたという考えは、おぼろげではあるけれども彼らが認知的複合性を持っていたことを強く示唆している。さらにドマニシの研究者の推測が正しければ、D３４４４はヒト科の記録の中で最初の社会的な配慮を受けた例にもなる。この種の人間的な共感の証拠がたくさん出てくるのは、もっと後の時代になってからだが、古い時代の考古記録がまばらにしかない実態を考えれば、さほど驚くことではないのかもしれない。何よりも思いやりのある行動が、その正反対の行動とともに人間の心の奥底にしっかりと根づいていることは明らかであり、そうした表現の深いルーツは、チンパンジーが時折見せる、傷ついたり虐げられたりした仲間を慰める行動に垣間見ることができるのかもしれない。しかしながら類人猿には、援助を実行するための技術的な能力が著しく欠けている。ドマニシのヒト科には物質的支援という形で仲間意識を表現する認知的予備力、つまり知恵の蓄えがあったと結論づけることはまったく合理的だろう。ヒト科がユーラシアに初めて足を踏み入れた時、彼らは紛れもなくすでに多くの才覚と複雑さはもちろんのこと、共感をも備えた生き物だったのだ。

そのころ、アフリカでは……

ヒトが古くから続いてきた生活様式を携えて旧世界の他地域へ広がるのに忙しかった間、もとの大陸に残った集団は、ずっと傍観していたわけではなかった、少なくとも技術面では。ユーラシアと同様に、古い生活様式は続いていた――現在もそうだが、技術というものはどんな時でも時期が重なるものだ――が、アフリカ（と最近ではインド）の考古学者によって、およそ一五〇万年前に石器がまったく新しい構想で作られていた証拠がたびたび拾い上げられるようになった。一〇〇万年間、そしておそらくはもう少し長い間、石の道具を作る中心的な発想は、使用に適した縁の鋭い小さな剝片を生み出すことだった。その剝片、あるいはそれが切り出される元となる石核がどのような外観をしているかということは関係なかった。美意識はごく初歩的な概念でさえ存在していなかった。石器作りの構想はまったく機能的なものだった。切断用の刃を得る、それだけだ。

ところがホモ・エルガステルが登場してから間もなく、「ハンドアックス（握斧）」として知られる石器が出現してそれが劇的に変化した。この石器は、最初に発見されたフランスの遺跡サンタシュール（St. Acheul）にちなんで「アシュール」文化として知られる文化の象徴となっている。しかしながらこのハンドアックスは、五〇万年には届かないくらいの比較的新しい時代のものであるのに対して、現在までに発見された、この種の石器の最古の例は

フランスのサンタシュール遺跡で出土した「クリーバー」（左）と「ハンドアックス」。アシュール石器群は、その遺跡から命名された。写真：ウィラード・ウィットソン。

ケニアの遺跡で見つかったおよそ一七八万年前のものである。それほど古い時代では、ハンドアックスはやや粗雑な作りで、またきわめて少ない。頻繁に出土するようになるのは、その数十万年後の考古遺跡からである。

ハンドアックスはその前身よりもかなり大きい石器であり、石器とは何かということに対して新しい概念が取り込まれている。ハンドアックスを作るにあたっては、「石核」(後の時代になるとそれ自体が大きな剝片で製作される)の両面がていねいな加撃で調整され、平らで左右対称な涙滴形に成型される。たいていは二〇~二三センチメートルくらいの大きさだが、場合によってはそれより著しく大きいこともある。こうした道具は先が尖っていることもあり、その場合には「ピック」、また先端がまっすぐな刃になるように加工されている場合には「クリーバー」と呼ばれる。しかしながらハンドアックスの基本的な涙滴形の形は同じで、そうした道具がアフリカ大陸全体で、そして最終的にはその外でも大量に作られた。

ハンドアックスは、きわめて長い間、作られ続けた石器であることがわかっている。いくらかの改良が加えられたとは言え、一〇〇万年を超える長期間、その構想には少しの変化もなかった。実際この道具は明らかに多目的に利用できることから「旧石器時代のスイスアーミーナイフ」というあだ名がついている。どのように使用されるとハンドアックスの摩耗が出来るかという実験から、それが木の枝を切る、肉を薄く切る、皮をこするなど多様な作業に用いられたことが判明している。またその製作者の生活環境が湿潤から乾燥へ、そしてまた湿潤へと、時に短期間の間に大きく変化した中でも、ハンドアックスの形が安定していたことから、これがいかに多目的な道具だったかがよくわかる。

オルドワン石器の剝片を作るためには、剝離される石を選ぶうえでかなり高度な考え方が必要だった。粗粒性の石材はどちらかといえば鋭利な刃を作るためには適しておらず、使用にも耐えられない。火山ガラス（黒曜石）、フリント、チャート、細粒性の溶岩などであれば目的を達成できるため、極力そうした石材が慎重に選ばれていた。最古の石器製作者は一見して石器に適した石を見分けていた。またすでに述べたように、必要な時に手に入らない場合を見越して長距離を運んで歩くことが多かった。しかしながらハンドアックスを作った者は、オルドワン石器の製作者よりもさらに複雑な状況に直面した。一定の形の石器を作るためには、適切な種類の石であるだけでなく、期待どおりの剝がれ方を妨げるようなひびや割れ目のない石でなければならない。したがってその製作者は、石を剝離し始める前に、完成品の形を「見通す」のみならず、石核そのものがこれから行う複雑な手順に耐えうるほど十分に均質なものであるかどうかを見きわめなければならなかった。明らかにこれは、アシュール文化期の精神的な能力を考えるうえで、不確かではあるけれども重大な意味を持つ。

　すでに述べたが、ハンドアックスを作るといった画期的な技術革新の認知的背景を理解しようとする場合に何よりも克服しがたい問題の一つは、私たち現代人には自分たち以外の生き物が持っている意識の状態を想像することが実質的に不可能だということである。いくらそうしたいと願って努力しても、私たちは絶対に自分を祖先の認知状態に置くことはできない。なぜなら初期人類の認知体系は単純に私たちのそれを縮小したものでは明らかにないからである。したがって私たちの知能指数の等級をいくつか下げたからといって、私たちは初期のハンドアックスの製作者の状態にはなれない。またアシュール型石器の道具製作者は、（脳が小さいため）頭の悪い現代人と同じだと単純に考えると、明らかに誤った方向へと進んでしまう。実際、もし本当にそうだったら、ほぼ間違いなく彼らは生きていくために相当な苦労をしたことだろう。現代人のしているような仕事をするには、私たちの持っているような特殊な知性が求められる。そして環境からの刺激を処理する現代人の象徴化の方法は、ごく最近になって獲得されたものだと考えられる。初期のハンドアックス製作者が主観的に体験する世界と、その世界から入ってくる情報の扱い方は、私たちのものとは質的に大きく異なっていたことに疑問の余地はない。

どうしても推測には限りがあるが、ハンドアックスの発明は最初の石器を作った二足歩行の類人猿と比べて何らかの認知的な飛躍があったことを表している——あるいは少なくとも反映している——という結論は避けられない。ハンドアックスの製作者がやったように、一定のルールにしたがって一定の形状の石器を作るということは、何が良くて何が適切なのかという共通認識にしたがっていたことを暗に示している。それはまた時に、「原人」と「人間」の行動の境界線だと考えられている。しかしながら、当該のヒト科の頭の中で実際に起きていたことという点で、ここで言う認知的な変化とはいったい何を意味するのだろう? 世界を理解して対処する彼らなりの方法という意味では何を反映しているのだろう? 残念ながら、答えを示す考古記録は何もない。

実際に何が起きていたかということは、ほかのいくつかの要因によってもいちだんとわかりにくくなっている。一例を挙げると、ハンドアックスの発明はホモ・エルガステルが出現してから起きたように見える。これは実際には驚くほどのことではない。なぜなら、第五章で述べたように、この認知段階の最大のヒントとなる技術の進歩は、何よりもほかのどこにも発生しようがないという理由から、ヒト科の一つの種の中で生じたはずだからである。どう考えても、石の塊から特定の実現可能な涙滴形の石器の形を思い描くような知的な石器デザインは、ハンドアックス製作者が実際にそれを作り始める前に彼らの実際の脳の中に存在していたはずだ。それでもなお、この新技術を発見した者の正体はなおあいまいなままである。ホモ・エルガステル（包括的なホモ属であるホモ・エレクトスはもちろん）に漠然と分類されているヒト科の化石には、複数の固有な種が含まれている可能性があるというだけでも不明確さの十分な理由となるが、もし本当にそうなら、だれが何をしていたのかはまったくわからないということになる。現在の知識では、単に一七〇万年より前にアフリカ大陸にいた早期ホモ属の中に、技術革新の精神が芽生えたことがはっきりしているだけである。そして、石器技術の進歩の過程に複数のヒト科の「段階」がかかわった証拠がないことを考えれば、このことこそが頭に入れておくべき最も重要なことだろう。

「段階」の移行の詳細が何であれ、ハンドアックスを発明するもとになった脳神経の潜在的可能性の開花が、アシュール文化人の生活のほかの側面に実際にどのような影響を与えたかということは謎のままである。なぜならハンドアックスが発見された場所はたくさんあるけれども、そこで行われていたと考えられる活動は、少なくとも初期においては、石器という点においてそれよりも古い遺跡で記録されたものと大して変わらないためだ。ただし、一つだけ例外がある。アシュール文化以前の石器製作者は通常、動物を解体するキルサイトで必要に応じて石器を作っていた。その場で作るために持って歩ける石の量が少ないことから、一カ所で発見される石器の数はあまり多くない。それに比べてハンドアックスは、製作に適した石が近隣で豊富に採れる「工房」のような場所で大量に作られた場合が多い。おそらくそうした場所の中で最も有名なのは、ケニアのオロガサリエだろう。そこでは古代景観の狭い範囲に一〇〇万年前の石器が文字どおり数千個も散らばって発見されたのだ。石器がこれだけ集中していると、そこでの生活様式は、最古のホモ・エルガステルを含むオルドワン石器製作者のものとはまったく異なっていたと考えられる。こうした集団では社会経済的役割がある程度まで特化していたことさえもが強く示唆される。

議論の余地はおおいにあるが、異常とも言える量のハンドアックスが残されている場所では儀式的な集会が行われていた可能性があり、少なくとも一部の石器には純粋な道具としての機能だけではなく社会的な機能もあったのではないかとも言われている。これは推測にすぎないが、タンザニアのイシミラなどの遺跡で目を見張るほど大きなハンドアックスが発見されたことを考えると、その結論もまんざらではないかもしれない。イシミラの石器は日常の作業に用いるには大きすぎ、また重すぎて、むしろ儀式に用いられたのではないかとの推測を生んでいる。その推理には私たち自身の人間らしさが詰め込まれすぎているかもしれないが、そうした石器が遊び心で作られた、あるいはひょっとすると大きな社会的集まりで見せびらかすための競争の精神から生まれた可能性は十分ある。そのような解釈を考えると、アシュール文化の生活様式を伝えるほかの証拠があまりにも少ないことがいちだんと歯がゆく感じられる。アシュール文化は時とともにいっそう複雑になってきた可能性が高い。なお、イシミラはかなり後期の遺跡である。

オロガサリエではまた、初期のハンドアックスを実際に作っていたと考えられる、現時点では最有力の候補者が見つかっている。石器が豊富に見つかった場所からそれほど遠くないところにある同一層位の地層から、かなり小柄な――トゥルカナ・ボーイよりはるかに小さい――個体の化石の一部が発見された。遺跡の発掘調査者はそれが石器製作者が属した個体群の一員かもしれないと考えている。この化石はホモ・エレクトスの標本と説明されているが、実際には形態からではなく年代的な理由が大きい。頭蓋の破片はジャワの模式標本とは似ても似つかないが、その意味ではトゥルカナ・ボーイとも似ていない。それでも現在の基準では、それをホモ属の初期の仲間に分類することにまったく問題はない。推定では脳の大きさは八〇〇cc以下と考えられ、その小さめの数字はやはり、個体が小柄であることを考えれば特に、ホモ・エレクトスならびにホモ・エルガステルの範囲内に収まる。

脳とその大きさ

ホモ・エルガステルならびにホモ・エレクトスにおいて初めて、私たちはヒト科の歴史で脳の著しい拡大例に遭遇したわけだが、実はこの問題は飛び抜けて重要である。これまで化石ヒト科の脳のサイズは大きな注目を集めてきた。ずいぶんと前から、大きな脳は私たち人間の自慢の（少なくともほかの動物と人間を隔てる）組織であることにくわえて、化石の脳頭蓋が計測あるいは推測できるほど良好な保存状態である場合に限られるけれども脳の容量は容易に数量化できることがその理由である。過去二〇〇万年のヒト科の脳の大きさについて興味深いのは、疑いの余地なく、時間の経過とともに明らかな拡大傾向を示していることである。アウストラロピテクス類が生存していた長い間、脳の大きさはほぼ一定だった。最後のアウストラロピテクスも結局は最初の同属よりわずかに脳が大きかっただけのようである。体の大きさの変化を反映させなくても、その差は考慮に値しないほど小さい。ところがホモ属が出現すると、それが一変した。平均してホモ属の化石では、年代が後になればなるほど、脳が大きくなる傾向にある。これは本当に重要なことである。私たちが頭の中で情報を処理する方法は、現代人を地球上のほかの生き物とはっきりと区別するものであり、たとえ大きさだけがすべてではないとしても、私たちの認知能力はまさしくその大きな脳に依存しているからだ。

だから脳の大きさが、ヒトの進化の重要な要素であることは疑いようもない。しかし、その解釈には注意を要する。とりわけ進化総合説の漸進論のもと、古人類学者はしばしば単純に、脳の拡大を点と点をつないで一本の連続した線にしようとしがちだ。二〇〇万年前、私たちの祖先の脳は基本的に類人猿の大きさだった。その一〇〇万年後、容量は二倍になった。そして現在、脳はさらにその二倍になっている。より賢い個体が繁殖で勝ってきたということほど、動かしようのない傾向を示すにふさわしいものがあるだろうか？　今思えば、すばらしく磨きのかかった現在の種に対する褒め言葉としてこれ以上のものがあるだろうか？　そう考えると、これはまさしく古人類学者を自己満足させる究極の解釈なのである。

しかしながら、脳の大きさを捉える方法はほかにもある。たとえばまず、化石ヒト科の頭蓋は望ましいほどまでの数はないが、それでもいつの時代においても脳の大きさは多様だったとわかるほどにはたくさんある。アウストラロピテクス類は、およそ四〇〇～五五〇ｃｃのかなり狭い範囲に収まる。およそ二〇〇万年前以降の早期ホモ属の種では、六〇〇～八五〇ｃｃほどの範囲だ。そして五〇万年前頃を目安に、その幅はおよそ七二五～一二〇〇ｃｃにまで広がった。

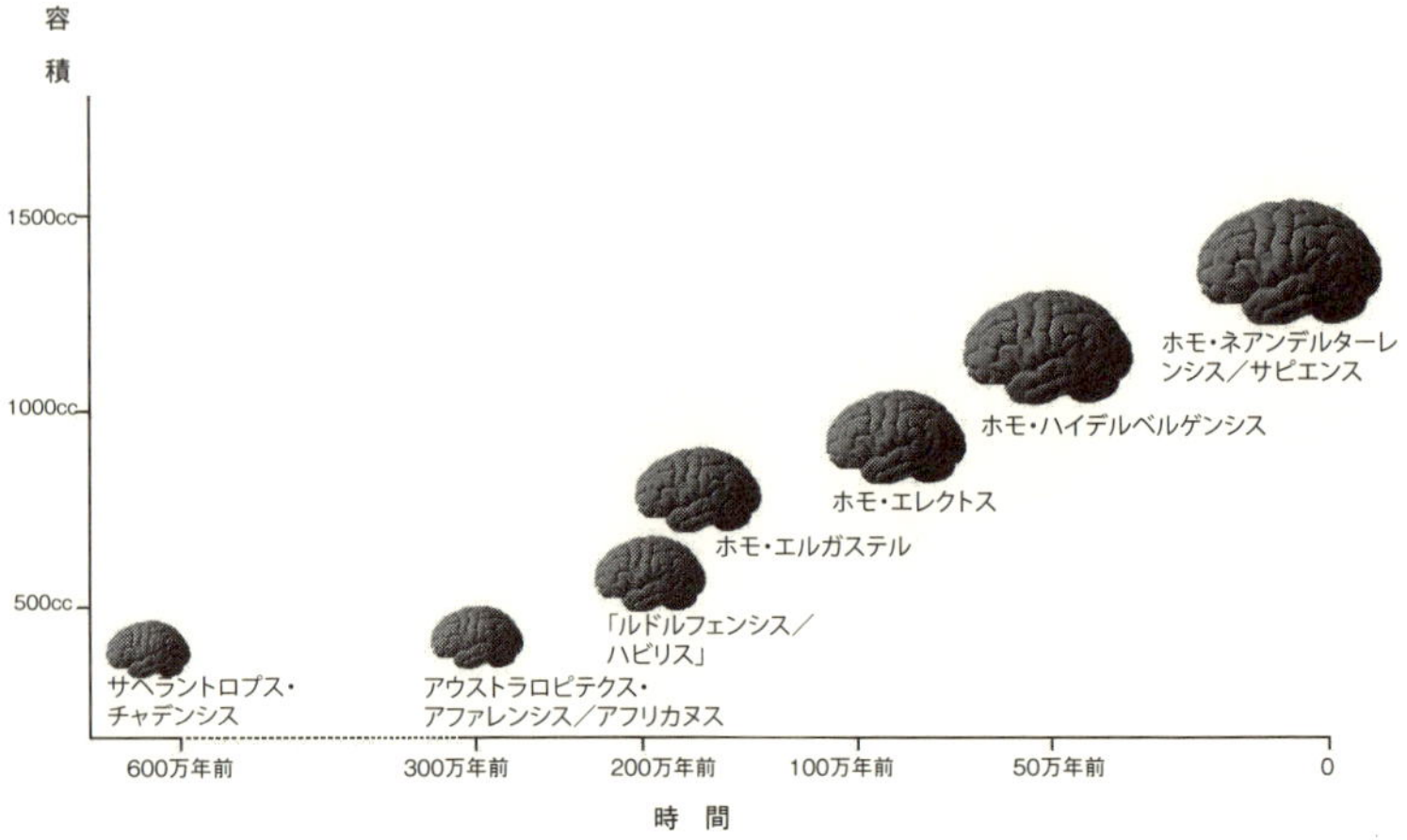

年代の経過と平均的なヒト科の脳の大きさのおおまかな図表。ヒト科の脳は過去200万年にわたって一貫して大きくなってきたことが示されているように見える。しかし、この脳の容量はホモ属の異なる系統のものがどれほど混ざっているかわからないような状況下での平均であり、また、この図に実際に反映されているのは、一つの系統内で脳サイズが着実に増加したことではなく、この年月の間に大きな脳を持つヒト科の種が優先的に生き残ったことである可能性が高いことに留意されたい。図：ジゼル・ガルシア。

また無視されがちな形態学的な多様性も、実はきわめて印象的である。たとえばおおまかに一〇〇万年前頃と年代を推定された、東アフリカの四つの頭蓋を例に挙げよう。オロガサリエの小柄な個体（脳の容量は八〇〇ｃｃに届かないと考えられる）、エチオピアのブイアで発見された頭蓋（七五〇～八〇〇ｃｃ）、エチオピアのダカの頭蓋冠（九九五ｃｃ）、そしてオルドゥヴァイ峡谷第Ⅱ層の脳頭蓋（一〇六七ｃｃ）はすべてホモ・エレクトスに分類されているが、いずれも同じ種のジャワの模式標本からだけではなく、互いにも明らかに異なって見える。そこにはホモ・エレクトス、あるいはホモ・エルガステルまでを含む、単純な包括分類方法では表せないような何かが確かにある。その四つの標本はトゥルカナ・ボーイにもあまり似ていないのだ。

証拠と伝統の間に葛藤をもたらす矛盾した考え方の典型例は、数年前にあった。トゥルカナ湖盆で調査を続けていたチームが、湖の東側にあるイレレトで見つかった二点の新しいヒト科化石について報告を行った事例だ。一つは約一五五万年前の華奢な造りの頭蓋（六九一ｃｃ）で、ジャワの模式標本の形態学的な特徴は何一つあてはまらなかったにもかかわらず、ホモ・エレクトスに分類された。もう一つは、おそらくそれより一〇万年ほど後の時代のものと思われる上顎の一部で、ホモ・ハビリスに分類された。研究者らは、この発見はトゥルカナ湖盆で同時期に少なくとも二系列の異なるホモ属がいたことを示すものであり、その時期のヒト科の多様性を強調した。だが頭蓋をホモ・エレクトスに分類するということは、ただ一つのヒト科の系統が世界に広がって変異し、徐々に進化した、その中間の段階としてホモ・エレクトスを捉える観点からしか論理的に成り立たない——結局、表向きは打ち崩そうと願っているその構造を受け入れてしまっているのである。

むろん現代人の脳の容量が一〇〇〇～二〇〇〇ｃｃの範囲に広がっていることを考えれば、過去においても脳の大きさの多様性だけを取り上げて、ヒトの単一の系統が変化して時間の経過とともに一貫して脳の量を増やしてきたという考え方を否定することは難しい。けれども、少なくともそうした脳を入れる頭蓋の形態に見られる著しい差異には大きな意味がある。もし複数の種——残念ながら脳の大きさと地質学的な年代がまだ知られていない種——が過去に本当に存在していたのであれば、過去二〇〇万年の間の脳の拡大傾向は、脳が大きい、したがって賢い個体の方が繁殖に成功しやすかっためであることはもちろん、脳の大きな種が生態系内の競争で成功を収めたためである可能性も高くなる。

脳の大きい種が常に勝利を収めたという説は、ヒトの脳の拡大を促す力は本質的に生態学的なもので、種そのものとは無関係であることを示唆していると受け取れなくもない。それでもホモ属の仲間が、どういうわけか一貫して脳が大きくなる傾向にあったことを示す重要な観察結果がある。ホモ属の中で少なくとも三つの系統で別々に、脳の拡大が起きているのだ。一五〇万年以上前から一〇〇万年前に届かないくらいの年代と判断されている、ジャワ島で見つかった最古のホモ・エレクトスは、脳の容量がおよそ八〇〇ccから一〇〇〇ccを若干上回るくらいの範囲に広がっている。それより新しい時代のジャワのホモ・エレクトス群は年代の推定が不十分だが、およそ二五万年前くらいの集団と考えられ、脳は九一七〜一〇三五ccである。すべてのホモ・エレクトスの中で最も新しいジャワのホモ・エレクトスはわずか四万年前頃と考えられるが、脳は一〇一三〜一二五一ccにわたっている。同様に、ホモ・サピエンスとホモ・ネアンデルターレンシスは五〇万年前より昔に、もっと脳の小さい共通の祖先から分岐し、それぞれ別々により大きな脳を手に入れた。だからスペインで発見された、ネアンデルタール人の前兆となる六〇万年前の化石の一群は、脳の容量が後世のネアンデルタール人の平均一四八七ccに対して一一二五〜一三九〇ccほどしかなかった。

ホモ・エレクトスが熱帯性の東アジア、ネアンデルタール人が氷河時代ヨーロッパ、そしてホモ・サピエンスの先行者がアフリカに生息していたことを考えると、この三つの系統でそれぞれ別々に脳が拡大したという傾向に、共通の環境要因は見つけにくい。なぜかはわからないが、ホモ属はその進化のごく初期に、脳が拡大に向かう基礎をなすような、何らかの生物学的あるいは文化的性質を得たに違いない。私たちが現在のような並はずれた認知能力を有する存在となった様子を完全に解明しようとするならば、その要因を明らかにすることは重要である。ただし後に述べるが、大きな脳は明らかに独特な現代人の認知様式の必要条件ではあるけれども、それだけでは不十分だ。

それでも、そうした傾向があるにもかかわらず、ホモ属の脳の拡大は必然ではなかったのだ。インドネシアのフローレス島にあるリヤン・ブア洞窟で近年発見された驚くべき小人「ホビット」は、否が応でもそれを思い知らせてくれる。専門家がホモ・フロレシエンシスと名付けているその驚くべきヒト科の中で最も保存の良好な標本は、LB1と命名されたきわめて小さな個体の骨格である。生前、LB1は身長が一メートルほどしかなく、二足動物ではあるが、かなり異常な身体プロポーションを持っていた。小さな脳頭蓋に入っていたLB1の脳の大きさはおそらく三八〇ccほどしかなく、既知のアウストラロピテクスの脳の中で最も小さいルーシーのものよりさらに小さかった。おそらく何よりも奇妙なのは、この個体がわずか一万八〇〇〇年前に生きていたことだろう［訳注：あとがきでも触れるが、二〇一六年に「新しくても五万年前」に改訂された］。

予想どおり、まったく思いがけないホビットの発表は大量の異論で迎え撃たれた。LB1を発表した科学者は、それがはるか昔にフローレス島にたどり着いたホモ・エレクトスの個体群の小型化した子孫ではないかと考えた。それ自体はあり得ないことではない。フローレス島のような隔離された小さな島で哺乳類や爬虫類が小型化すること、すなわち「島嶼矮小化」することは珍しくなく、実際、LB1が出土した同じ洞窟の堆積層からは小さなゾウの骨も見つかっている。けれども、LB1の解剖学的構造にはホモ・エレクトスとの類似点はほとんどなく、ホモ・エレクトスの脳が全般的にそれほど大きくなかったことを考慮しても、ＬＢ１の脳は通常の矮小化過程から推測される大きさよりもはるかに小さい。いくつもの異なる学界の権威が代案として、ＬＢ１は現代人の病的な異常個体ではないかと述べたが、提案されたいかなる病状もうまくあてはまらない。この標本について多くのことがわかるにつれて、ＬＢ１とその仲間は、最終的にきわめて古い時代にアフリカからやってきた移住者の子孫である可能性が高まっているように思われる。彼らに残っている古代の特徴から、その移住者が何者であったのかはいずれ明らかになるかもしれない。一方、ＬＢ１が教えてくれるのは――彼らをホモ属に分類することが適切であるとすればの話だが――、この特殊な事例に本当にある程度の島嶼矮小化がかかわっているかどうかは別として、拡大化パターンだけを見れば、ホモ属の仲間の間で、年代と脳の拡大は必ずしも同義語ではないということである［訳注：原著者が本書を執筆した以後の研究で、ホモ・フロレシエンシスについては多くの改定事項が提出された。それについても、あとがきで触れる］。

第八章　世界に広がった最初のヒト

一〇〇万年前頃の化石ヒト科の系統図はあまりはっきりしない。新種人類の出現の中心だったアフリカの関連化石がこの頃のものはごくわずかしかなく、また広範囲に散らばっているためだ。けれども、旧世界中に広がった最初のヒトの種、ホモ・ハイデルベルゲンシスの最古の形跡がある六〇万年前頃には格段にはっきりしてくる。この種は、ドイツの都市ハイデルベルク近郊にあるマウエルの砂利採取場で一九〇八年に発見された下顎骨が初出だが、この化石は最近になってようやく六〇万九〇〇〇年前のものと判定された。マウエルの下顎だけでは何とも判断のしようがないが、幸いなことにこれは、ピレネー山脈のフランス側にあるアラゴ洞窟で発見された化石標本の下顎とよく似ている。アラゴではおよそ四〇万年前のものである顔面と、それと結びつく脳頭蓋破片の骨が残っていた。その頭蓋の大部分が存在しているために、エチオピアのボドで見つかった六〇万年前の頭蓋の一部、ザンビアのカブウェ、ギリシャのペトラロナ、中国の大茘と金牛山の頭骨、くわえてアフリカやその他の地域の不完全な標本はみな、ホモ・ハイデルベルゲンシス、あるいはそれに近いものと確信をもって分類できる。こうした化石の年代推定はみな不十分だが、いずれも五〇万年前頃から二〇万年弱前の間の広い範囲に入るようである。それと同じくらい残念なことに、体の骨格の骨がほとんどないため（中国の金牛山の標本は別だが、詳細がまだ科学界に十分に公表されていない）、ホモ・ハイデルベルゲンシスの身体構造については多くは語れない。それでも、わかっている限りでは基本的に現代的なおおまかな身体的特徴に沿った体格だが、私たちと異なってがっしりとしており、様々な点で、この先で述べるネアンデルタール人の骨格の前身を思わせる。

現在わかっていることを考え合わせると、ホモ・ハイデルベルゲンシスはアフリカで誕生し、その後、ちょうど最初のヒト科の移住者とまったく同じように、アフリカ大陸からユーラシアに広がっていった可能性が高い。その起源の詳細は、寄せ集めの化石の形態学的特徴からなかなかはっきりしないが、一〇〇万年前より後ではないかと考えられている。争う余地がないのは、ホモ・ハイデルベルゲンシスの登場によって、人類が新たな適応上の領域に進出したことである。頭骨の形態においては、祖先よりも頑丈だが平坦な顔面に短い歯列、高い眼窩の隆起、一一六六ccから一三二五ccにわたる容量を持つ広々とした脳頭蓋と、この新しい種もまた、少なくとも過去を反映するのと同じくらい未来を先取りしている。脳の大きさは現代人の平均を若干下回るが、それでも現代人の脳の大きさの分布幅にすんなり収まる。

これまでに公表されたこの種の頭蓋内鋳型ではすべて、広いブローカ野が認められたと言われている。しかしそれを除くと、調査した古神経学者は期待外れなほど沈黙を保っている。ただし全般的には、現代人との違いよりもむしろ類似点の方が彼らには印象的だったようである。なお、頭蓋内鋳型には現代人の脳の左半分と右半分の間に見られるような左右対称があると言われているが、目のすぐ上に

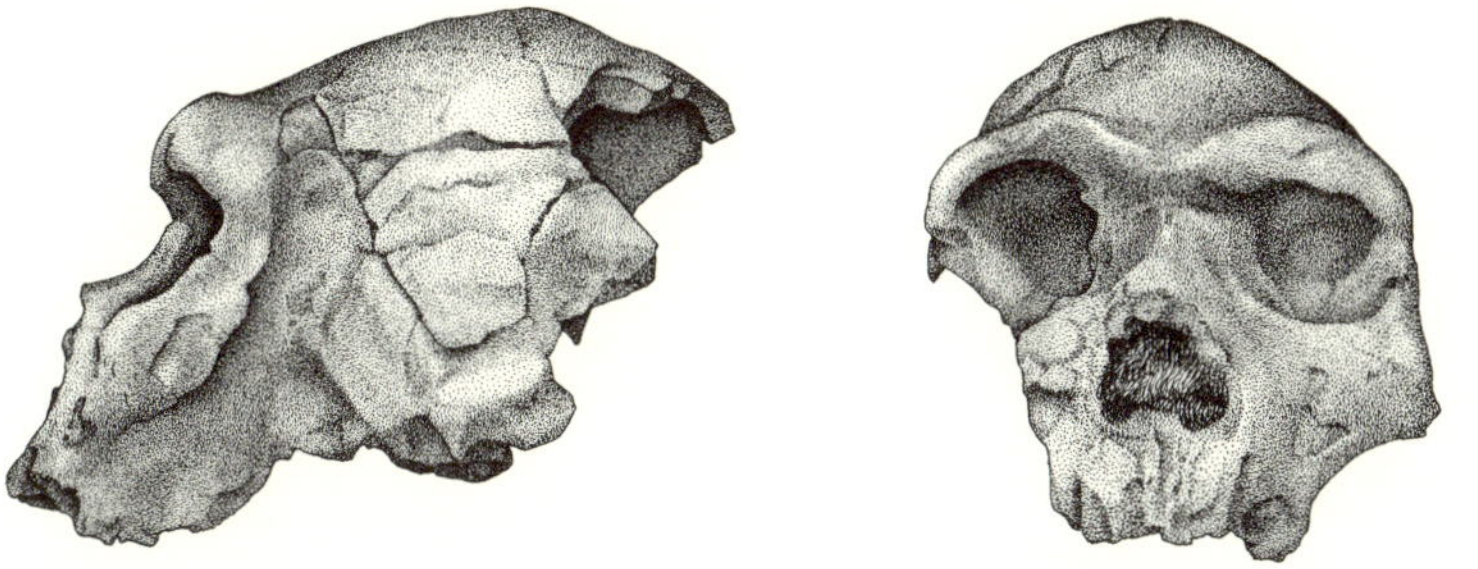

エチオピアのボドで出土したホモ・ハイデルベルゲンシスの頭蓋の一部。60万年前で、これはこの種の最古の標本の1つである。絵：ドン・マグラナガン。

ある皮質の前頭前野（ホモ・ハイデルベルゲンシスの場合は目の上にあったり後方にあったりする）は、一般にホモ・サピエンスのものと比べると幅が広くて平坦である。脳が入っている頭蓋を見ればそれがよくわかる。

現代人では、前頭前野の皮質は複雑な認知能力に欠かせない場所で、意思決定や社会的行動の表明、個性的な特徴の表現といった精神活動の重要な領域を司っている。その役割はホモ・ハイデルベルゲンシスにおいても広い意味で類似していたと結論づけてよいだろう。けれどもこの両種の前頭前野に見られる外見の違いが、厳密な機能という点でどのような意味を持つのかはまったくわからない。ホモ・ハイデルベルゲンシスではこの脳の領域が内部でどのような構成になっているのか、どのように隣接領域につながっているのかがさっぱりわからないため、なおさらである。同様に、わずかに上回るホモ・サピエンスの脳の大きさが、ホモ・ハイデルベルゲンシスの認知能力と比べてどのような精神的優位性をもたらしているのかということについても何とも言いようがない。つまりそれらすべてを考え合わせると、脳の大きさという点だけを見れば、ホモ・ハイデルベルゲンシスはその祖先よりもいくらか「知的である」と結論づけることは確かにできるが、直接観察できる形でその脳の拡大がどのように知性の発達にかかわったのかを知るすべはない。したがってここでもまた、考古記録からわかる間接的な代理指標に目を向けなければならない。

ホモ・ハイデルベルゲンシスの最古の化石標本は、考古学的な背景を欠いているか（マウエル）、かなり古代的な遺物との関連性しかない（ボド）。実際、ボドの頭蓋が回収されたエチオピアの堆積層では石器が頻繁に見つかっているが、それらはオルドワン型で、ハンドアックスがないことが目につく――ハンドアックスが発明されてから一〇〇万年も経過し、それより下層（古い層）では見つかっているにもかかわらず、である。ここでもまた、新種のヒト科の出現と技術革新の間に相関関係がないことが見てとれる。興味深いことにボドの標本には、まるで頭蓋から意図的に肉が剝ぎ取られたかのような、骨がまだ新鮮なうちにつけられた切り傷が残っている。ヒトの行為であると推察されることを除けば、それが何を意味するのかははっきりしない。傷跡が食べられる部分の少ない顔面と額にあるため、カニバリズム（食人）ではなさそうだ。けれども同時に、こうした切り傷が今日の私たちには珍しくない祭祀の証拠だと深読みすることには慎重を期するべきだろう。

幸い、ヨーロッパの多数の考古遺跡がホモ・ハイデルベルゲンシスの時代に入るため、当時のヒトの暮らしの物語をふくらませることができる。ヒトが住んでいたとりわけ興味深い場所の一つは、フランスの地中海沿岸部に位置するニース郊外のテラ・アマタである。三八万年ほど前、テラ・アマタがある段丘は古代の海岸で、少人数集団の狩猟民がくり返し戻ってきていた（残念なことに、彼ら自

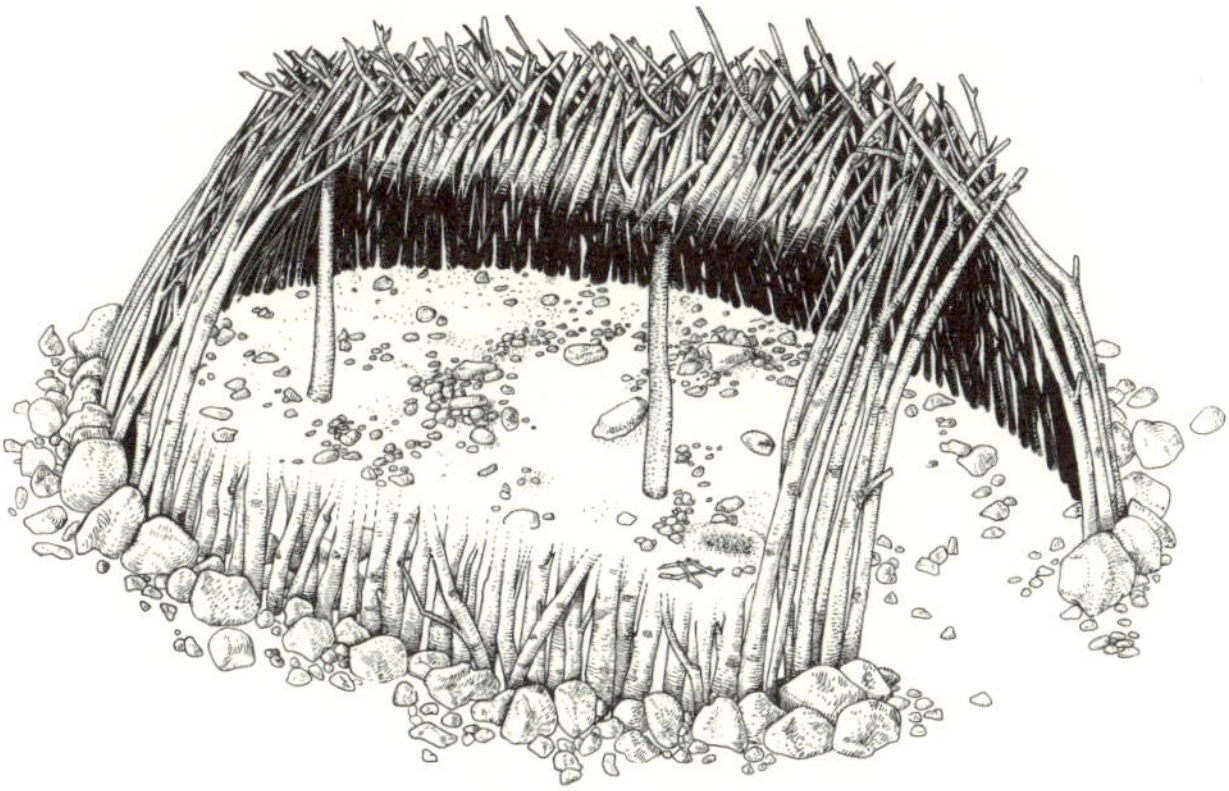

フランス、テラ・アマタで見つかった38万年ほど前の最古の小屋を復元したもの。造りを補強するために丸く並べられた石が途切れていることからわかる入り口を入ってすぐのところに、浅い炉が掘られていた。構想：アンリ・ド・ルムレ。絵：ダイアナ・サレス。

身の化石は残っていない)。そこに彼らはいくつもの大きな小屋を建てた。大きな石を楕円形に配置して、それを支えに若木を並べて地面に立て、上の先端で寄せ合っていたようである。その上を動物の皮革で覆って本物の小屋のようにしたかどうかまではわからないが、可能性はある。この構造物の中でも最も保存状態のよいものの輪郭で、並べられた石の輪に一カ所だけ空いている隙間は、出入り口だっただけでなく、内部で火をおこした時の煙を逃がすためだったと考えられる。この火は浅く掘られた炉で燃えていた。そこでは、考古学者によって黒く焦げた丸石と動物の骨の両方が発見されており、肉が焼かれていたと考えられる。テラ・アマタのこの炉はおそらく、イスラエルの例外的に古い八〇万年前の痕跡以降で最古の火を管理していた確かな証拠かもしれない。そしてこれは、考古記録に残っているヒトの行動レパートリーの定番となる火の登場を告げるものである。テラ・アマタ以降、ヒトの居住遺跡ではいちだんと炉が一般的な特徴となるからだ。

構造物の建設と日常的な火の使用は、現代的な行動パターンへと向かう重要な一歩である。しかしその一方で、テラ・アマタで見つかったたくさんの石器は驚くほど単純なものだった。両面加工のハンドアックスはなく、ほとんどの道具は単純な造りの剝片である。もしかすると道具の粗雑さはその地域の石（珪化した石灰岩の丸石）が切断用の道具の原材料に適していなかったからかもしれない。しかしテラ・アマタのヒトが、美しさに惹かれて、遠く離れた場所から赤や黄色の顔料となるかけらを運び入れていたことが大きな意味を持っているかもしれない。

同じくらい比類なき興味深い遺跡に、ドイツ北部の嫌気性泥炭湿地遺跡のシェーニンゲンがある。この特異な環境には、一〇頭の解体されたウマとたくさんの哺乳動物の骨とともに、これまでで最古の木製の道具が保存されていた――ただし（私たちにとっては）残念ながら、狩りをしたヒトの化石は見つかっていない。枯れ木はもろい素材で、数十年、よくても数百年を超えて残ることがほとんどない。木は遠い昔にヒトが素材として用いたに違いない（アウストラロピテクスも土を掘るために棒を用いていた可能性が高い）が、四〇万年ほど前の丁寧に作られた長い木槍が何本も残っていたのはほとんど奇跡に等しい。実際、それが発見されるまで、最古の木製の道具はほんの一二万五〇〇〇年前のイチイ材の槍の先端だった。これは、ドイツのレーリンゲン遺跡でストレートタスクトゾウ（パレオロキソドン・アンティクウスという絶滅ゾウ。マンモスなどと違い、牙はまっすぐである）のあばら骨から見つかったため、狩りに使われたものと考えられている。

堆積層が形成された当時のシェーニンゲンのような低温の環境では、ヒトが食べるのに適した自生植物の資源はかなり種類が限られている。その結果、高緯度でヒトが生きていくためには、食物に大量の肉の要素を取り入れる必要があったのではないかと考えられる。しかしながらそれでもその木槍の精巧な作りには、考古学者も驚きを隠せなかった。それが発見された一九九〇年代半ばは、多くの考古学者が、それほどまで太古の時代にヒトが槍を使用したとすれば、それは手で握って突き刺す類いのものだろうと考えていたためである。ところが、シェーニンゲンの槍は一八〇センチ強のオリンピックの槍投げで用いる槍のような形で、重心が前にあり、明らかに投擲具に似ていた。トウヒ材で作られたそれは、先端が鋭く尖るように丁寧に削られている。先端が木製だと、至近距離から投げない限り、大型哺乳動物の厚い皮で跳ね返されてしまうだろうと述べる異論はあるが（そうすると手で突き刺す槍と比べて遠くから使えるという利点がほぼ消滅する）、それでもこうした木槍は投げるために作られたものであり、高度な待ち伏せ型の狩猟が行われていたことを示唆するものである。ヒトの正確な技術が何であったにしろ、様々な大型動物が解体された形跡がたっぷりあるということは、シェーニンゲンのヒトが狩りに長じていたことを証明している。

シェーニンゲン遺跡には、もう一つ「初めて」がある。こちらの方がおそらく重要だろう。ヒトの技術史における大きな技術革新は「複合」、つまり複数の構成要素で出来ている道具だった。柄のないハンマーを使ったことのある人にはわかると思うが、柄を組み合わせれば効率は大きく高まる。シェーニンゲンでは、様々なフリントの剝片のほかに、数センチから三〇センチくらいの長さで、それぞれ一方の端に切り込みの入った、加工されたモミの枝の切片が三つ見つかった。この枝は道具の柄として用いられ、切り込みのところにフリントの剝片が天然の樹脂か何かで接着されていたか、紐で結束されていたのではないかと考えられている。シェーニンゲンの石器には接着剤になるようなものの痕跡はまったくない。しかし少し後の時代には、たとえばネアンデルタール人が天然の樹脂を接着剤として用いていたことがわかっている。

シェーニンゲンの木の断片が本当に組み合わせ道具の柄であれば、この改良は、少なくともヨーロッパではその一〇万年後に起きる、石器作りそのものの次の大きな進展に先立つことになる。三〇万年前から二〇万年前の間に、石核の形を調整する画期的な新しい方法として「調整石核」技法が導入された。これはフリントやチャートのように欠け方が予想できるような高品質の石材で求められる方法である。製作者は慎重に角度を考えながら何度も石核を打ち欠き、通常は骨や角で出来た「軟質の」ハンマーを用いて、入念に石核の両面の形を整えてから、最後の加撃で完成した石器を作り出す。そうすれば、剝片はおおむねどの面も鋭い刃になる。石核は捨てられることもあれば、また別の剝片が剝離されることもある。剝片がその後、必要に応じて、スクレイパーや切断用石器にするための特定の形に整えられる。

この石器作りの新しい方法からは、ヒトの行動レパートリーに新たな段階の認知複合が持ち込まれたことが明らかに見てとれる。石器製作者は作り始める前から石器の完成品を頭に描かなければならなかったばかりか、まっすぐに望ましい形を目指すのではなく、いくつもの製作段階を計画し、概念化しなければならなかった。この石器製作の新技法がヨーロッパか、アフリカか、それとも両方の地域で独自に発明されたのかどうか、また発明者はどんなヒトなのかということははっきりしない。けれどもそれは、ちょうど機が熟した何者かの発想であり、ホモ・ハイデルベルゲンシスが生きていた時代に発明されたのだ。興味深いことに故郷のアフリカ大陸では、五〇万年以上前のケニアの遺跡で、石のハンマーを用いて「石刃」――基本的には両側縁が並行になっていて、長さが幅の倍以上あるもの――を作っていた古い証拠がある。これもまたホモ・ハイデルベルゲンシスの生息期間に入る。円柱の石核から剝離されるそうした石器は、認知的に十分に現生人類と考えられる種が登場した何十万年も後のヨーロッパにしかなかったため、それほど古い時代に石刃がアフリカで作られていたことは大変に興味深い。というのも石刃の製作は、作業に複雑な順序が求められるほか、石材の特性をしっかりと把握していなければならないことから、かなり高度な仕事なのである。つまりケニアの初期の石刃製作者がどのような種だったとしても、きわめて高水準な認知上の作業を成し遂げたことになる。

この地球をホモ・ハイデルベルゲンシスが支配していた時代、およそ六〇万年前から二〇万年前は、ヒトにとってたくさんの生活様式と技術革新の舞台となった。そうした技術革新の発明者を正確に割り出すことはできないけれども、ホモ・ハイデルベルゲンシスかそれに近い何者かではないかということは、まずまずの確信を持って言えるだろう。それらは機知に富んだたくましい人類で、旧世界の広い範囲で暮らし、すばらしい技術と文化の発明を通してその環境をうまく利用していた。彼らは高度な技術を用いて大型の獲物を追う巧妙な狩猟民であり、住居を建て、火を使い、かつてないほどの鋭敏さで住環境を理解し、少なくとも時折組み合わせ道具に用いることもある見事な石器を作っていた。総じて彼らはそれまでのいかなるヒトよりも複雑な生活を送っていた。

けれどもそれだけを見ると、石を割る技術のどこにも象徴化思考過程ははっきりと認められない。そして、ホモ・ハイデルベルゲンシスが生きていた時代のどこを見ても、象徴化と確信できるような遺物を作ったヒトは見あたらない。ごく後期、もしかするとその部類に入れるかどうかを検討してもよい程度のものが二点ほどあるだけだ。そのうちの一つは、ゴラン高原にある二三万年前のベレカト・ラム遺跡で、一九八一年にイスラエルの考古学者が発掘した「ヴィーナス」である。これは、どことなく人間の女性の胴部に似た形の小さな石だ。この遺物の人のような形が、意図的に刻まれた三つの溝によって強調されていると主張されているが、何らかの目的を持った人の手を介したものなのかどうかは依然としてわかっていない。二番目の候補は、ケニアで出土した、ダチョウの卵殻で出来ている小さな穴の開いた円盤二つで、議論の余地はあるが個人の装飾品ではないかと言われており(したがって象徴化)、さらに異論のあるところだが二八万年前のものとされている。けれども年代も解釈も推測にすぎず、ホモ・ハイデルベルゲンシスの日常的な認知行動のどこにも、象徴的な情報操作を示唆するような物質記録がないことは間違いない。もしそうであったなら、もっとたくさんの物的証拠が出てきているはずだ。

ホモ・ハイデルベルゲンシスは間違いなく非凡であり、当時はその仲間が、それまで地球上に存在した中で最も賢い生き物だったことは疑いようもない。しかしそこには、私たちとの類似点がいくつも見えるとは言え——実際、大きくはないけれどもチンパンジーよりも類似点を見出しやすい——ホモ・ハイデルベルゲンシスの仲間は私たちをただ単純にしたヒトではない。大胆に推測するなら、彼らの知性は並はずれていたかもしれないが、純粋に直感的で、言葉では表現できないものだっただろう。彼らは私たちのように象徴化を考えることもなければ、言語も持っていなかった。結果として認知の点から、彼らを私たちの一変形と考えるのは有益ではない。そうではなく、彼らを彼らの目で捉える必要がある。ただすでに指摘したが、それは最も最良の条件においてでさえ難しい。そしてホモ・ハイデルベルゲンシスの事例では、このヒトの生活に関する手掛かりがもどかしいほどに少なく、とりわけ困難である。

第九章　氷河時代と最初のヨーロッパ人

アフリカ大陸は、一貫して人類の進化における革新の源である。けれども――一つには地球上のほかのどの場所よりも人類の過去の痕跡が徹底的に探されたためだが――ヨーロッパもまた、私たちに最も近縁な絶滅種とどのように異なっていたかを理解するうえで多くのことを教えてくれる。その理解のかぎは、ヨーロッパ固有のヒトの種、ホモ・ネアンデルターレンシスに関する幅広い知識の中にある。この種はほかのどの絶滅したヒトの仲間よりも資料が多く、重要なことに彼らは私たちよりわずかに大きいとさえ言ってもよいほどの、大きな脳を持っている。したがってネアンデルタール人は、私たち人間の独特さを映し出す鏡のようなものとしての地位にうってつけである。彼らは脳の大きなヒトのもう一つの姿なのだ。理由は何であれ、代謝の観点から見て大量のエネルギーを使う「脳が大きければ大きいほどよい」という流れは、ホモ属の歴史を支配してきたように見える。私たちの自慢の優れた知的な力が、単にそうした流れの受け身的な副産物のようなものかどうかを推し量るためには、そのもう一つの姿が役に立つ。ネアンデルタール人についてはその存在を示す考古記録が珍しく完璧に残っているため、徹底比較にあたっては、私たちの行動を推定される彼らのものとこれまでにないほど詳細にわたって突き合わせることができる。そうした比較をすることで、いったい正確には私たちの何が、今日の人間を地球でたった一種のヒト、かつてない方法で世界と触れ合う種に仕立て上げたのかをいくらかでも見通すことが期待できるかもしれない。だがネアンデルタール人が人間の物語に積み重ねる内容に目を向ける前に、まずは後のヒトの進化を阻んだ気候的な背景についてざっと触れることにする。なぜなら、（様々な規模の）環境の変化は、それだけで、ヒトを含む生物界の進化を動かす最も大きな力だからだ。

氷河時代

これまで見てきたように、ホモ属が生まれるずっと前から、世界の気候は徐々に悪化し、初期ヒト科が群れを作って暮らしていたアフリカの比較的開けた生活環境がいっそう広がることになった。その傾向は、北アメリカと南アメリカが衝突してパナマ地峡が作られた三〇〇万年ほど前に、いちだんと勢いを増した。新しく出来た陸地が障壁となって、暖かい太平洋の水が大西洋へと循環しなくなり、アフリカでは冷却と乾燥が加速、北極圏では氷冠の形成が始まったのである。この地質学的変化の結果は、およそ二六〇万年前以降のアフリカの化石記録に大きく映し出されている。草原に適応した草を食べる哺乳動物が激増して、それよりも古い、主に木の葉を食べる種類が姿を消した。名だたる研究者の一部は、その時代の動物相の変化に示される環境の移り変わりが、ホモ属が誕生するための最も重要な刺激になったと考えている。実際にそれが正しいかどうかは別として、その根底にある出来事が、後期のヒトの進化に多大な影響を与えた新しい気候サイクルの先駆けとなったことは間違いない。アフリカでは気温は比較的高いままだったが、雨量が著しく変動するという影響を大きく受けた。ユーラシアでは、その影響はさらに大きかった。二〇〇万年ほど前にヒトが移住を始めた北部の緯度の高い地域もまた、気温が激しく揺れ動くようになったのである。

およそ二六〇万年前に北極圏に氷床が生じると、地球の両極地にあるその氷床の周期的な拡大と縮小に合わせて、氷期と間氷期が交互に訪れる「氷河時代」が始まった。そうした変動は、太陽の周りを回る地球の軌道上の位置によって、地球の表面にあたる日射量が変化するために起こったものである。アフリカの一部で広大なセレンゲティ型のサバンナが定着したおよそ一〇〇万年前までには、その周期はいくらか一定したリズムに落ち着いていて、寒冷な時期から（現在のような）温暖な時期へとおよそ一〇万年ごとに揺れ動くようになっていた。その両極端の間には、いくつもの短期的な変動があった。時として、そうした変動はごく短期的で、顕著な三つの気温の極小値が示された一六世紀から一九世紀にかけての「小氷期」に似ていた。

寒さが頂点に達した時、北極の氷床は北緯四〇度あたりの南方、つまりユーラシアのほとんどを覆うほどまでに広がり、さらにはアルプスやピレネーなどユーラシアの山脈の頂も覆って、時に恐るべき地理的障害となった。氷床に近い場所の環境は、地勢の特徴と海までの距離に大きく左右された。けれどもほとんどの場所では、氷床の塊が急速にツンドラ、すなわち凍土帯を作り出し、永久凍土の上にある薄い土の層に生えたスゲ、苔、草が、ジャコウウシやトナカイといった草食哺乳動物の大群を支えていた。それより南方や氷床のない地域へと進むにつれて植物の丈は高くなり、さらにマツの森はシカの駆け回る様々な針葉樹や落葉樹の林に道を譲った。気候が暖かくなると、氷床は北方へと退き、続いて植物群も、そこで暮らす動物たちとともに北へと移動した。温暖な時期になると、南部では広葉樹の森が乾燥した地中海風の低木地に変わった。寒冷な時期に海水が氷床の中に閉じ込められるため、このような変化が進むにつれて地形そのものが変化した。氷床に最大限覆われていた時期には、世界の海水面は現在と比べて九〇メートルほども低下し、間氷期なら島となるブリテン島やボルネオ島が隣接した大陸とつながって、大陸の沿岸部は海の方へと拡大した。反対に、温暖な間氷期には、海が陸地を浸食して、多くの場所で氷河期のヒトの主要居住地が繰り返し海面下になっただろう。

最新の公式な地質学上の判断によれば（異論はあるが）、およそ二六〇万年前の氷河時代サイクルの開始が、地質学者が言うところの更新世（「最新」の意）の始まりであり、氷床が最後に大きく後退したおよそ一万二〇〇〇年前まで続いた。それより後の時代は、地質学者の間では完新世（「まったく最新の」の意）として知られている。もっとも人間による影響を除けば、私たちが氷河期を抜けたと考える正当な理由はない。したがってホモ属をどのように定義づけようと、それは更新世の産物である。要するに私たちの祖先は、環境条件がいちだんと不安定になった時代に進化を遂げたのだ。短期間に雨量が大きく変化するアフリカ、そして大陸の広い範囲が周期的に当時のヒトが暮らせないような状況になるユーラシアの両方でそうだった。したがって更新世の人類の進化が特定の環境あるいは環境の傾向に着実に適応していった結果だと考えることは、まったく現実的ではない。そうではなく、ストーリーはもっと波瀾万丈だったのだ。少人数のヒトの群れが様変わりする環境にもてあそばれ、しばしば居住環境から立ち退き、時に不運な時代に不運な場所に居合わせて死に絶えた。

しかしながらアフリカでもユーラシアでも、すでに各地に点在していたヒトの個体群がさらに拡散を繰り返していったという点で、更新世が狭い地域で新しい遺伝子が定着したり、種を形成したりするのに最適な条件を準備したことは注目に値する。それらは両方とも、ヒトのように物理的に孤立状態にあり、なおかつ集団が小さい生物に生じるプロセスである。氷河時代の環境は、当該のヒトの個体にとってはしばしば厳しいものだった。しかし機動性や適応力があり、機知に富んだ更新世の祖先が重要な進化を遂げるためには、かつてないほど都合のよい環境でもあった。それらを考え合わせると、この内的ならびに外的要因の組み合わせによって、更新世のヒトの進化した驚くべきスピードの説明がつくかもしれない。この時代の人類進化史が、同時期のいかなる哺乳類群と比べても波乱に満ちていたことは間違いない。今日の私たちは、地球上のどの生物と比べても、更新世の最古の祖先からいちばん大きくかけ離れている。

皮肉なことだが——一般に生態学的な何でも屋は、エサや生育の条件が狭い特殊化した動物よりも種の分化が少なく絶滅率も低いため——目まぐるしく変化する世界の新しい環境に難なく溶け込む傾向と重なったことで、この急激な進化は、ほぼ間違いなく雑食性の祖先のもった柔軟性と耐性の組み合わせのたまものであった。その過程は、ヒトが捕食者としての生活様式を取り入れた副産物として、群れの構造がまばらで離ればなれになったことにも助けられたのだろう。最新の調査結果からはまた、変動の激しい更新世の環境のもとで、ヒトの個体群が時に非常に近い類縁であまり差異のないヒトの種と混ざり合ったために新しい遺伝子がもたらされたかもしれないという、まったく予期しなかった可能性が指摘されている。

しかし、ヒトに特有な決定的に重要な要因は、ある意味矛盾しているように聞こえるが、洗練された文化、特に技術として表される文化を持っていたことである。祖先に見られた試行錯誤の傾向は、それまで経験したことのない極端な環境に技術的に順応する能力がなければ達成されなかったはずだ。文化はたいていの場合——当然でもあるが——ヒトを、環境から、ひいては自然淘汰から守る要因とみなされている。けれどもこの特殊な条件においては、地上にまばらに広がっていたヒトがさらに広い地域に拡散していくことを容易にする文化の役割が、実際にはホモ属が更新世の間にこれほどまでに早い進化を遂げたことの説明にもなっている可能性がある。

初期の地質学者は、たとえば氷とともに運ばれた岩塊がつけた谷間の壁や底の水平なひっかき傷、また氷河が解けた後にそこに残ったモレーン（岩の堆積層）など、氷河の前進や後退の物理的な形跡を用いて更新世の年代を決定した。けれども氷河が移動すると、それより前のヒトが残した証拠のほとんども一緒に流されてしまうため、観察結果の解釈がきわめて難しい。一九五〇年代以降、主に四つの氷期と間氷期に分けられていた更新世の古い分類は、近代的な地質年代学と地球化学の分析に基づく編年に置き換えられた。その分析には、深海底の堆積物、あるいはグリーンランドや南極の氷床にドリルで穴をあけて採取する長い円筒形のコアが用いられる。

いずれの場合でも、蓄積された氷の層そのもの、あるいは海面に生息していて、それが死後に海底に沈み堆積層となった小生物の殻に含まれている、酸素の軽い同位体と重い同位体の比率を計測する手法が採用されている。軽い酸素同位体は重い酸素同位体よりも海水から蒸発しやすいため、その比

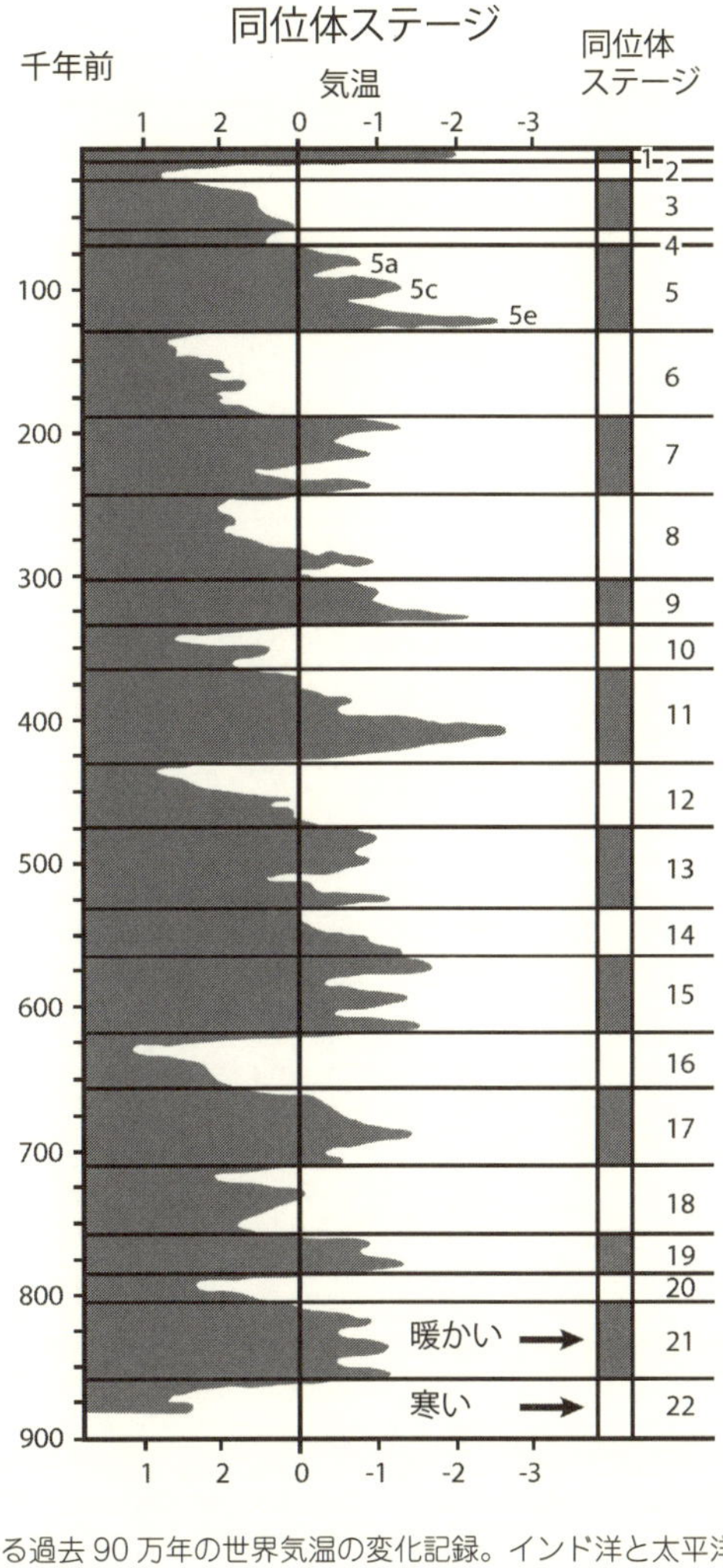

酸素同位体による過去90万年の世界気温の変化記録。インド洋と太平洋の海底から掘り抜いた深海底コアの酸素16と酸素18の同位体比率に基づいている。偶数は寒冷で、奇数は温暖なステージ。主要な各ステージ内にも著しい気温変動があった。データ：シャックルトン、ホール（1989）。表：ジェニファー・ステフィ

率が地球的な温度を知るための手掛かりとなるのである。寒い時期に水蒸気が雨や雪となって極地に降れば、軽い酸素同位体の方がより多く氷床の氷の中に「閉じ込められる」。その結果、冷たい海水とそこに生息する小生物には重い酸素同位体が多く含まれ、軽い酸素同位体は氷床の中に多く存在することになる。くわえて氷床や深海底から取ったコアに含まれるその二つの同位体の比率は、その氷床や堆積層が形成された時の地球的な温度と密接な相関関係にある。コア標本はその比率変動の連続した記録であり、時代とともに変化する全般的な気候を示していることになる。

そうしたデータから、古気候学者は、更新世の開始以降に一〇二の異なる「海洋酸素同位体ステージ(ＭＩＳ)」を特定することに成功し、最近のものから順に番号を割り振った。その結果、温暖なステージには奇数が、寒冷なステージには偶数が当てられている。現在は暖かいＭＩＳ１であり、最後の氷河期はＭＩＳ２、という具合だ。それぞれの主要なステージの中にも、いくつかの小規模な気候の山と谷があり、そのうちのいくつかは独自の名称がつけられるほど重要である。たとえば、ステージ５はさらに細かくステージ５ａ、ｂ、ｃ、ｄ、ｅに分けられており、その中で最古の５ｅは非常に温暖だったため、海面は現在よりも五、六メートルも高かった。

はるか昔の前期更新世は気温の変動が頻繁だったが、それほど顕著ではなかった。現代に近づくにつれて変動の間隔は広がり、差異は大きくなっている。絶対年代が決められない場合、特定のヒトの化石を出土する遺跡を深海底と氷床で得られた編年に結びつけることは容易ではない。それでも環境条件が不安定な時期にはたいてい動物相に頻繁に変化が生じることから、ヒトと共伴する動物化石が確認できれば貴重なヒントとなることが多い。いずれにしても年代決定の新しい方法と、花粉化石や土壌を分析するようなそれとは別の気候判定方法を組み合わせることで、私たちの先祖が乗り切らなければならなかった環境への挑戦という複雑な状況がかなりわかるようになってきている。

最初のヨーロッパ人

早期のヒトがヨーロッパに暮らしていたことを考える時は、それが不安定な気候や地理的な背景に逆らっていたことを考慮すべきである。ほんの少し前まで、早期のヒトがヨーロッパに入ったのは比較的最近のことで、ヒトの集団が亜熱帯気候の海岸線に沿ってたどり着くことのできた南アジアの一部よりも間違いなく後だと考えられていた。ところがアジアとヨーロッパがまさに交差するドマニシの発見は、予想に反して彼らがかなり昔から温帯地域に広がっていたことを示した。そして今、一二〇万年前のヨーロッパ西部にヒトが住んでいた直接の物的証拠がイベリア半島の遺跡から見つかるようになっている。その証拠は、石灰岩で出来たスペイン北部のアタプエルカ山地にあるシマ・デル・エレファンテとして知られる遺跡で出土したホモ属の下顎の一部であり、それには摩耗した歯が数本残っているが、あまりにも不完全なためにいずれの人類種にも分類できない。その標本と共伴したいくつかの哺乳動物の化石から、このヒトが比較的暖かい時期に生きていたことが推定されている。また、オルドワン様式の石器から、それほど古い時代にヒトがイベリア半島に進出した理由が技術の進歩ではなかったことがわかる。生活様式については、それ以上のことはよくわからない。便宜上、シマ・デル・エレファンテの化石を発見した科学者はとりあえず、それより前に近くにある同じアタプエルカのグラン・ドリナ遺跡で見つかり、同じように一部分しかないヒトの化石で、ホモ・アンテセソールと分類された新しい種と結びつけた。

およそ七八万年前のものであるホモ・アンテセソールの化石は、アタプエルカを調査した科学者が、一方でホモ・ネアンデルターレンシス系統、他方でホモ・サピエンス系統につながる、両者の共通の祖先であるかもしれないと考えていることから、特に興味深い。けれどもグラン・ドリナのヒトは、その役目を果たすのにほぼ最適な時期にあてはまるものの、進化の全体像のどのあたりに位置するのかは依然としてはっきりしない。実際、ホモ・アンテセソールの化石は、後にヨーロッパに落ち着いたネアンデルタール人の直接の祖先ではなく、アフリカを出てヨーロッパへ進出したけれども「消えていった」早期のヒトである可能性も少なくとも同じくらいはあるように思われる。それでももし、ネアンデルタールの系統がシマ・デル・エレファンテのヒトにまでさかのぼって直接の結びつきがあるのなら、最初のヒトがヨーロッパにいた期間は長かったということになる。そしてそこに連続性を見つけようとするなら、アタプエルカの二つの遺跡で見つかった粗雑な石器に大きな違いがないということに、さらなる証拠を見出せるかもしれない。

グラン・ドリナでヒト化石が発見された場所は、比較的温暖で湿潤な時期にヒトが暮らしていた古い洞窟の入り口だったと考えられる。ホモ・アンテセソールがネアンデルタール人と現生人類の共通の祖先であるというアタプエルカの科学者の主張は、この種に分類された骨の破片がカニバリズム(食人)の証拠を示しているという結論に比べれば、まったく取るに足らないことである。これまでにグラン・ドリナで発掘されている化石の骨は概してひどく破壊されており、その多くに石器で切り取ったり、たたき切ったり、削ぎ取ったりした痕以外に、解体を強く思わせるような類いの破砕痕が残っている。さらに種の違いによる解剖学的な差を考慮すると、すべての骨がヒトか草食獣かにかかわらず、まったく同じやり方で処理されていた。つまり死体は、すべて同じ目的、すなわち食用であったことを表している。ヒトの骨が特別に、あるいは儀式的に扱われた形跡がないことは明らかだ。結果として七八万年前のグラン・ドリナで、ヒトが別の個体を食べていたという主張には説得力がある。その解釈に異論はあるけれども、食人説は強力であり、アタプエルカのチームは最近になってその結論を強く支える見解を発表している。

カニバリズムの証拠は発端にすぎない。そこからは山ほどの疑問が生じる。中でも重要なのは、だれがだれを、何のために食べていたのかということだ。現生人類にとって、人肉を食べることにはありとあらゆる象徴化の含みがある。たとえば、親族を食べるのか、見知らぬ人間を食べるのかによって意味が異なる。アタプエルカの研究グループは、解体されたと考えられる標本の一一体の子どもと若者は特別な扱いを受けておらず、解体の手法は脳を含む食用に適する部位を最大限に取り出すためのものであることを強調して、グラン・ドリナに象徴化の意味合いはないとしている。グラン・ドリナの解体されたヒトを餓えた集団の単発的な事例の犠牲者とする考えを支える証拠が見つからないことから――実際、ヒトの解体は豊かな生活環境においても数万年にわたって続けられていた可能性がある――、食人習俗はホモ・アンテセソールが生きていくために必要な日常生活の一部だったのではないか、と研究者は提案している。食べられた個体の年齢が若いということは、彼らが近隣集団を襲撃するハンターの犠牲になりやすかったためではないかとさえ推測されている。

残念なことに、解体された骨と、主に洞窟内のその場所で打ち欠かれた解体用の石器を除けば、グラン・ドリナには直接の証拠はあまりない。いくつかの植物の痕跡から、骨だけから推定されるよりもバランスの取れた食生活をしていた可能性が示唆されるが、たとえば火の使用など、ヒトの暮らしに結びつくような活動の形跡は残っていない。ほぼ間違いなく、解体されたヒトの化石群に儀式の意味合いはないとしたアタプエルカの研究者は正しいだろう。そして事もなげに行われていた食人が当時の食生活の日常の一部だったとする結論が正しいのであれば、このヒトが今日の人間社会では一般的な、他者に対する敬意というものを持っていなかったことは明らかである。いかなる歴史の記録においても、社会的に認められる食人習俗は、族内であっても族外であっても常に「特別な」行動であり、独自の祭祀活動と祭詞と食との両義性を伴ってきた。グラン・ドリナの食人に見られるぞっとするほど無味乾燥な性質は、まったく異なるものを示している。それは、私たちとは完全に異質なものである。

ネアンデルタール人の起源

グラン・ドリナのホモ・アンテセソールを後のホモ・ネアンデルターレンシスと直線で結びつけることは不可能だが、驚くほど豊穣なアタプエルカ地方の別の遺跡からは、ネアンデルタール人の系統の初期の仲間に関するとりわけ有力な証拠が見つかっている。ホモ・ネアンデルターレンシスの種そのものは、二〇万年前以降にならないとヨーロッパの化石記録に登場しない。だが、グラン・ドリナの目と鼻の先にある巨大なクエバ・マヨール洞窟からは、古人類学上で傑出した現象、くわえてネアンデルタール人系統の初期の姿がすばらしくよく洞察できるものが発見されている。その洞窟の奥には一五メートルほどの縦穴があり、その底に狭くて小さな空間がある。そこから、かつてないほどたくさんのヒトの化石が、一カ所に固まって発見されたのだ。ヒトの化石はいたって珍しく、たいていの場合、古生物学者は一点か二点が見つけられれば運がよい方だと考える。けれどもこのスペインの宝庫の主任発掘者は、ある時、私に語ったことだが、贅沢なことに自分のチームは次の発掘期間に掘り出したいヒトの化石の数――数十点とか一〇〇点――を決めて、その数量に達したところで発掘をやめられた世界でただ一つのチームだった。この驚くべき場所が「シマ・デ・ロス・ウエソス」――骨の穴――と呼ばれるのも不思議はない。そこは発掘作業を行うにはひどく窮屈で、難しく、居心地のよくない場所であることは間違いないが、苦しい時間を過ごすだけの価値は十二分にあった。

シマ・デ・ロス・ウエソスは、当初、洞窟探検家によって発見されたが、絶滅したホラアナグマの骨が見つかったために古生物学者に知らせが入った。一九九〇年代の初め頃に現地で組織的な発掘が始まって以来、現場からは両方の性別を含む少なくとも二八個体分と思われる何百点ものヒトの化石が掘り出されている。全体的に個々の骨はばらばらに壊れているが、骨そのものの保存状態はすばらしく、科学者は数百点のかけらを五〜六点のほぼ完全な頭蓋といくつもの首から下の骨格部分に組み立て直すことに成功した。これまでに、一カ所の場所からこれほどたくさんの絶滅人類の単一種の標本が見つかったことは一度もない。シマ・デ・ロス・ウエソスはまた、絶滅したヒトの独特な生物学的側面と、人口統計学的な一面も垣間見せている。穴の底で発見された骨の持ち主は、一個体の子どもから、三五〜四〇歳くらいの数人の成人までと幅広く、半数は一〇〜一八歳の間に死亡していた。男性と考えられる個体は女性と考えられるものより大きく、その度合いは現生人類と同じくらいで、男性の一個体は身長がほぼ一八〇センチメートルだった。

彼らは頑丈な骨を持つがっしりとした体つきで、おそらく現代人の同じ身長の人よりもかなり体重があっただろう。彼らが私たちよりもはるかに力強かったことはほぼ間違いない。しかし、彼らの脳は平均して現代人よりも若干小さく、三つの頭蓋の容量は一一二五ccから一三九〇ccの範囲にまたがっていた。骨盤は幅広く、産道は現代の新生児の頭が通るほどだった。それぞれの個体は生まれてからも、食物にはあまり困らなかったようである。栄養失調があると歯冠のエナメル質の形成にそれが現れるが、シマ・デ・ロス・ウエソスの化石では、時代のより新しいホモ・サピエンスの一般的な個体群よりもそうした状態の痕跡が稀だった。彼らが実り豊かだったと思われる環境で暮らしていたことを考えれば、これは意外なことではない。

シマ・デ・ロス・ウエソスとほぼ同年代の遺跡で見つかった哺乳類の骨の調査から、当時のスペイン北部はグラン・ドリナの時代よりも若干冷涼で、シマ・デ・ロス・ウエソスの人々が様々な動物群を支える開けた林で暮らしていたことが示唆される。シマ・デ・ロス・ウエソスのヒトは、その環境で暮らす主な捕食者だったが、新たにその地域に現れたライオンのような大型のネコ科動物の少なくとも二つの種と競争関係にあったと、アタプエルカの研究者は考えている。シマ・デ・ロス・ウエソスの個体の顎関節に関節炎が多いことは、歯の摩耗が激しいことと合わせて、おそらく歯ごたえのある植物性のもののような非常に硬く、歯を磨り減らすような食べ物を食べていただけでなく、皮をなめす作業などにも幅広く歯を使っていたことを推定させる。また、最も保存状態の良い頭蓋でおそらく歯の感染症によってその持ち主が死亡した(さぞかし痛かっただろう)形跡があるものの、標本の多くの歯にはつまようじを頻繁に使用したために出来た溝のようなものがあることから、彼らが歯を清潔に保つことに関心があったことがわかる。

シマ・デ・ロス・ウエソスのヒトの頭蓋と首から下の骨の形態はいずれも、ほかのいかなる場所で発見されたものとも異なっているが、ホモ・ネアンデルターレンシスとは明らかな類似点を見せている。それでも、彼らがネアンデルタール人ではないこともまた明白である。ホモ・ネアンデルターレンシスは形態学的に細部までよく知られている種で、頭蓋にきわめて独特な特徴がいくつもある。しかしながら、シマ・デ・ロス・ウエソスのヒトには、たとえば目の上でかすかに弧を描く厚い眼窩上隆起や、「イニオン上窩」と呼ばれる後頭部の不思議な楕円形の陥没など、ネアンデルタール人に特有の特徴がいくつかあるものの、すべてを持ち合わせてはいない。シマ・デ・ロス・ウエソスの人々は、傾斜のきつい脳頭蓋と比較的広い下顔部という特徴を持つ点で、ネアンデルタール人ほど特殊化しておらず、彼らより祖型的である。したがって彼らはきっとネアンデルタール人の先祖なのだろう。だが時代の古さを考えると、ネアンデルタール人そのものではない。

穴の底にある骨の山の年代を推定することは容易ではないが、幸い、シマ・デ・ロス・ウエソスの瓦礫の山の上を流れる石灰質の多い水が、集積されてすぐにその瓦礫を石灰で覆っていた。現代の技術では、鍾乳石を形成している方解石結晶に含まれるウランの放射性同位体を利用して、そうした地下水の石灰分が結晶化した「フローストーン」の年代を測定することができる。不安定なウランの同位体は一定の割合で崩壊し、もともとは存在していなかった安定したトリウム同位体となるため、その二つの比率によって経過したおおまかな年月を判定できるのである。シマ・デ・ロス・ウエソスのフローストーンに含まれる両方の同位体を正確に測定した結果、いくつもの年代は最低でも五三万年前で、主に六〇万年前頃に集中していた。ヒトの骨は当初考えられたように、それよりも新しい可能性はあるが、いずれにしても、年代という意味ではネアンデルタール人の祖先と考えてよいだろう。

そうなると、この壊されて解体された古代の個体群の寄せ集めは、薄暗い洞窟内の細くて深い縦穴の底でいったい何をしていたのだろう？　そこはどう見ても生活を営む空間ではなく、二八個分ものヒトが偶然そこに落ち込むこともあり得ない。またホラアナグマが冬眠する場所を探すうちに閉じ込

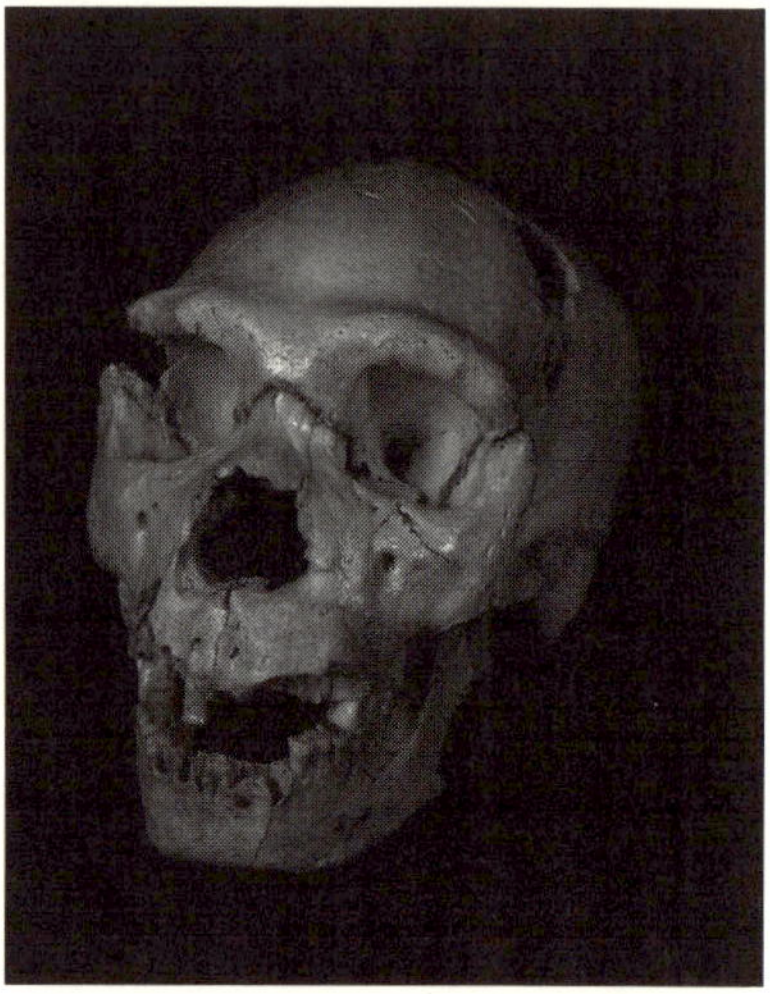

スペインのアタプエルカにあるシマ・デ・ロス・ウエソスで出土した５号頭蓋。破片から修復されたもので、60万年ほど前の少なくとも28個体のばらばらな遺体が見つかったその遺跡――かつてないヒト化石の宝庫――では最も保存状態の良い頭蓋。彼らの起源となった個体群はネアンデルタール人の祖先である。写真：ケン・モーブリー。

められてしまったり、様々な肉食動物が転落したりすることはあったとしても、さらにまたほかの肉食動物が腐敗する死体のにおいに誘われた可能性はあるが、その場所が肉食動物の巣だった形跡もない。けれどもそこには、木の葉や草を食べる哺乳動物の化石は一つもない。決してその地域の動物相の無作為な抽出標本ではないのである。アタプエルカの研究者は、おそらく洞窟の外で死んだ者を処分するために、仲間が意図的に穴に放り込んだのではないかと提案している。

だれもがその説明に納得しているわけではないが、アタプエルカの研究者の推定は、その説を擁護するものとして、驚くべき証拠を一つ示している。穴の中で発見された唯一の人工品が、赤色の珪岩で出来た見事なハンドアックスだったのだ。そうした類いの人工品はこの年代のアタプエルカの遺跡ではまったくないことにくわえて、珪岩自体もそのあたりでは希少である。初期の石器製作者は質のよい原材料を重んじており、とりわけそのハンドアックスが作られている石の美しさの魅力を考えると、この「エクスカリバー」が持ち主にとって特別な品だったと考えるアタプエルカの研究者の推定はほぼ間違いなく正しいだろう。見たところハンドアックスには実用的な目的で使われた形跡はないが、それが明らかに祭祀用の品物だったとする主張までが正しいかどうかについては疑わしい。さらに、これが埋葬の祭祀の一環として穴に投げ入れられた象徴的な品物だと推論するにいたっては、なおのことただの仮説でしかない。だがもし本当にそうなら、少なくともシマ・デ・ロス・ウエソスのヒトにはすでに立派な他者への共感が芽生えていたことがうかがわれ、またシマ・デ・ロス・ウエソスの人々がいくらかの象徴化の思考力を有していたというスペインの研究者の見解を強めることにもなる。

それでも、これは一つの孤立した観察結果を深読みしているにすぎず、本当の意味はまったく推測の域を出ない。残念なことにシマ・デ・ロス・ウエソスの人々について、これ以外に考古学的情報がない。ほかのいかなる場所からもまだ彼らのような化石は見つかっておらず、ヨーロッパにある同年代の（非常に少ない）考古遺跡で発見された資料とも確信を持って結びつけることができない。（もっともシェーニンゲンの木槍やテラ・アマタの小屋が、同時代のホモ・ハイデルベルゲンシスではなく、後のネアンデルタール人系統の仲間の手によるものである可能性はまったくないわけではない）。

発見者がシマ・デ・ロス・ウエソスの化石をネアンデルタール人に関連する新種にではなく、ホモ・ハイデルベルゲンシスに分類したことも状況をさらに混乱させることにつながっている（彼らは明らかにホモ・ハイデルベルゲンシスではないし、ホモ・ハイデルベルゲンシスは明らかにネアンデルタール人ではない）。しかしながら、彼らの形態がホモ・ネアンデルターレンシスの祖先に属することは疑いようもないことを考えると、シマ・デ・ロス・ウエソスの人々が象徴化を行っていたかどうかを見極める別の方法が存在するかもしれない。後のネアンデルタール人は多くの考古記録を残しており、よりしっかりとした判断材料を与えている。もしネアンデルタール人が象徴化を行っていたなら、シマ・デ・ロス・ウエソスのヒトもそうだったかもしれない。しかし、子孫であるネアンデルタール人が象徴化を行っていなかったなら、彼らもまた象徴化を行っていなかったはずだ。

第一〇章　ネアンデルタール人とはだれなのか？

ホモ・ネアンデルターレンシスは、一九世紀半ばに発見されて命名された最初のヒトの絶滅種であるため、人類史上の登場人物の中ではひときわ特別な地位を占めている。主にその歴史的な偶然が原因で、ネアンデルタール人は私たちの進化を考えるうえで常に大きな存在だった——最も先に述べたように、彼らが現代人の直接の先祖でないことはかなり前からはっきりしており、今日では彼らは彼らしく、ヒトの別種として認められて当然だという認識が広がっている。その特殊性から、常日頃から論争の多い古人類学界も、どの化石がネアンデルタール人かということに関しては意外にもほとんど意見の食い違いがない。

フランス北部のビアシュ・サン・ヴァーストという遺跡で見つかった頭蓋が、ネアンデルタール人の特徴を持つ最古の化石の代表である。年代は少なくとも一七万年前（ＭＩＳ６）のもので、共伴した動物相から環境はやや寒冷だったことがわかっている。最古のネアンデルタール人の誕生をもう少し前と考えるなら、不明確ではあるがＭＩＳ８、およそ二五万年前のものと考えられるドイツのライリンゲンで見つかった、やや不完全な頭蓋を含めることもできるかもしれない。これはもう一点、同じくドイツのシュタインハイムで発見されたそれより完全な標本の推定年代とほぼ同じである。こちらの標本はシマ・デ・ロス・ウエソスのヒトよりもネアンデルタール人の特徴を多く持っているが、彼らと同じように完全なネアンデルタール人というわけではない。もどかしいようなこうした観察結果は、そのあたりの年代のヨーロッパの人類史での進化が、一般に考えられているよりもいっそう複雑であったことをほのめかしており、そしてまたおよそ二五万年前より昔には完全なネアンデルタール人の化石はおそらく見つからないだろうということも示唆している。それでもネアンデルタール人の系統は、シマ・デ・ロス・ウエソスとライリンゲンの時代の間のどこかでヨーロッパに存在していたに違いない。そしてまた、氷床の前進と後退が繰り返された影響で、それがほとんどわからなくなってしまっている可能性がある。

ヨーロッパにこれほど多くのヒトの記録が残されている一因は、ヒトが住居に利用したいと考えるような石灰岩の洞窟や岩陰が豊富に存在することにある。そうした場所に残されたヒトの存在を示す遺物は、氷床が解けるたびにその地形に氾濫する水によって何度も押し流されただろう。それでもネアンデルタール人の系統が生きていた時代のヨーロッパに、ホモ・ハイデルベルゲンシスもまた存在していたことがわかるくらいには十分な記録がある。その情報は、中期更新世（およそ七八万年前から一二万六〇〇〇年前の時期）のヨーロッパでヒトの複数の種が複雑な関係を繰り広げていたという見解を強く後押しする。それが事実なら、脳の大きなネアンデルタール人がその競争の勝者だったことになる。なぜなら、ビアシュ・サン・ヴァーストの時期以降、ネアンデルタール人がヨーロッパ亜大陸で唯一の存在となったからだ。

ネアンデルタール人は、彼らが生きていた二〇万年の間に、ヨーロッパの広範囲、そしてはるか西アジアにまで広がった。その化石はジブラルタルやイスラエルなどの南方でも見つかっており、暖かい時期の初期のネアンデルタール人の考古遺跡と考えられるものは、フィンランドほどの北方でも発見されている。最近の報告では（彼らの化石ではなく彼らが作ったと思われる石器から）、そうしたヒトが、かなり寒い状態だった三万四〇〇〇年前から三万一〇〇〇年前に、北極圏に近いロシア北部にもいたと言われている。西方では、ネアンデルタール人の化石はブリテン諸島のウェールズ北部から出土しており、東ではウズベキスタンほど遠く離れた場所にまで数多く広がっている。ネアンデルタール人の遺伝子の特徴を持った目立たない骨は、さらに東にあるシベリア南部のアルタイ山脈の一遺跡でも発見されている。

このようにネアンデルタール人の遺跡はユーラシアの広い範囲にわたっており、様々な高度、地勢、緯度に及んでいる。したがってその分布だけを見ても、ホモ・ネアンデルターレンシスが頑強で適応力の高い種であり、様々な異なる環境に耐えられたことは明らかである。それでも、ネアンデルタール人も暮らしにくいと考えた氷床に近い場所を避けようとしていたことは明らかであり、時代によって彼らが暮らすことのできた地域の広さは、更新世の気候変動の中で大きく変化したに違いない。たとえば、およそ七万年前から六万年前の一時的に寒冷な時期には、ネアンデルタール人の分布域はヨーロッパの地中海の端に限られていたようだが、その後に続いたＭＩＳ３の最も温暖な時期では、ヨーロッパ北部や中部などの北方にも彼らの痕跡が残っている。

以上のことは、ネアンデルタール人は氷河時代の北方に起源があることから、なぜか「寒冷地に適応」していたと長く考えられてきたので、特に興味深い。アフリカが起源の「熱帯に適応」したホモ・サピエンスとは対照的に、ネアンデルタール人は氷と雪の中の生き物と見られていた。実際には、冷たく乾燥した空気を繊細な肺に届く前に温め、湿らせるための構造と解釈されることが多いネアンデルタール人特有の鼻領域の形状や、四肢の比率においても、そのことを示唆するものはほとんどない。これらの特徴は長く北極地方に適応するためのものだと考えられてきたが、実際には様々な環境に住む現代の狩猟採集民に見られるものに似ていると思われる。現実には、ネアンデルタール人はその長い生息期間の間に多様な地域や気候に広がって、文化の力でそこに順応したに違いない。事実、そうでなければ彼らがそうした所に居住することなど不可能だっただろう。なぜならそうしたヒトが耐えた厳寒期に、体重が八二キロほどのネアンデルタール人が衣類で暖かさを補わなければ、さらに五〇キロほどの皮下脂肪が必要な計算になるからである。相撲取りのような体型は、狩猟が中心の生活にとって理想的な適応とは思えない。ネアンデルタール人が現在の北極圏の人々のように筋肉質で、寒さをしのぎ、暖をとるために衣類その他の文化的装備に頼っていた可能性の方がずっと高い。

興味深いことに、ネアンデルタール人の二つのＤＮＡ資料（彼らのＤＮＡについては後述する）の分析から、彼らが皮膚と髪の色に影響を与える遺伝子の不活性なタイプを持っていたことが示唆されている。温帯性の起源にふさわしく、どうやら彼らの肌は色白で髪は赤毛だったと思われる。ところが面白いことに、当該の遺伝子の変異型は、現生人類では赤毛の人においてさえ見られない。この結果一つだけを取ってみても、ネアンデルタール人を、一つのことにすべてを賭けて失敗してしまった、高い適応力を持った現生人類の一変種や、私たちほどは成功しなかった同類とみなしてはいけないこ

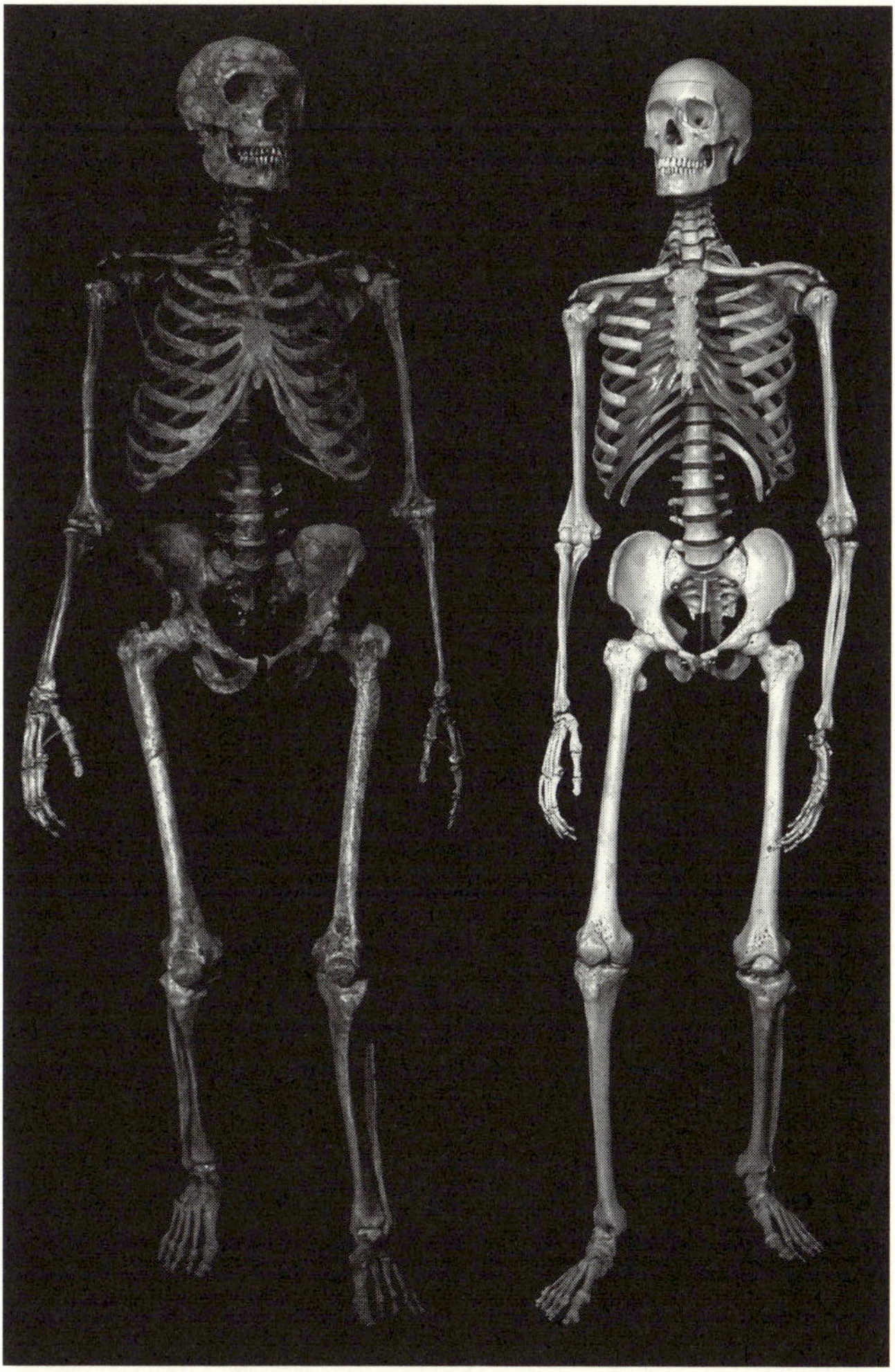

復元されたネアンデルタール人の骨格（左）とそれと同じくらいの身長の現生人類。この比較からはまったく対照的なヒトの姿がよくわかる。頭骨の違い以外に、胸郭と骨盤部位の大きく異なる形にも注目されたい。写真:ケン・モーブリー。

とは明らかである。

現生人類の種内のメンバーと同じように、ネアンデルタール人も個体間、分布域の違い、年代の違いによって見た目に差があった。それでも現生人類と同じように、彼らはみな共通の身体的特徴を持っていた。ネアンデルタール人の頭蓋は容量が大きかったが、前後が長くて高さがなく、横に膨らんでいて、後頭部が突き出ていた。（それとは対照的に、私たちの頭蓋は華奢な球形で、高さのある、風船のような頭蓋の前面下部に小さな顔が押し込まれている）。脳頭蓋円蓋部の前方についているネアンデルタール人の顔面には、きわめて珍しい骨の構造を持つ大きな鼻があり、頬骨は顔の両側で急に後退している。首から下の違いも同様に顕著である。ネアンデルタール人は私たちと比べてがっしりした体格で、骨壁が厚く長骨は両端にごつごつした関節面がある。私たちの胴体はどちらかといえば樽型で、上と下で細くなっているのに対して、ネアンデルタール人は漏斗型であり、幅広でラッパ型の骨盤に合わせて、細い上部から下へいくにつれて広がっていた。だからそうした骨格の証拠をほかの細かい点と考え合わせると、ネアンデルタール人の歩き方は私たちほどしなやかではなく、大股で歩く時に私たちよりも腰が大きく回転したとする説が有力だ。それ以外にも、ネアンデルタール人の骨格の全般的な頑丈さから、彼らは力強く、おそらくそれを維持するために必要なエネルギーも多かっただろうと考えられる。要するにそこにあるのは、かなり近い類縁ではあるけれども、ホモ・サピエンスとは解剖学的にいくつもの重要な細部が異なるヒトの姿である――もっとも一般的なヒトのパターンから離れたのはむしろ、独特の細い華奢な体格を得た私たちの方だっただろう。（シマ・デ・ロス・ウエソスの大変意義深いすばらしい標本を除いて）決して完全とは言えない首から下の化石から推定される限りでは、幅広の骨盤と頑丈な骨格はネアンデルタール人の系統全体、そしておそらく初期のホモ属全体の特徴だったと考えられる。

私たち現代人はまた、成体の体型になるまでの過程で、ネアンデルタール人、そして知られている限りではほかのどの人類とも異なっている。トゥルカナ・ボーイやほかのホモ・エルガステルとホモ・エレクトス段階の個体は、ホモ・サピエンスよりも早く成長したらしく、その結果、母親への依存と学習の両方の期間が短かったということは先に述べた。そして脳が大きいにもかかわらず、ホモ・ネアンデルターレンシスもそのパターンの例外ではない。超高解像度撮影技術を用いてネアンデルタール人の歯の成長を調べた最近の研究からは、ネアンデルタール人の成長期は早期ヒト科と比べれば実際に長くなりはしたけれども、それでも私たちよりは短かったことがわかっている。たとえば、あるネアンデルタール人の上顎の親知らず（第三大臼歯）は六歳以下で形成され始めており、現代人の子どもより三～四年早い。同様に第一大臼歯も、ネアンデルタール人の方がかなり早く生えていた。そうしたデータを全体の成長過程に置き換えると、ネアンデルタール人は私たちよりも親への依存期間が著しく短く、性的にも早く成熟したことが強く示唆される。この結論は、彼らの身体と認知の両方の成長にかかわる遺伝子が私たちのゲノムのそれとは異なっているという、ネアンデルタール人のゲノム分析の結果と一致している。

ネアンデルタール人はまた、私たちより早いだけでなく明らかに異なる成長過程を通して、その特徴的な頭蓋の形にいたっていた。精巧な画像制作とモデリング技術によって、ネアンデルタール人と私たちの顔を区別する多くの特徴は、出生後にまったく異なる発達過程をたどるだけでなく、誕生時にすでに決まっていることもわかっている。そうした多くの差異をうわべだけのものと考えてはいけない。けれども脳の実際の形は、早い時期から異なるそうした特徴の中には含まれていない。ネアンデルタール人と同じように、現代人も長い頭蓋を持って生まれる。新生児がうまく産道を通り抜けるためにはそうするしかないからだ。それから私たちの頭蓋は生後一年以内に球形になる。その時期の急速な発達段階が脳を独特な外形へと進ませるのだ。現代人の脳と脳頭蓋の外形が発達の早い段階で大きく変化することはきわめて珍しい。そしてそれは、生まれてくる時の制約から解き放たれてようやく達成できるのだ。それを発見した科学者は、もしかするとそれが何らかの方法で象徴化の認知を可能にする脳内部の再編成に関係しているのかもしれないと推測している。

ネアンデルタール人の遺伝子

一九九七年、絶滅したヒトとしては初めて、ホモ・ネアンデルターレンシスのＤＮＡが解析された。その年、ドイツのチームが、一八五六年にドイツのネアンデル渓谷で発見された元祖ネアンデルタール人の標本から一連のミトコンドリアＤＮＡ（ｍｔＤＮＡ）を取り出すという快挙をなし遂げたのである。ミトコンドリアＤＮＡは、各細胞にエネルギーを供給するごく小さな細胞小器官ミトコンドリアの中にあるＤＮＡの短い輪だ。それらは、細胞核にある長大なＤＮＡとは別に独自のＤＮＡを持っている。そしてそれが、進化の時代に蓄積された変異を比較しようとする科学者にとってまさに好都合なのである。長所は、ｍｔＤＮＡが母親だけから受け継がれるため、核ＤＮＡとは異なり、世代が変わるごとに両親の卵子と精子の結合によって混じり合わないことである。したがって、そこに含まれている過去の情報を分類しやすい。現代人のｍｔＤＮＡは、様々な個体群を特徴づけてその広がった痕跡を追うにあたって、驚くほど有用な指標となることがわかっている。そして、ネアンデルタール人のｍｔＤＮＡは、今日の全人類が示す差異の範囲を大きく外れていることが判明した。正確には、ドイツの研究者は、現代人の個体群同士ではミトコンドリアゲノムの関連部分に平均八個の差異を発見した一方で、現代人とチンパンジーでは五五個、ネアンデルタール人とでは二六個だった。さらに、ネアンデルタール人は試料を採取した現代人のすべての個体群と等距離に隔たっていた。

一九九七年以降、ｍｔＤＮＡは、ネアンデルタール人の分布範囲のほとんどすべての地域から見つかった数多くのネアンデルタール人標本から採取されてきたが、結果はいつも同じである。もちろんネアンデルタール人にも個体差はあるが、その多様性が比較的低いことから、ネアンデルタール人の個体群は一般的に少人数だったと研究者は考えている。彼らの化石の残された遺跡が現生人類より少ないことから考古学者が推定してきたことと同じである。ホモ・サピエンスと比べればネアンデルタール人は全体として固まって住んでおり、多くの研究で科学者は、現代のヨーロッパ人の幅広いＤＮＡ標本にネアンデルタール人の痕跡を見つけられなかった。

そうした結果は、ホモ・ネアンデルターレンシスが独自の種であって、また独自の歴史と運命を持ち、事実上私たちとは別の生き物であるという、解剖学的研究から引き出される見解を後押しする。しかしながら自然界はいい加減な場所で、種は時に穴の空いたバケツのようなものだ。特に更新世のヒトのように、変化の激しい進化劇の役者のごとく、互いに密接に関係している場合はなおさらそうだろう。二〇一〇年、ドイツのグループが、こちらもまた初めて、ネアンデルタール人の完全な核ゲノムの概要を発表した。核ゲノムはクロアチアのヴィンディア洞窟で発見されたおよそ四万年前の三個体の骨の標本から取り出されたものである。この標本からは膨大なデータベースが得られた。ヒトゲノムには三〇億個以上の異なる「ヌクレオチド」——言わば最小単位——がある。ネアンデルタール人のゲノムを解読するということは、大量のコンピューター・アルゴリズムを通してその最小単位すべてを読んでくることを意味する。したがってこの操作そのものにも異論があったが、必要なすべての操作を終えた後、研究者は「ネアンデルタール人は、現在のサハラ以南のアフリカの人よりも現在のユーラシアの人と遺伝的変異を共有していた。したがってアフリカ人以外の祖先へのネアンデルタール人の遺伝子流動は、ユーラシア群がアフリカ群から別れた後だと考えられる」と発表した。実際にはよく調べてみると、そこで述べられている遺伝子流動、すなわち交雑による遺伝子の移動はおよそ一～四パーセントであることが判明した。これではとても大きいとは言えない。また奇妙なことに、その流動はネアンデルタール人から現生人類への一方通行だった［訳注：その後、逆の移動があったこともわかった］。

さらに不思議なのは、同じ研究グループがその後すぐ発表した結果である。その熱心な研究者らはすでに、シベリア南部のデニーソヴァ洞窟で見つかったわずか三万年ほど前の形態学的に分類不能な指の骨が、ネアンデルタール人と関係があるようには見えるけれども、現生人類ともネアンデルタール人とも異なるDNA指紋を持っていることを発見していた。その後、この標本から完全なゲノムが得られたが、遺伝子のごく一部が太平洋地域にいる現代のメラネシア人（だけ）と共通していると言われている。それが真実なら、メラネシア人の祖先はアフリカを出て、アジアを越えて太平洋へと向かう道筋のどこかでそうした遺伝的変異を拾い上げた可能性があるということになる。デニーソヴァで出土した大臼歯も基本的に同じ遺伝子サインを示しているが、その歯はきわめて大きいうえに、同じくらい新しい時代のいかなるヒトの歯とも形態学的に異なっている。つまり、場合によっては、形態学的な証拠と遺伝子の証拠が明らかに食い違っている可能性がある。そうした結果が最終的にどのように解釈されようと、後期のヒトの進化で起きた出来事は非常に複雑であり、ヒトの種とみなされている歴史的かつ機能的に個別化された生き物同士が、時折遺伝物質をやりとりしていた可能性があると、研究者は述べている。

もしかすると、そうした交雑が過去のヒトの遺伝子革新の重要な起源だった可能性さえある。つい先頃、シカゴの分子生物学者のグループが、脳の大きさを決定づけるうえで重要なマイクロセファリン遺伝子の変異体が急速に広がってホモ・サピエンスのゲノムに取り込まれたのは、今よりわずか三万七〇〇〇年ほど前ではないかと発表した。彼らの計算によれば、それは一〇〇万年を少し超えるくらい前に私たちの系統から離れた類縁から私たちの種へと持ち込まれた可能性があり、ネアンデルタール人がぴたりとその類縁にあてはまるようである。ただし実際には、ほかの種のヒトもその「提供者」だった可能性は残っている。現時点ではおそらく、そうした観察結果をどう解釈するかということを決めるには時期尚早だろう（そして三万七〇〇〇年前という年代は、私たちの種の出現に関する形態的な違いを見きわめるには新しすぎる）。しかしもっと昔に、近縁のヒトの種の間の小規模な遺伝子の交流が、ホモ・サピエンスの祖先に新しい遺伝子質をもたらす重要な役割を負っていたと考えることは不可能ではない。

このことは、それ自体もなんら驚くにはあたらない。遺伝子が時折、はっきりした差異のある哺乳動物の間で交換されることは、かなり前から知られている。実際、ライオンとトラを親に持つ巨大な交雑動物、ライガー二匹が、現在サウスカロライナ州の動物公園にいる。この生き物は実に恐ろしいほど大きい。その力強さを考えると特に、ライオンとトラは互いに最近になって枝分かれした近縁種でさえないと聞くと意外に思うかもしれない。ライオンは実際にはジャガーに近く、トラはユキヒョウに近い。そしてライオンとトラの最後の共通の祖先はおよそ四〇〇万年前に生息していた。しかしながら、交雑個体がいくら印象的であっても、ライオンとトラはまったく別の生き物ではないと述べる人などいないし、いずれも独自の歴史と進化の軌跡を持っている。その些細な遺伝子の掛け合わせにもかかわらず、この大型ネコ科の二つの種がやがて双方の親の個体群の特徴を合わせた一つの混成種になる合理的可能性はまったくない。ヒトに近い例では、近縁の霊長目の交雑についても同じことが言えるだろう。エチオピアの特定地域では、見た目は驚くほど違うけれども近縁関係にある二つのサル、マントヒヒとゲラダヒヒの間で頻繁に交雑が起きている。しかしそこでさえ、より広い範囲のいずれの親種にも、その種に固有の身体的特徴を失っているような徴候は見られない。

それを踏まえると、ホモ・ネアンデルターレンシスとホモ・サピエンスの頭蓋の構造の違いは、マントヒヒとゲラダヒヒ、さらにはライオンとトラに見られる差よりもはるかに大きい。その二種のヒトの間に時々交雑があってもなくても、種の間に進化的に重大な遺伝的やりとりがあった確率はごくわずかである。言い換えれば、いずれの種の未来の運命をも変えるようなことは何も起こらず、何らかの意味を持つほどまでに個体群が統合されることもなかったと考えられる。ポルトガルのアブリゴ・ド・ラガー・ヴェーリョで発見された「交雑種」と主張されているかなり新しい骨格や、ルーマニアのペシュテラ・ク・ワセで見つかった初期のホモ・サピエンスの奇妙な頭蓋は、詳細な調査によってやや特異な現生人類であることが判明している。さらに、そしてきわめて重要なことに、それと並行して考古記録からも、文化的な混合はまったくなかったか、あっても微々たるものだったというほぼ同じ状況がうかがわれる。現在判明しているどの証拠を見ても、ホモ・サピエンスとホモ・ネアンデルターレンシスは別個の生き物で、それぞれに独自の歴史と行動様式があったものとしか思えない。時として更新世の浮気があったとしても、ＤＮＡの一部を交換したくらいでは機能的本質まで変わることはなかったのだ。

ネアンデルタール人の食性

これまで見てきたように、遺伝子の証拠からはネアンデルタール人が常にまばらにしかいなかったことがうかがわれるが、それはまた、人口密度の低さと同様に彼らが残した遺跡の規模が概して小さいことにも少なからず表れている。温暖な時期でも寒冷な時期でも、ネアンデルタール人は、ヒトを支えるために必要な何種類もの植物性の食物が大量には手に入らないような、季節差のある環境で暮らしていた。何とか生きていくために、彼らは常に動物性の脂肪と蛋白質に大きく頼っていたことだろう。ただし依存の程度は明らかに一定ではなく、その変動は主に時期と環境の影響に左右されていたと思われる。なぜならネアンデルタール人は、適応力の高い狩猟採集民であり、環境がもたらすものをうまく利用する方法を心得ていたからだ。

イタリア西部にある隣接した居住跡の調査が、それを雄弁に物語っている。およそ一二万年前の温暖な時期（ＭＩＳ５ｅ）、ネアンデルタール人がそこにいた期間は短く、彼らに関係する動物の残存物は主に老齢個体の頭骨の残骸だった。大型肉食動物が満腹になった後に残るのが頭部であることから、研究者はその場所で暮らしていたヒトが自然に死んだ動物の残骸を漁っていたと結論づけた。それとは対照的に、およそ五万年前のそれよりもはるかに寒い時期には（寒冷だったのが偶然かどうかはわからないが）、動物の残骸は盛年期のもので体中のあらゆる部分が含まれていた。石器の数の多さを考え合わせると、ネアンデルタール人がその居住地に長くいただけでなく、彼らが高度な待ち伏せ狩猟の技術を用いて死体を手に入れ、丸ごと居住地に持ち帰って処理していたことがわかる。この種の考古学的証拠からはほぼ必ず、それを残した古代のヒトの生活について不完全なイメージしか得られず、解釈は容易ではない。それでも、古い居住地と新しいそれとの対比はきわ立っている。そして少なくともこのことは、動物性食物を手に入れるネアンデルタール人の技術が大きく変化しただけでなく、居住地での彼らの習慣も変わったことを示唆している。彼らのこうした生存戦略が型にはまったものでなかったことは間違いない。

彼らは融通のきく生存戦略をとっていたのかもしれないが、考古学者の間では、適切な環境ではネアンデルタール人が頂点捕食者だったとする一致した見解が強まりつつある。寒冷な時期のヒトを支える主要食物となりそうなものがそれしかなかったとまでは言わないにしても、動物性の食物が中心だっただけでなく、彼らが日常的に大型の哺乳動物、一部では環境の中でもとりわけ手強い動物を追い求めていた証拠も積み重ねられつつある。そうした証拠の中で特に興味をそそられるのは、ネアンデルタール人の歯と骨に残されていた安定同位体比率の研究結果である。アウストラロピテクスの食生活について、炭素同位体が多くの情報をもたらしてくれることはすでに述べたが、ネアンデルタール人の場合には、窒素の安定同位体が同様の役割を果たしている。窒素15と窒素14の二つの同位体の比率は、食物連鎖を一段階上がるごとに体組織の中でわずかに増加することがわかっている。比率が高くなればなるほど、食性に占める肉の割合が高くなる。一九九〇年代初頭以降、科学者は、ネアンデルタール人の骨では例外なく、窒素15と窒素14の比率が同じ場所の草食動物の骨の化石よりも高いことを突き止めた。実際それらは、オオカミ、ライオン、ハイエナから得られた比率とほぼ同等のレベルだった。

この観察結果は、ネアンデルタール人の遺跡でよく見つかる大量の解体された草食動物の骨の量とよく一致する。けれども究極の結果は、二〇〇五年に明らかになった。フランスのチームが、サン・セゼールと呼ばれる遺跡のかなり後期のネアンデルタール人の骨からきわめて高い窒素15／窒素14の比率を検出したのである。その数値が同じ遺跡のハイエナさえも大幅に上回っていたことから、科学者は、ネアンデルタール人がそのような高い比率を持っていた唯一の理由は、すでに窒素15を多く含む草食動物を食べることに特化していたからではないかと述べた。そして、その犠牲になったと推定され得る唯一の生き物は、そのあたりをうろついていた数ある大型獣の中でも最も手強いもの、すなわちマンモスとケブカサイだ。さらにフランスの科学者チームは、サン・セゼールのネアンデルタール人がマンモスとサイの死体をあさっていただけでは、彼らの骨に見つかった高い窒素同位体の比率を維持することは不可能だっただろうと述べている。科学者たちの見解によれば、おそらく長年続いてきた食生活の伝統の重要な要素として、ここのネアンデルタール人は積極的に大型動物を狩っていたに違いないということになる。この主張には説得力がある。つまり、ネアンデルタール人は恐るべきハンターであり、人口密度が低いにもかかわらず、最も手強い獲物に挑むこともできたのだ。彼らの居住地では日常的に炉で火が焚かれていた。そうした火は、手に入れた肉に熱を通す手段であり、危険な捕食動物を遠ざける手段であると同時に、間違いなく彼らの社会活動の中心にもなったことだろう。

それでも、ほとんどの時代とほとんどの場所で、植物性食物もまた、ネアンデルタール人の食生活で重要な役割を担っていたはずだということを忘れてはいけない。わかると思うが、食物を食べていたというこの面は、植物がすぐに腐敗してめったに考古記録に残らないことからこれまで目を向けられていなかった。しかしながら、科学技術の工夫で、調査に新たな驚くべき道が開かれつつある。たとえば最近の報告では、二つの有名な遺跡のネアンデルタール人の歯についていた歯石から取り出された、植物性微化石（でんぷん粒とプラント・オパール。植物の根、葉、茎にある極小の硬い物質で植物の種によって形が異なる）についての記述がある。歯医者の悪夢が古人類学者にとっては宝の山となったのだ。そうした遺跡の一つはイラク北部にあるシャニダール洞窟で、調査された標本はおよそ四万六〇〇〇年前のものである。ついでながらシャニダールは片腕の不自由な年老いた男性ネアンデルタール人の骨格が出てきたことで有名な遺跡だ。その腕はその持ち主の長い生涯の間ずっと役に立たなかったに違いなく、彼が生き延びられたのは、社会集団から継続的に支援を受けていたためではないかと推測されている。もう一つの遺跡はベルギーのスピー洞窟で、それよりも一万年ほど新しく、ネアンデルタール人史では末期にあたる。

時間も空間も遠く離れていて、地中海性気候と寒冷気候と環境も異なっているが、二つの洞窟は同じような物語を伝えている。どちらの場所においても、ネアンデルタール人は地場の環境で手に入る幅広い資源を反映した、様々な種類の植物を食べていた。特定の植物に特化していた形跡はないが、どちらの場所でも、そうした食べ物の多くは口に入れる前に何らかの準備が必要だと考えられ、実際、でんぷん質の多い植物部位の一部は食べやすくなるように火が通されていた。ところで同位体は、肉と蛋白質を多く含む植物を消費したことだけが記録されるので、でんぷん質の大量摂取と窒素同位体の記録は矛盾しない。シャニダールでは、微化石からわかる食べ物にナツメヤシ、オオムギ、マメ科の植物が含まれている。それらは一年の異なる時期に手に入れることのできる食物であることから、植物性食物の採集は一年を通して行われた行動だったことがわかる。全体としてこの新しい研究は、現代の狩猟採集民の生業様式の基本がネアンデルタール人が登場したころに確立されたものであることを示している。今日のホモ・サピエンスと同じように、ホモ・ネアンデルターレンシスは機会があれば何でも食べる雑食性だった。その姿は、捕食者の生活様式を取り入れていてもなお、私たちが古代の菜食主義の名残を捨てきれていないことを思い起こさせる。

ネアンデルタール人の生活様式

小規模だったということを除けば、食物を調理する火を囲んで座っていたネアンデルタール人の集団が実際にどんな風な暮らしだったのかは、つい最近まで知られていなかった。その様子について推測する基準となっていたのは、石で作られた人工構造物と割られた骨、そしてそれが住居跡に散らかっている状況だけだった。その散らかり方には概して（いつもではないが）一定の法則がなく、動物解体、石器作り、睡眠、食事など特定の行動に向けて居住空間が分けられていたのかどうかはほとんどわからない。完全に象徴化をとり入れた現生人類が残した遺跡ではたいていそのような空間の分割が見られるため、この二つの種の間には日常の暮らし方に違いがあったとすでに考えられている。けれども最近まで、ネアンデルタール人の集団がどのような組織をもっていたのかを伝えるものが多くなかった。現在は、エル・シドロンにある五万年前のネアンデルタール人の遺跡で作業しているスペインの研究者チームが、化石の証拠と分子レベルの証拠の両方に基づく興味深い見解を示している。

エル・シドロン遺跡そのものは、古代の地下水系によって周辺の石灰岩に作られた長くて入り組んだトンネルのたくさんある場所にあって、その歴史もまた複雑である。中でも注目すべきは、上部の地盤（あるいは上部のトンネルの床という可能性もある）が崩壊してその下の空洞に落ちたために、一度に大量のネアンデルタール人の骨が洞窟の横道の底に埋まって残されていたことだった。打ち欠かれたたくさんの石片も、化石の骨やその他の残骸と一緒になっていた。多くの石片を組み合わせていくと完全な形の丸石を再現することができるため、崩壊が起きた場所は石器が作られる場所だったと考えられる。瓦礫の中から発見された一八〇〇点の化石の破片は、ネアンデルタール人の成体が六個体、青年期が三個体、少年期が二個体、そして乳児が一個体の、計一二個体の壊れた遺骨に相当する。崩壊が起きた時には全員がすでに死亡していたように見え、崩壊は死後直後と考えられる。驚くべきことに、骨の多くに骨から肉を分離する時に出来る切り傷と打撃の痕が残っていることから、そのネアンデルタール人はただ死んでいたのではなく、大量殺戮、おそらくカニバリズム（食人）の犠牲者だったろうと研究者は結論づけている。

肉が削ぎ取られた証拠はネアンデルタール人（そしてホモ・ハイデルベルゲンシス）の骨には珍しいことではない。そして多くの科学者は、死んだ後に遺体から肉を取り去ることは必ずしもカニバリズムの証明であるとは限らないと主張している。けれどもエル・シドロンのヒトの骨が食べるために断ち切られていたとする主張には説得力があり、そうした行動が実際にネアンデルタール人の行動レパートリーの一つだったとする可能性は高まっているようだ。興味深いことにエル・シドロンの研究者は、グラン・ドリナで見られた「美食としてのカニバリズム」（すなわち、必要にかられてというよりは習慣的な食人習俗）とは違って、エル・シドロンのネアンデルタール人は「生き残るためのカニバリズム」の犠牲になったのだと考えている。その見解を支える傍証として、彼らは化石の遺骨に明らかな環境ストレスの形跡、主にシマ・デ・ロス・ウエソスではほとんど見られなかった歯のエナメル質減形成があることを指摘している。エル・シドロンのネアンデルタール人にとって食生活のストレスが本当に大きな問題だったのであれば、隣接したネアンデルタール人集団間の資源を巡る争いが熾烈だった可能性はある。一連の様々な証拠を考え合わせると、エル・シドロンの一二体のネアンデルタール人はすべて一つの社会集団に属していたもので、その集団ごとほかの集団に襲撃され、殺害され、食べられたものと研究者は結論づけている。

さらに二つの観察結果が、ネアンデルタール人の一つの集団全体がエル・シドロンの事件で消滅したとする見解を支えている。一つは集団が一二人という大きさだったことだ。両方の性別の数人の成人と様々な年代の子どもたちという集団の大きさは、まさにその見解によく符合する。ネアンデルタール人の集団はきわめて小さかったと推測されているが、スペインにある五万五〇〇〇年前のネアンデルタール人のアブリク・ロマニ遺跡における最近の研究では、岩陰に居住していた集団の大きさは八〜一〇個体くらいで変動していたと結論づけられた。もしアブリク・ロマニの居住者が典型例で、集団サイズの推測が正しければ、エル・シドロンの一二という個体数はネアンデルタール人の基準ではやや大きめの社会単位に属していた可能性もある。

なおこの一群が集団の大きさ分布のどの辺に位置していたにしても、それが一つの社会的単位だったという見解は、洞窟内の冷涼な環境ですばらしく良好な状態で保存されていた彼らのｍｔＤＮＡの分析によって支えられている。まずエル・シドロンのｍｔＤＮＡゲノム間には相違点があまりなく、家族集団と考えて矛盾はない。だがこのうえなく重要な発見は、エル・シドロンの三個体の成人男性がそろって同じｍｔＤＮＡ系統に属していた一方で、女性はそれぞれ異なる系統に属していたことだった。したがってここで初めて、ネアンデルタール人の社会組織について、（決定的ではないけれども）ある程度の可能性を示す情報が明らかにされたことになる。エル・シドロンでは男性は生まれた集団内に残り、女性は思春期かその後間もなく、出生集団から離れて近隣の集団へ嫁いでいたのだ。

ある科学者は以下のように述べて、ニューヨーク・タイムズ紙に引用された。「ネアンデルタール人の少女も現代の少女と同じように、『結婚』の日に、親しい家族のもとを去らなければならないことを思って、つらい涙を流したことだろうと考えずにはいられない」。これは、少々現代風に脚色し過ぎたかもしれない——たしかに霊長目では感情を伴わない雌の移動は珍しくない——が、やはり心情を思わずにはいられない。

エル・シドロンの研究者によるネアンデルタール人社会についての推測はそこで終わらなかった。彼らは、五～六歳の子どもと三～四歳の子どもはおそらく同じ成人女性の子だろうと述べている。つまり出産間隔はおよそ三年で、歴史文献による狩猟採集民族に見られる間隔と一致する。結果として、ネアンデルタール人はおそらく授乳期間を引き延ばすことで、長期間排卵を止めることができたと考えられるだろう。エル・シドロンの石器に用いられていた材料からもまた、想像力に富んだ推測が生まれている。その石材を手に入れることのできる最も近い場所は数キロメートル離れていた。ひょっとするとエル・シドロンのネアンデルタール人は、その材料を手に入れるために近隣集団の縄張りに踏み込んで怒りを買い、その報復攻撃で手痛い代償を払わされたのかもしれないと、研究者は推察している。

総合すれば、興味をかき立てるエル・シドロンのこの証拠はみな、かつてないほど理屈抜きにネアンデルタール人の姿を描く助けとなっている。ハイテクの実験室の分析から、少人数のネアンデルタール人がツンドラで勇敢にマンモスを狩ったと知ることは、まさしくそのたくましく機知に富んだその人類に尊敬の念を抱かせる。けれどもその種類の知識は、エル・シドロンに示されるようなネアンデルタール人の生活——と死——の歴史的な一幕を考えることとは大きく異なる。平穏に石を打ち欠いて石器製作しているネアンデルタール人の拡大家族が、ある日同じ種の略奪集団に襲撃され、殺害され、解体されて、食べられたという想像は極度に心を乱される。最も、テレビで犯罪現場を見る現代人がそれに慣れてしまっているのと、それは大差ないのかもしれない。

一方でネアンデルタール人の心優しい一面について述べるなら、比較的損傷の少ないネアンデルタール人の骨がたくさん収集できる一因は、彼らが少なくとも時々死者を埋葬したためである。推測されるような埋葬はいっさいなかったとする説と、実際になされていたばかりか時に埋葬には副葬品も含まれていたとする説の両方が主張されているが、真実はその中間のどこかにあると思われる。確かに、ネアンデルタール人は埋葬習慣を始めた。しかし、現生人類が一般に埋葬とともに行うような儀式を行ったという確固たる証拠はない。私たちの祖先よりも前にネアンデルタール人が考え出したと思われる埋葬という行為について、私たち自身の姿をそこに投影したいのはやまやまだが、ネアンデルタール人の埋葬が私たちのようにありとあらゆる象徴化の品物で飾り立てられていたかどうかを知ることは不可能である。彼らが一種の深い共感のような感情を持っていたことはほぼ確実であるように思われる。しかし、ネアンデルタール人についてわかっている幅広い状況を考えると、彼らが死後の世界——まさに象徴化の認知能力が求められるもの——を信じていた可能性はかなり低い。

ネアンデルタール人と石器

ヨーロッパでネアンデルタール人の特徴を持つ化石が見つかるころまでに、調整された石核を作る技法の一種である「ムスティエ文化」として知られる石器作りの伝統が確立していた。これと酷似した石器一式は北アフリカやレヴァント地方の別の人類によっても作られていたが、ヨーロッパでは実際、ムスティエ文化製作者とはホモ・ネアンデルターレンシスとほぼ同義語である。ムスティエ文化の最も特徴的な石器は、ほどよい大きさの尖頭器と両側縁が凸状のスクレイパー、あるいは剝片で作られたタイプの涙滴形のハンドアックスだが、そのバリエーションは数え切れないほど多い。しかし石器製作者の特別な意図によって、そうなったのではないかもしれない。二〇世紀半ばの考古学者によって五〇を超える特徴的なムスティエ文化の石器器種が定義されているが、最近の研究者は実際にはむしろその形は連続的な変化の結果だと認識している。その理由は、上等な素材から作られる剝片がその機能を維持するために何度も繰り返し調整されたので、石器製作活動が複雑であること、その順序が連続していないことのためだ。実際、ムスティエ文化の最高の石器を作るために欠かせなかったのは、予測どおりにきれいに割れる石材そのものだった。良質の石材には明らかに高い価値があり、遠くまで頻繁に探しにいっていたことから、それがいかに重要だったかがわかる。ムスティエ文化の遺跡で見つかった、少なくとも一部の石器に用いられた石材の最寄りの採掘場所が、何キロも離れていることも珍しくない――エル・シドロンのネアンデルタール人の不運な運命が推測されるのはそのためだ。

良質の石材が必要だったのは、ムスティエ文化の技能が高かったためである。有能な石器加工職人は質の悪い石材を嫌い、ほかに選択肢がない時にだけ――よくあることだったが――そうした石材

ネアンデルタール人が作ったムスティエ文化のフリント製石器。フランスの様々な遺跡出土のもの。この巧みに調整加工された石器には、小型のハンドアックスが２点、スクレイパーが２点、尖頭器が１点含まれており、すべて調整石核技法を用いて作られた石の剝片で出来ている。写真：イアン・タッターソル。

で粗雑な石器を作った。現代の家具職人が直感的に木を見分けるように、ネアンデルタール人は直感的に石材を見分けていた。だから刃先が鈍くなるまで使うだけの単純な剝片を作るには珪化した石灰岩で十分だった一方で、ムスティエ文化期の人々はフリントやチャートの上質な破片を慎重に調整し、もうこれ以上使えなくなるほど小さくなるまで繰り返し何度も鈍った刃先を整えて新しい刃を作った。樹脂の痕跡が残っているスクレイパーや尖頭器が発見されていることは、ネアンデルタール人が、そうした石器をしばしば革ひもや腱で縛りつけて、木製の柄にはめたり槍の先端に用いたりしたことを裏づけている。ムスティエ文化の石器は明らかに、知性があり手先の器用なヒトが作ったものだ。

それでも彼らは、私たちと同じではないかもしれない。しばしば見られる石器の優美さとそれを作る技能にもかかわらず、ムスティエ文化の石器はネアンデルタール人が暮らしていた広大な地域全体に一様に分布しているのだ。ムスティエ文化ではこれまでにいくつかの変種に名がつけられており、それは現在でも一般に認められている。しかし、石器製作の考え方の画一性が当時の原則であって、ネアンデルタール人の石器に見られる小さな差異は主に、地理的に離れた現生人類に予想されるようなものごとを様々な方法で試してみるというよりは、手に入る資源の違いや、時に時代を経て洗練されたことなどによる地域的な行動の相違である可能性が高い。くわえてネアンデルタール人は、石器に木製の柄はつけても、他の柔らかい素材で道具を作ることはほとんどなかったように見える。ネアンデルタール人の居住地には角や骨がたくさんあり、それらは後の現生人類によって大量に人工品に加工された。けれどもムスティエ文化の石器製作者がそうした素材を活用することはほとんどなかった。もっとも五万年前のフランスのラキナ遺跡から出土したもので、石器を細部加工する目的で用いられたムスティエ文化の骨器の珍しい例の一つは、ヒトの頭骨片から作られたと考えられている。この例でも、他の場合でも、ムスティエ文化期の人々は石を扱うかのように骨を打ちたたいており、彼らの後継者が見せたような柔らかい素材の特別な性質に対する繊細な扱いをまったく示していない。要するにネアンデルタール人の職人技能は、華々しいものであることは間違いないが、型にはまったものだったのだ。

これらすべてから導き出される結論は、ネアンデルタール人の技術の記録には、象徴的な思考を示すようなものはいっさい見出せないということである。熟練した技能はある。複雑であることは間違いない。だが、私たちと同じではない。ホモ・ネアンデルターレンシスは一つの種として、時代とともにより難しい行動へ、環境との繊細かつ複雑な関係へと向かうヒトの傾向性を十分に受け継いでいる。脳の大型化というヒトの傾向にもあてはまることは間違いなく、その極端な例となった可能性もある。けれども行動的な面では、過去からの質的な飛躍はなかった。ネアンデルタール人は、見たところ向上はしていても、単に彼らの先行者がやっていたことを繰り返していただけだった。言い換えれば、彼らは程度こそ上がれど、祖先と同じような存在だった。私たちは違う。私たちは象徴化を扱う人類なのである。

第一一章　新旧の人類

石器とその製作方法は、石器製作者の象徴化思考過程を表す鉄壁の代弁者とは限らない。実際、そのような精神過程を示すものは、旧石器時代の技術にはまったくとは言えないまでも、ほとんど何も見つかっていないと言えよう。旧石器時代全体を通して、確信を持って象徴化の意図を読み取ることができるのは、ほぼ例外なく、一見して象徴的な遺物、もしくは明らかに象徴的な行動の痕跡が残っている場合だけである。むろん、そうしたものが表れていると実際に判断することは口で言うほど容易ではない。先程述べたような埋葬には、ほかの動機もあるかもしれない。オーカー［訳注：酸化鉄の塊で、旧石器人が顔料に用いた］が後年の人々によって広く象徴的な意味合いで用いられたことは事実だが、記録にしっかりと残されている様々なネアンデルタール人遺跡で行われていた顔料の細かい破砕が、ネアンデルタール人の意図を示したものとは必ずしも言い切れない。「象徴的」な遺物を見分けることでさえ、時に判断が難しい。生き生きとした動物の姿が装飾された洞窟の壁に疑わしい点は何もない。けれども自分が望みさえすれば、様々なひっかき傷や奇妙なしるしを象徴化と解釈することも可能かもしれないと考えると、実際それは非常にあいまいな領域に入りこみかねない。

ネアンデルタール人については、その点ではよくてもそのグレーゾーンの、どちらかといえば疑わしい方に近い地点にいると考えられる。自信を持って彼らと結びつけることができ、なおかつ明らかに現代人的な認知過程を表している断片と解釈できるものが、ネアンデルタール人が生きていた時間と空間全体からは何一つ見つかっていないということは重要である。時折その前兆のように考えられるものはあり、科学者の間で議論になっている不明確な遺物はいくつかある。けれども、明らかに複雑な行動パターンを示している大きな脳を持った現生人類の近縁が残した記録において、それはまったく予想外のことではない。象徴化を行える心を思わせるそのような一瞬のひらめきよりもほぼ間違いなく目立つのは、私たちのような思考様式と表現力が、ネアンデルタール人の意識やネアンデルタール人社会の日常的な側面だったという実質的な証拠が何もないということである。

中でも印象的なのは、ネアンデルタール人が残した見事ではあるけれども退屈な遺物の考古記録と、その後のヨーロッパに現れたまったく新しい人々の象徴に満ちあふれた生活との目を見張るほどの相違である。その新しい人々は通称クロマニヨン人として知られており、ヨーロッパ亜大陸には四万年ほど前に入った。彼らはいわゆる上部旧石器時代の物質文化を持ち込み、現代の私たちから遠く離れてはいるけれども、本質的に私たちと同じように世界を捉え、経験していたことを示す多くの証拠を残している。そうした証拠には、プロローグで取り上げたようなラスコー、ショーヴェ、アルタミラの洞窟にある驚くほど躍動的な芸術作品が含まれる。そして、ネアンデルタール人の分布域にクロマニヨン人が姿を現し、芸術家やその仲間が新たな形の推論によって開かれた想像の可能性を探求したことで、技術的な変化のスピードも芸術と同じくらいめざましく加速した。ネアンデルタール人は、したたかな臨機応変さと優れた技術を持っていたのにもかかわらず、明らかにクロマニヨン人はまったく新しい部類の生き物だった。

それは、彼らが作ったものだけでなく、クロマニヨン人遺跡の数や大きさに示される人口密度の高さといった、それほど直接的ではない指標にも表れている。実際、ネアンデルタール人と比べて格段にうまく環境を利用できたクロマニヨン人の能力こそが、ネアンデルタール人と直接衝突した時に備えてあらかじめ計画を立てることができたという点で有利だったことと並んで、この新しいヒトが登場してから一万年も経たないうちにネアンデルタール人が完全に消滅してしまった理由である可能性が高い。二万年ほど前に訪れた最終氷河期の最寒冷期を前に、ネアンデルタール人はすでに末期的衰退をたどっていたと言われている。地域的には、後期のネアンデルタール人がクロマニヨン人の出現前にその地を放棄したように見えるイベリア半島の南端がその一例かもしれない。しかしながら、ネアンデルタール人が暮らしていた広大な領土のどこかで、この二種類のヒトの間に接触がなかったとは考えられない。そして、この二つの種が遭遇したことを示すやや推測に頼った間接的な形跡は――DNAとはまた別に――存在する［訳注：ネアンデルタール人と現生人類とのヨーロッパでの共存期間については二〇一五年に発表された研究で、原著の執筆時点の想定より短かったことが分かった。この点についてはあとがきを参照］。

ヨーロッパの石灰石地帯には洞窟の入り口や岩陰の張り出しが珍しくなく、それらは自然がもたらす安全な避難所として初期のヒトが好んで暮らす場所だった。それでも、「穴居人」という呼び名はどう見ても正しくない。ネアンデルタール人とクロマニヨン人はいずれも広大な大地を歩き回って野営していた。彼らが洞窟と結びつけられるのは、単にそのような場所が浸食から守られやすいからで、

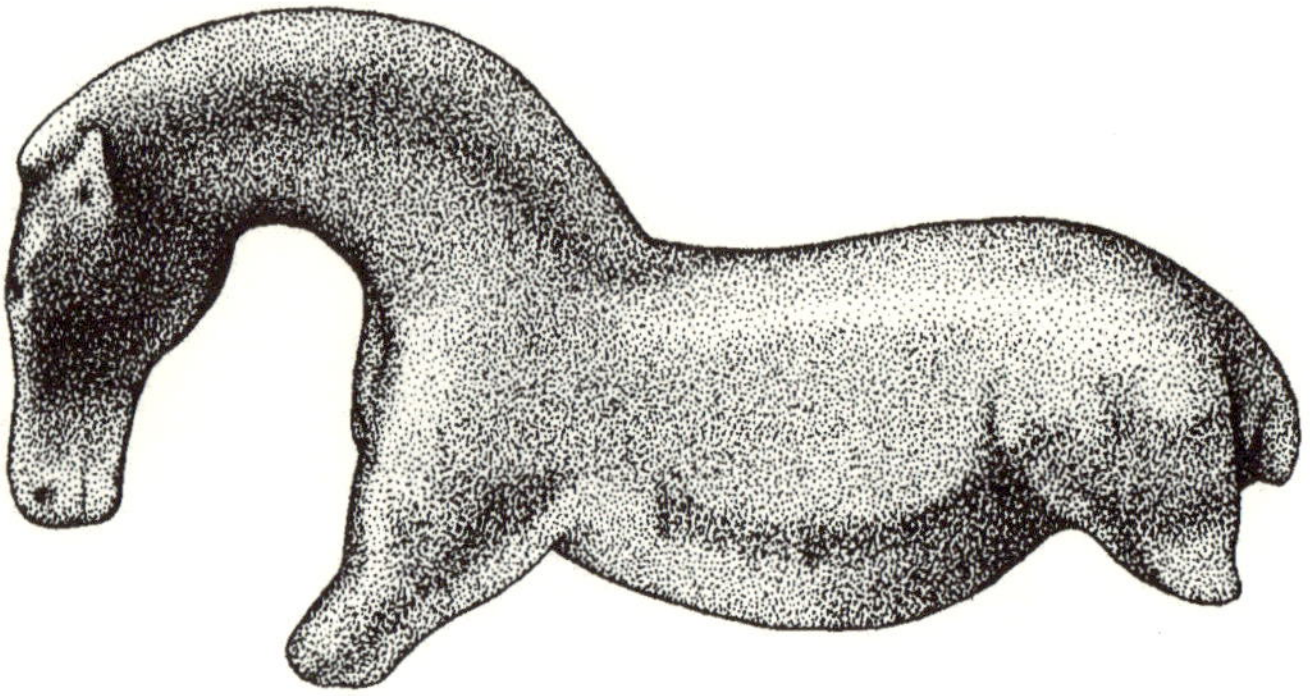

世界最古の芸術作品の一つで、マンモス牙製のウマの彫刻。3 万 4000 年前頃のもの。きわめて象徴的な作品である。なだらかな輪郭は、単に氷河時代ヨーロッパの大草原を駆けめぐっていたずんぐり型のウマを表しているだけではなく、そのウマの優美な姿の抽象化でもある。ドイツ、フォーゲルヘルト。絵：ドン・マグラナガン。

したがって古代に暮らしていた痕跡が他の場所よりも保存されているためである。多くの洞窟や岩陰で、数十年にも及ぶネアンデルタール人とクロマニヨン人の双方が残した遺物が何枚もの層になって残っている（たいていの場合、彼らが残した遺物でそれがわかる。彼ら自身の骨が見つかることはきわめて稀だ）。単一の遺跡に両者の証拠が残っている所では、上部旧石器時代の層はほぼ決まって最後のムスティエ文化の地層の上にあり、その二つはたいていの場合、無遺物層によってはっきりと分けられていることから、その場所がしばらくの間使われていなかったことがわかる。ムスティエ文化が最終的に置き換えられる前にそれが上部旧石器時代の上位にあった（つまりムスティエ文化の方が新しい）と思われる証拠は、わずか二カ所にしか見られない。

しかしながら、いくつかのきわめて後期の遺跡にはまた別の文化的伝統の証拠が残されている。これは「シャテルペロン文化」という名で知られ、フランス西部とスペイン北部に点在して見つかっており、ムスティエ文化とオーリニャック文化（上部旧石器時代の最初の文化）の両方の特徴を兼ね備えている。シャテルペロン文化の石器群には、ムスティエ文化の「剝片」の石器だけでなく、骨や象牙で作られた道具とならんでオーリニャック文化の石器の主な特徴である「石刃」も見られる。前にも述べたが、石刃とは長さが幅の二倍ほどある細長い剝片で、アフリカでもそれより古い時代のものが時折発見されており、ヨーロッパではクロマニヨン人を代表する石器である。最近になって、シャテルペロン文化は一般にネアンデルタール人の手によるものと考えられるようになっており、ことによるとシャテルペロン文化期までにヨーロッパに住みついていた現生人類との接触によって引き起こされた文化的変容の結果かもしれないともみなされている。シャテルペロン文化に分類されている遺跡はみな三万六〇〇〇年前から二万九〇〇〇年前の非常に短い期間に該当するのに対して、放射性炭素の年代測定から、クロマニヨン人は四万年前にはすでにおそらく東方からやってきてスペインにいたことが示唆されている。もっともこれほど遠い昔の時期の放射性炭素年代の測定は、古い標本に残っている放射性炭素の量がきわめて少ないこともあって、やや慎重を要することは述べておかなければならない。古い手法を用いて推定した年代は最近の研究によると少し若く出ていると考える傾向が示されており、最新の精度の高い年代測定から、その二つのヒトの種が重複していた時期はこれまで考えられてきたよりもやや古く、期間も短かったとする研究者もいる［訳注：あとがき参照］。それもまた、突然の種の交代があったと結論づける理由の一つとなっている。

さらに、シャテルペロン文化を代表すると思われるような文化変容がどのような形を取ったのかとなるとほとんど推測でしかなく、文化的特徴の奇妙な組み合わせが生じた成り行きについての意見には、交易による入手、模倣、盗みなども含まれている。それでも最近のいくつかの進展が、それらすべてを無意味なものに変えてしまうかもしれない。なぜなら、シャテルペロン文化の骨や象牙の品がネアンデルタール人の製作であるという見解を覆す傾向が出てきているからだ——ただし、石刃の人工品は紛れもなくそれより古いネアンデルタール人の伝統から生まれたものである。象徴化の可能性を秘めているシャテルペロン文化の作品で最も有名なものは、フランスのアルシー・シュル・キュールにあるトナカイ洞窟で見つかったものであることは間違いない。その中には磨き上げられた立派な象牙製のペンダントが含まれているが、ほとんどの人にとってそれは象徴化の遺物とみなすことにほとんど困難はない。ごく最近までそれは、同じ遺跡で見つかった、やや不完全なネアンデルタール人の化石と関係があると考えられていた。ところが最近になっていくつもの独立してなされた調査から、洞窟内では頻繁に起こり得る地層の攪乱という一種の自然現象によって、それらがもっと上の層からより古いネアンデルタール人の層へと入り込んだ可能性が高いと結論づけられた。同様に、最近の研究から、サン・セゼールの明らかにネアンデルタール人である骨格をシャテルペロン文化と結びつけることにも疑問が呈されている。つまり、ネアンデルタール人とクロマニヨン人がまったく出合わなかったということはありそうもないが、彼らの間に何らかの相互関係があったという確かな証拠はまだなく、ましてやそれがどのような形だったのかということはまるでわからないのだ。

このように、大きな脳のネアンデルタール人が新参のクロマニヨン人からの情報で象徴化を習得で、きたかどうかという明らかな疑問は、手持ちの考古記録からは答えを得られないままである。しかし間接的な一連の証拠をすべて考慮すれば、それはどちらかと言えばあり得ないことのように思われる。ネアンデルタール人とクロマニヨン人がヨーロッパで出合った時、その類似性にもかかわらず、それぞれ異なる物の見方と世界との関わり方を持っていた彼らは、互いを見知らぬよそ者と考えた可能性が高い。中でも言語は大きな問題だったはずだ。現在わかっている限りでは、クロマニヨン人が——彼らの特別な言語が今日話されているもの、あるいは有史時代のものとさえ異なっていたとしても——ほぼ間違いなく言語を持っていたのに対し、ネアンデルタール人はそうではなかったようである。後に詳細を述べるが、言語は最高度の象徴化の活動であり、おそらく現代人の象徴的意識を獲得するために特別かつ中心的な役割を果たしたと考えられる。ありそうもないことだが、たとえもし才能あるネアンデルタール人が時にその初歩的な種類の言語を学んだとしても、その結果起こったかもしれない両者間の交流が、いずれかの集団の文化的あるいは身体的な進路に物質的な影響を与えたことを強く示唆するものは何もない。

ちょうど私たちの生活のようにおそらく神話と迷信に満ちていたであろうクロマニヨン人と、そうでなかっただろうネアンデルタール人との違いを考える時、その心理的な相違を最もうかがい知ることのできそうな出来事はおそらく、陰惨でありながら事もなげになされたエル・シドロンの住人の不幸な運命や、ラ・キナで見つかった頭蓋の一部がまったく普通の道具のように用いられていた様子に見ることができる。ネアンデルタール人が残したそうした道具を含むすべての物質には、徹底的に実用性だけに着目する性質——そして象徴化の想像力の欠如——を感じずにはいられない。この脳の大きな親類は間違いなく賢かった。だが、その種の賢さは私たちのものとは異なる。その違いを私たちが完全に理解することは難しい。すでに述べたように、象徴化でものごとを捉える現生人類が、そのような考え方をしない生き物に自分自身をあてはめて考えることはまったくできない。その相手がどれほど脳が大きく、どれほど私たちに近い関係にあっても、だ。認知能力の隔たりが大きすぎるのである。現在の理解状況では、ネアンデルタール人がどのように主観的に世界を経験し、その経験を仲間と伝え合っていたのかはまったくわからない。確かなのは、ネアンデルタール人を私たちの失敗作と見ることは、彼らに対して不公正だということだけだ。

第一二章　謎に満ちた出現

ホモ・ネアンデルターレンシスが初めてヨーロッパに姿を現したのとちょうど同じころ、私たちの種、ホモ・サピエンスがアフリカに出現した。しかしながら、シマ・デ・ロス・ウエソスの化石がヨーロッパにおけるネアンデルタール人の祖先についてかなり明るい理解をもたらしているのに対して、アフリカのホモ・サピエンスの状況はまったくわかっていない。東アフリカと南部アフリカの四〇万年前〜二〇万年前の遺跡から数多くのヒトの頭蓋が見つかっているが、解剖学的に明確なホモ・サピエンスに近い祖先と思われるものは一例もない。それでも、現生人類の誕生した場所がアフリカだったことは確信できる。ホモ・サピエンスとおぼしき最古の化石がその地で見つかったからだけでなく、現代人の集団ごとの多くのDNA比較から、全員が一つのアフリカの祖先にたどり着くことがはっきりしているからである。予想される化石が見つからないのは、単にアフリカが広大な場所でまだ調べ尽くされていないからかもしれないが、普通ではない私たちの種が、同じく突然現れたホモ・エルガステルの例で述べたように、系統全体のある種の遺伝子の調整の変化によって生まれたためなのかもしれない。なぜならホモ・サピエンスは、ネアンデルタール人や、化石に示されるほかの絶滅したホモ属の仲間に見られるような祖先の体型とは、多くの点で異なっているためである。だが、それだけではない。ホモ・サピエンスに関しては、体型もほかとは異なるが、すべての生き物と私たちを大きく分ける象徴化の認知体系が、まったく違うのだ。体型と認知体系は同時に獲得されたものではない。現在では、最古の解剖学的なホモ・サピエンスは、認知という点でネアンデルタール人やその他の同時代のホモ属と何ら変わらなかったと考えられている。

解剖学的に現代的なホモ・サピエンス

骨の構造から見て今日の私たちと正確に——もしくはほぼ正確に——同じように見える人々の最古の証拠が初めて見つかったのは、アフリカ北東部の二つの遺跡からである。一九六〇年代の終わり頃、現在ではおよそ一九万五〇〇〇年前のものと考えられているエチオピア南部のオモ盆地の堆積岩から断片的な頭蓋が出てきた。復元した結果、現在生きているヒトの個体群のメンバーのいずれともまったく同じではないが、どうやらホモ・サピエンスのように見えた。さらにごく最近になって、エチオピア北部のヘルトにある堆積層から出土した、かなり完全な子どもと成人を含む三点の頭蓋もまた、いくつかの細かい点で今日の人間とは異なっているけれどもホモ・サピエンスだと考えるのがふさわしい。成体は間違いなく、高さと容量のある脳頭蓋とその前方の下に引っ込んだ小さな顔面という、私たちの種に独特なきわだった特徴を見せている。ヘルトの化石は一六万年前から一五万五〇〇〇年前の間のものと断定できる。したがってオモとヘルトのヒト化石から、ホモ・サピエンスの頭蓋に特徴的な基本的解剖学的構造は、およそ二〇万年前から一六万年前に確立したとわかる。重要なことにこの年代幅は、世界中の現代人の異なる多数の集団から抽出したmtDNAで計算した年代と合祖理論に基づいて分子人類学者が提示しているホモ・サピエンスの起源となる年代と一致するのだ。

それでも文化的な意味では、ホモ・サピエンスによる地球支配は一気に起きたというよりむしろ弱々しく始まったようである。エチオピアの前述の二遺跡でも、見つかった石器には印象的なものはない。オモで発見されたいくつかの石器は「特徴なし」とされているが、ヘルトには調整石核から剝離された剝片のほか、ハンドアックスも存在する。これはアフリカに存在したハンドアックスの最も新しい時代の記録で、それによってヘルトの石器群は、アシュール文化から後期の人類に伴う「中期石器時代（MSA）」の技術への複雑で長期の移行時期のちょうど末期に位置することになる。中期石器時代は通常――結論から言うとやや不適切であることが――、ヨーロッパにおけるネアンデルタール人によるムスティエ文化のアフリカ版とみなされている。その理由は主に、どちらの文化伝統も調整石核技法に頼っていることだ。けれども詳しくは後述するが、中期石器時代にはムスティエ文化よりもはるかに多くのことが起きていたように思われる。ただし現在わかっている限りでは、そうした徴候はオモやヘルトの時代より後にしか表れていない。

人間の技術史全体によくあることで――現在でも変わっていないが――新しい要素とならんで古い要素がいつまでも残っているために、中期石器時代がいつ始まったのかを正確に述べることは難しい。ただ一般的な見解では、およそ三〇万年前から二〇万年前の間の、おそらくホモ・サピエンスと判別できるものが出現する前にその起源があると考えられている。それが正しければ、人類の進化過程における生物学的な革新と文化的なそれとの間にすでに見てきた不一致とよく合う。

ホモ・サピエンスの起源の問題は、ネアンデルタール人以外の比較的脳の大きなヒトを、私たちに似ていないにもかかわらず「古型ホモ・サピエンス」と分類する古人類学者の長年続く傾向によって混乱している。その呼称はアフリカのほぼ全土、さらにはそれ以外の地域で発見された標本にも用いられた。しかし実際には、私たち固有の解剖学的構造（中でも特に退縮して後ろに引っ込んだ顔）という最も基本的な特徴さえ共通していない生き物を私たちの種に含めても大して役に立ちはしない。そうしたとりわけ不可解な化石に、北アフリカで見つかった頭蓋がある。そのいくつかは、アルジェリアのビル・エル・アテール遺跡にちなんでアテール文化として知られる石器製作伝統と共伴する。アテール文化の石器は主に中期石器時代の変種とみなされているが、いくつか独特な形状の石器があり、「有茎（中子のついた）尖頭器」と呼ばれるものは槍の先端として柄がつけられていたか、あるいはごく後期になると矢じりとして用いられていたと考えられる。

ごく最近の年代のものと長く考えられていたアテール文化は、現在ではかなり古い遺跡にもあることが知られている。そのため、この石器群の最古の製作者が最初のホモ・サピエンスの出アフリカに一役買っていたのではないかとの推測をかき立てている。地理的には、それで意味を成す。なぜならサハラ砂漠は、必ずしも今日のように人間の移動を阻むものではなく、現在の砂ばかりの不毛地帯にもかつて人類、特にアテール人が居住していた証拠がたくさんあるからだ。現在吹き荒れる砂に覆われている古い水系の跡は、その地域の降水量が増えてあちらこちらに湖と、植生が出来、周期的にサハラ砂漠が「緑化された」ことを物語っている。そうした最も湿潤な時期の一つはおよそ一三万年前から一二万年前だった（ヨーロッパの最後の間氷期に相当する時期）。その時期のサハラ砂漠は、北方へと広がっていく現生人類個体群の水路の役割りを果たせたと考えて間違いない。ただしアテール人そのものは、少なくとも長期にわたって実質的にアフリカに残っていたと考えられる理由がいくつかある。

不確かな要因の一つはアテール人の正体である。特定の種類のヒトをもっぱら一つの特別な石器一式と結びつけることは一般に賢明とは言えないが、今のところ初期のアテール社会に伴う北アフリカのヒト化石は、非常にあいまいな「古型ホモ・サピエンス」の範疇に属すると考えてよいかもしれない。そうした化石の中で最もよく知られているのは、一一万年前かそれより前のものとも思われるモロッコのダル・エス・ソルタンⅡ遺跡で見つかった部分頭蓋と、それよりも断片的な化石である。最近になって多くの注目を集めているのは、こちらもまた

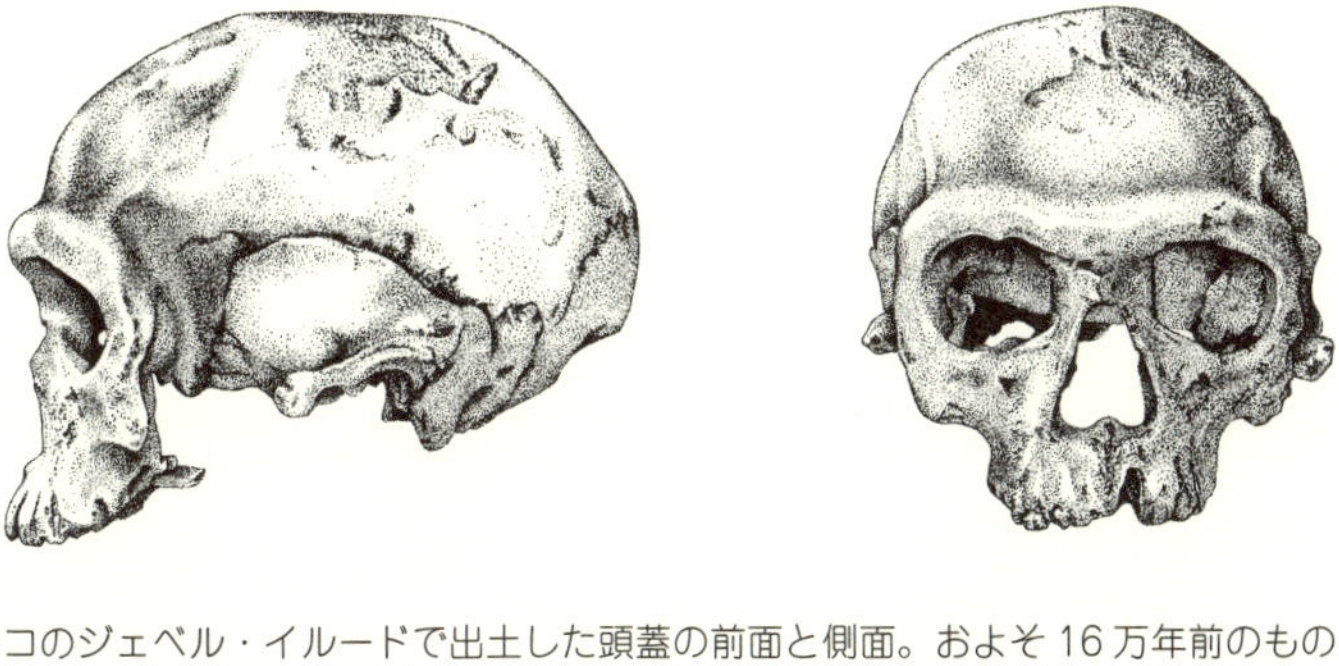

モロッコのジェベル・イルードで出土した頭蓋の前面と側面。およそ16万年前のものと思われる。しばしばホモ・サピエンスに近いとみなされるが、実際にはたいそう異なる顔面構造がある。共伴する石器群はヨーロッパのネアンデルタール人のものによく似ている。絵：ドン・マグラナガン

モロッコのコントロバンディエール洞窟で出土した、ほぼ同時期の、つぶれて破片になっていたけれども比較的完全な子どもの頭骨である。その復元された脳頭蓋の容量はかなり大きいものの、明らかに現生人類の標準仕様ではない。それよりもなおのこと現生人類らしくないのは、おそらく一六万年前より古い、これもまたモロッコのジェベル・イルードで見つかった二点の頭蓋だ。年代の古い二点の標本は、ネアンデルタール人のムスティエ文化によく似ていると言われる石器と共伴しているが、ヒト化石自体はまったくネアンデルタール人のようには見えない。ジェベル・イルードの個体は一三〇五ccから一四〇〇ccの脳容量があったが、そうした北アフリカの標本はどれも明らかにホモ・サピエンスの仲間の姿をしていない。より完全なジェベル・イルード1号頭蓋はやや小さい下顔部を持つが、顔面の骨格全体が前面に位置しているうえ、顕著な眼窩上隆起も持っており、その背後で現代のホモ・サピエンスにはまったく見られないような形で額が後退している。

近縁種の間で骨から種を見分けることは、しばしば非常に難しい問題である。種の分化が起こらないまま個体群内に多くの身体的な多様性が積み重ねられる一方、同じ祖先の子孫である二種のメンバーの骨を実質的に識別できない例もある。このように形態学的に適切な基準がない中では、アテール、すなわちジェベル・イルードの人々が解剖学的に主流のホモ・サピエンスと遺伝子を交換できなかっただろうとは確言できない。実際、この先で述べるが、彼らはそうしただろうと考えられる。それでもこちらも後述するが、アテール人がごく初期の段階でアフリカの外へと小さな冒険を試みた可能性はあるが、後に世界中に移住するようになったホモ・サピエンスの明確な出アフリカにおいて、彼らが重要な役割りを果たしたことは決してなかった。

ここで、アフリカを出て北と西へと広がったヒトのたどった道のりで、最初の滞在地となったであろう、地中海の東端に位置する近隣のレヴァントに目を向けてみよう。レヴァントは一般的に北方の地域よりもアフリカと動物相の要素を共有しているため、生物地理学者は実際にこの地域を巨大なアフリカ陸塊の延長線と考えることが多い。オモとヘルトの時代以降、現生人類特有の形態を明らかに示すアフリカ的なヒトの化石頭蓋は増える一方だ。だが、最新の計測から一〇万年以上前のものと考えられる、イスラエルのジェベル・カフゼーの洞窟遺跡に埋まっていたほぼ完全な骨格群ほど、議論の余地なく古いものはない。この標本は明らかに私たちの種に相当するものであり、その化石の近くで見つかった青年期個体もまたそうだった。けれども同じ遺跡からはまた、標準的なホモ・サピエンスではないけれども大きな脳を持つヒトの骨が――さらに多く――発見されている。彼らは明らかにネアンデルタール人でもない。さらに謎を深めるかのように、そうした人類はみなムスティエの石器群と共伴していることが判明した。それらの石器は、同時期のイスラエルで良好に記録されているネアンデルタール人が作った石器とおおむね同じだった。実際、その地域のネアンデルタール人の遺跡は、少なくとも一六万年前から四万五〇〇〇年前の年代にまたがっている。

カフゼーのヒトは、地中海を見下ろすカルメル山の西側の斜面にある数十キロ離れた埋葬場所、ムガレト・エス・スフールの岩陰で見つかったものと、ひとまとめに語られることが多い。スフールの発掘では、おそらく一〇万年前頃の成体と少年期の個体合わせて一〇体の化石が出てきた。この化石はカフゼーのものよりは身体的特徴が均質だが、奇妙であることに変わりはない。彼らは現生人類と同じように、一四五〇ccから一五九〇ccの立派な大きさの脳が入る、高さがあって丸みを帯びた脳頭蓋を持っている。けれども私たちとは異なり、かなり頑丈な作りのスフールの顔面は引っ込んでおらず、堂々と頭蓋の前方に突き出ていて、上部には垂直な額の代わりに横棒のような一本の骨がついていた。第二次世界大戦より前にその化石を分析した科学者はこの不思議な形態にあまりに困惑して、研究対象について大量の記述は残しているが、実際の結論ではむしろスフールのヒトの正体は見事なままでに曖昧なままにしておいた。

むろん、彼らを現生人類とネアンデルタール人の交雑種と考えることは一つの可能性である。スフールは長くネアンデルタール人が暮らしていたタブーン洞窟から数分で容易に歩ける場所にあるため、地理的には道理にかなう。まったく同時期だったと信じる明白な根拠はないが、実際、スフールの埋葬が行われたころにネアンデルタール人もタブーンに住んでいたようである。しかしながら、生物学的に見ると話はだいぶ異なってくる。ネアンデルタール人と現生人類は根本的に異なる設計図の上に成り立っている。両者の交雑種がどのような姿になるは*ず*かということは皆目見当がつかないが、交雑種というものが両親となる個体群両方の特徴を示す傾向にあることはわかる。そして、スフールに見られるものはまったくそれではない。

その曖昧な解剖学的構造の結果、古人類学者は最近になって、いつものように彼らを「古型ホモ・サピエンス」という名称の下に隠してしまうことで、このヒトが本当は何者なのかという議論を避けるという誘惑に負けてしまった。けれどもそれはまさしく問題をはぐらかしているだけで、実際、可能性はほかにもある。一つはもちろん、カフゼーとスフールのヒトがまったく固有の系統の人類であり、これ以外に他に何の化石も見つかっていないという場合だ。しかしそれよりもさらに興味深い可能性は、彼らの奇妙な解剖学的構造が現生ホモ・サピエンスとネアンデルタール人の交雑ではなく、ジェベル・イルードやダル・エス・ソルタンの化石に例示される北アフリカのアテール人の子孫と現生人類が交雑した結果かもしれないということである。これらの個体群の交雑種にどのような姿を想像すればよいのかはさっぱりわからないが、なぜかその組み合わせはかなり可能性が高そうに見える。ほんの少し前まで共通のアフリカ起源を持つこの二つの種は、おそらく非常に近い類縁だった。タイミングはもちろん、当時優勢だった環境的諸条件も最適である。およそ一二万年前の降水量の多い時期に、アテール人が北アフリカを横切って東方へと広がり、北へと向きを変えて比較的暮らしやすいシナイ半島を抜けてレヴァントに入った一方で、サハラ以南のアフリカの個体群がナイル川の緑地沿

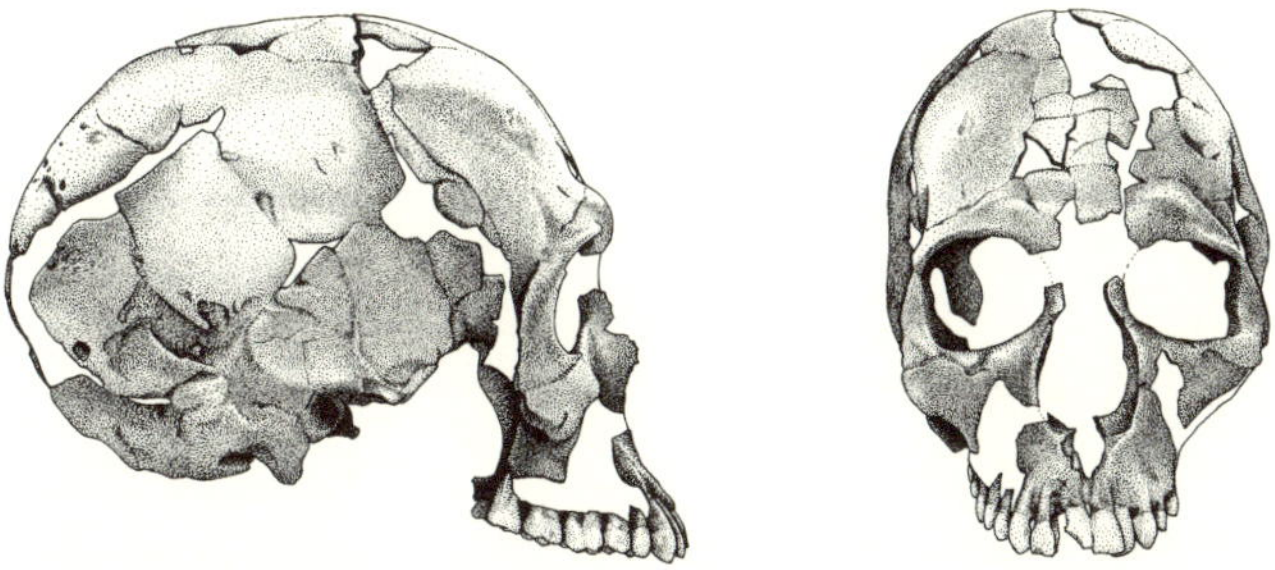

アフリカ以外の場所で見つかった最古の現生人類の化石。この頭蓋はイスラエルのジェベル・カフゼー遺跡で発見された。カフゼー９号と呼ばれるこの化石は、解剖学的には現生人類の基準に入る。しかしながら、同じ場所のほかのヒト化石には典型的な現生人類の頭蓋の構造はない。そしてカフゼーのヒトはみな、同じ地域のネアンデルタール人が作ったものと同じムスティエ石器群と共伴している。絵：ドン・マグラナガン

いにまっすぐ北上してから急に角度を変えてその後イスラエルへと向かった可能性大いにある。ある時点でその二種が出合い、身体的な違いはあってもうまく交雑したのかもしれない。現生人類とネアンデルタール人の隔たりと比べれば、その差が小さかったことは間違いない。新たな土地で、正確にはどのようにムスティエ文化の石器製作方法が採用されたのかははっきりしないが、どちらの先祖の石器作りの方法をとってみても概念的にはムスティエ文化と大差ない。北アフリカの様々な石器群は折りにつけ「ムスティエ文化」とみなされている。DNA技術が向上するにつれて、もしかするとこの特別の交雑の可能性から考えられそうな複雑なシナリオの多くを検証することができるようになるかもしれない。

一方で、ジェベル・カフゼーで見つかった解剖学的に完全な現生ホモ・サピエンスの二体の存在は、外観上は二集団の混ざった――むしろ新た

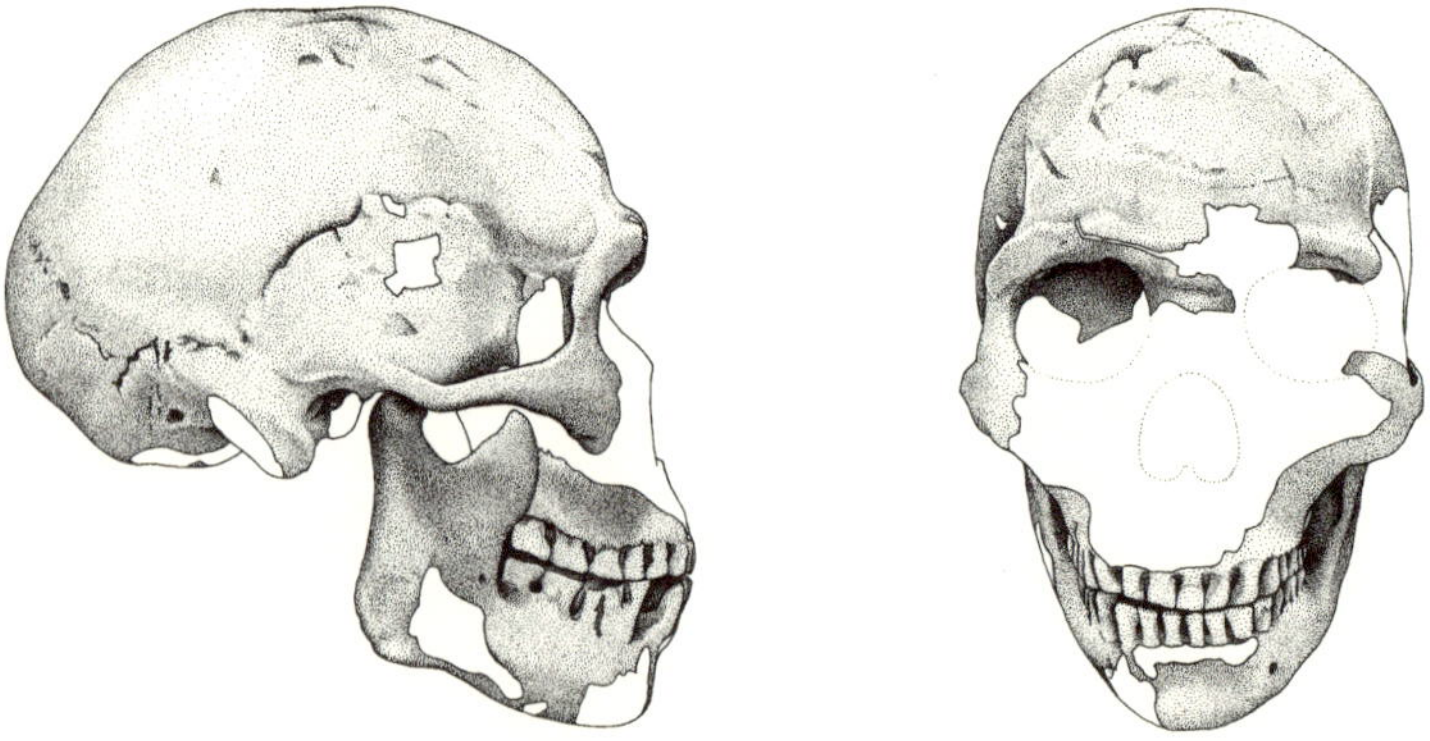

イスラエルのスフール出土の頭蓋V。現在では10万年以上前のものと考えられている。スフールの化石は長くホモ・サピエンスに分類されてきたが、実際は形態学的にはかなり異なっている。絵：ドン・マグラナガン

に混ざり合った――個体群であるという見解を強めているようだ。同時にそれらは、解剖学的な現生人類とムスティエ文化との地域的な関連を示してもいる。そしてカフゼーの現生人類が何者であっても、彼らの行動はネアンデルタール人のものと大差なかった。石器の状況が紛れもなくムスティエ文化であるスフールについても同じことが言える。しかしながらスフールの状況は最近になってより複雑になったかもしれない。糸を通すために穴が空けられたと見られる貝殻と顔料の両方が確認されたと報告されたのだ。それについてはまた後に触れるが、今ここで明らかなのは、アフリカの外へ出た解剖学的現代人は、どのような姿をしていたのであっても、その進出が最終的には不成功に終わったということである。六万年前頃には、ネアンデルタール人が再びレヴァントを支配するようになったと見られ、その地方にホモ・サピエンスがいた証拠が見つかるのはもっと先になってからだ。そしてそのころまでに私たちの種は、以前は明らかに欠除していた認知的ならびに技術的な優位性を達成していた。

もどかしいほどわからないことだらけの状況だが、解剖学的ホモ・サピエンスがアフリカを出てレヴァントへ入った最初の遠征は、気候変動が恵まれていたために容易になった、あるいは拍車さえかかった偶然の産物と考えてよいように思われる。その後、おそらく気候の悪化によって、その新しい人々は生まれ故郷のアフリカへと退却した（あるいは可能性としてむしろ高いのは、レヴァントで絶滅した）。およそ六万年前の急に寒くなった時期に環境条件がきわめて乾燥した状態になったことがわかっているからである。この乾燥化という出来事は、サハラに残っていた元のアテール人個体群にも容赦なくのしかかった。そして四万年くらい前には、その文化は地中海沿岸で生き長らえたごくわずかの辺境居留地に残るだけとなった。けれどもアテール人の究極的な素性と運命が何であっても、またカフゼーの好奇心をそそる化石やスフールの興味深い手掛かりが存在していても、ホモ・サピエンスが広くユーラシアに進出することができたという証拠はもっと後の時代からしか見つかっていない。

分子レベルの証拠

行動の上での古型ホモ・サピエンスが、遠い昔に一度アフリカを出て再び生まれ故郷の大陸に閉じ込められることになったという見解は、分子人類学の結論と一致する。現在生きている世界中の人間の集団から得た一連のＤＮＡデータを徹底的に比較した結果から、私たちの種の起源はアフリカ大陸のどこかにあることがわかっている（おそらく東部か南西部である可能性が高い）。その起源となる集団は後に北、南、西へと広がって、故郷の大陸すべて、そして最終的にはユーラシアと世界全体に移り住んだ。そうやって広がるうちに個体群は拡大し、地域ごとに多様化した。アフリカ大陸の中では少なくとも一四の異なる現代人の系統が祖先の個体群の血を引いていることが判明しており、それぞれが独自の変化を遂げている。遺伝子の多様性の度合いだけをとってみても、世界各地のデータと比べると、アフリカではそれ以外の土地よりも長く人類の進化が続いていたことがわかる。反論の余地などないかのように、世界各地に見られる主な遺伝子系統はすべて、アフリカで発見された種類が多様化した下位集合であると解釈することが最も適しており、ここでもまた私たちの種の起源がアフリカにあることが示されている。興味深いことに、文化的な革新は（同じ世代内で横方向に伝わるため）生物学的な革新の拡散を調整する制約よりも制約が弱いという事実があるにもかかわらず、分子研究者のこの結論は、言語と文化の分野によっても広く支えられていることが判明している。

別の一連の分子の研究は、起源となった個体群はアフリカにあっただけでなく、非常に小さい集団だったと結論づけている。ヒトの個体群には様々なＤＮＡの系統が存在するが、その種類はほかの種、とりわけ近縁種のものと比べるとあまり多くないことがわかっている。たとえば西アフリカのチンパンジーの一個体群は、今日の人類全体よりもｍｔＤＮＡに多様性があると言われている。これは次の二つの説のどちらか一方、あるいは両方を意味している可能性がある。一つは私たちの種そのものの起源がかなり新しいため多様化する時間があまりなかった、もう一つは起源となった個体群がきわめて小規模だったとする説である。結果としては、両方の要因が関与したように思われる。現生の二つのチンパンジー種が枝分かれしたと思われる時期と比べると、ホモ・サピエンスが（今では絶滅した）近縁種から枝分かれした時期はその一〇分の一にも満たないと考えられる。そしてチンパンジーの絶滅した類縁が何者だったのかはわからないけれども、一般的な哺乳類の基準に照らしても、ホモ・サピエンスが非常に若い種であることは明らかだ。だが、それだけではない。今日のヒトのＤＮＡ変異型の拡散状況に関する詳細な分析から、古代のヒトの個体群が更新世末期に一度あるいは複数回の激しいボトルネック（びん首効果）、すなわち厳しい人口減少を経験してきたことを強く推定させるようなパターンも示している。中でも最も顕著な人口減少は、考古学と古生物学の両方の指標から、解剖学的にも知性的にも現代人である人々が最終的に世界中に住みつく前に初めてアフリカを離れたと考えられる時期に起きていた可能性が高い。

人口減少の時期と期間は、用いるデータによって若干異なるが、おおまかにはその出来事が起きたのは七万五〇〇〇年前から六万年前の間だと思われる。古い方の年代を含める理由は、きわめて影響の大きい環境要因を主要な原因と考える説が存在するためだ。それはインドネシアの火山、トバ山の噴火である。七万三五〇〇年前頃、トバ山はまさしく近年の地質学史上最大で最も激しい火山の噴火によって吹き飛んだ。その巨大噴火によって付近一帯は荒れ果て、何百万トンもの細かい火山灰が大気圏に噴き上げられて雲となり、おそらく何年もの間太陽光をさえぎって旧世界全体に影響をおよぼした「火山の冬」の原因を作った。およそ七万一〇〇〇年前にMIS4の時期に入って世界の気温がさらに下がったことと相まって、この冬期化現象が、アフリカで生まれかけていたホモ・サピエンスを含むヒトの人口を劇的に減少させることにつながったとも言われている。確かに破壊的であることは疑いようもないが、トバ山の噴火がそれほど遠く離れた所にまで影響を与えると考えることには疑問を呈する人が多い。しかしほぼ間違いないのは、寒冷なMIS4(およそ七万一〇〇〇年前~六万年前)が旧世界全体のヒトの個体群に大ダメージを与えたことだろう。

アフリカではその厳しい時期が始まると干ばつの時期が長くなり、アテール人をサハラから追い立てた。またほかのヒトの個体群をひどく苦しめたことも疑いようがない。これまでに述べたように、こうした気候の悪化による環境破壊は、まさに小規模でばらばらに暮らしている個体群の反応を促進する類いのものである。アフリカのホモ・サピエンスの局地的な一個体群が、こうした環境の試練の中で完全に象徴化を達成して出現し、そこから世界に広がっていった可能性はきわめて高い。なぜなら、象徴化の精神の最初の徴候はＭＩＳ４の重圧が定着する前にすでに見えていたからである。

ヒトという種が出現して世界を支配するようになった状況を明らかにするにあたっては、分子人類学者が、異なる個体群の様々なＤＮＡマーカーの分布を研究することで、ヒトが地球を支配していった道筋を描き出すことに成功している。様々なデータセット（たとえばｍｔＤＮＡ、Ｙ染色体、種々の核ＤＮＡマーカー等）を考慮に入れることで、彼らは驚くほど正確かつ非常に細かいレベルで人類史を詳細に分析している。たとえば、男性と女性が異なる移動の歴史を持つとわかったことで、状況は複雑になった。人間の男と女では社会経済的な役割が一般に異なることを考えれば実際に理解できるとは言え、それでも全体として個体群の歴史を混乱させている。どうやらホモ・サピエンスに関することは、どれをとっても単純ではないようである。しかし、そうした複雑さがあってもなお、おおまかではあるが、様々な分子によるシナリオは化石記録からわかっていることとおおむね一致している。

イスラエルの初期の原始的な移住者を除けば、分子の証拠が示すより古い時代に、アフリカ以外の場所では、明らかにホモ・サピエンスと思われる化石は一つも見つかっていない。近年、中国南部の智人洞で見つかった一〇万年ほど前の下顎の破片がホモ・サピエンスのものではないかと言われているが、その特徴から、実際には初期の現生人類の侵入者というよりは、中国固有の「北京原人」、すなわちホモ・エレクトスの系統に分類されることははっきりしている。おおまかには、過酷なＭＩＳ４が快適な状況のＭＩＳ３に道を譲ったおよそ六万年前以降の時期、アフリカのいくつかのＤＮＡ系統を持つ集団が母なる大陸を後にしたことが分子によって示されている。最初の主要な移住は小アジアを経由してインドへ、そこからまた沿岸部を通って東南アジアへと続いた。これらはみな短期間のうちに起きたものである。なぜなら考古証拠から、現生人類は少なくとも五万年前にはオーストラリアに存在していたことがわかっているからだ。最初のオーストラリア人がその新しい故郷にたどり着くために外洋を八〇キロメートルも渡海したに違いないと考えると、これはなおさら驚くべきことである。それは小舟――あるいは少なくとも高度な筏《いかだ》――のみならず、すぐれた航行技術を必要とする大仕事だっただろう。

一方で、枝分かれした移住者の一部は続けて東南アジアへ入り、一部は北上して中国とモンゴルに移り住み、やがて一周して中央アジアへと戻った。アフリカを起源とする移住者はまた、およそ四万年前頃までには、おそらく小アジアを通ってヨーロッパに達した。二万一〇〇〇年ほど前には気候条件が最終氷河期の底へ向かって下がっていたが、現生人類は北極圏のシベリア北部にまで足を踏み入れた。世界で最も過酷な環境のいくつかで生き延びるということを含めて、文化によって可能になったこの並はずれた拡散は、寒さに適応したと考えられているネアンデルタール人でさえそうした場所を数百キロは遠ざけていたことを思えば、なおさら驚異的なことである。

旧世界――そして後に新世界と太平洋――の支配につながった現生人類のこの道のりは、もちろん意図的な探検ではない。ヒトが活動範囲を広げたのはほぼ間違いなく単純な人口拡散であり、人口が増えるにつれて新しい集団が芽生えて新たな領域へと出て行ったのである。むろん居住地の状況は変動するため、その動きは規則的に起こるものでも不可避なものでもなかっただろう。少人数の個体群はきっと絶え間ない気候と人口の変動によって行きつ戻りつ流されながら、狭い地域で拡大したり消滅したりしていたことだろう。しかしだからといって、全体的にヒトの拡散は急激には起きなかったという意味ではない。仮に現生人類の個体群が一世代で一六キロメートルほどしか広がらなかったとしても、たったの二五〇〇年で二四〇〇〇キロ以上も広がることになる。実際にかかわっている年数に照らせばかなりの距離を移動することができるのだ。しかしながら詳細はどうであれ、そのような規模での人口増加そのものが、この新しい移住者には何か異質なものがあることをうかがわせる。すなわち、自分たちの周囲の環境を巧みに利用するかつてない能力である。それがまた人口の増加につながり、さらなる地理的な拡大へと続いたのだ。

他のホモ属とのこの人口学的な相違はまた、新参のホモ・サピエンスが先住者のまったく暮らしていない新しい土地へは移動しなかったという事実にもそれとなく示されている。彼らが拡大した土地には、ほとんどとは言わないまでも多くの場合、ほぼ間違いなくすでに類縁の種が居住していた。より広域的には、その遭遇が引き起こした様相は明白である。行動の面で現代的なホモ・サピエンスがヨーロッパへ移った時、行動的に古代型のネアンデルタール人はその地を明け渡した。現生人類が東南アジアに入った時、ただちに姿を消したのは、東南アジアの最後の砦だったジャワで同じころまで栄えていたホモ・エレクトスだった。それより少し後には、不運なフローレス島の小さなホビットでも同じことが繰り返された［訳注：あとがきでも述べるが、ホモ・フロレシエンシスが絶滅したのは、現生人類の到着前であることが二〇一六年に判明した］。そしておそらく記録の乏しいアフリカでも、MIS4の過酷な時代を生き抜いたほかのヒトに同様の事態が起こったと考えられる。この新しい侵入者には明らかに何か「特別な」ものがあったのだ。人類史の最初から、世界には一度にたくさんの異なる種類のヒト科が存在しているのが常だった。時に同じ地域にいくつものヒト科が生息していたこともあった。それとは驚くほど対照的に、ひとたび行動面で現代的なホモ・サピエンスがアフリカに出現してからは、世界は急速に一つの人類の単一文化になった。これはきっと私たち自身についての重要な何かを告げているに違いない。故意であろうとなかろうと、私たちはまったく競争を受け入れなかったばかりか、その心の狭さを表現し、押しつけるための独特な能力を身につけていた。これは心に刻みつけておくべきことかもしれない。今でも私たちは精力的に、自分たちにいちばん近い、現存している類縁を絶滅に追い込もうとし続けているのだから。

第一三章　象徴化行動の起源

私たちの祖先は、世界に関する情報を処理して伝達する非象徴的かつ非言語的なやり方から、今日享受している象徴的かつ言語的状況へと、想像を絶するほどの変化を遂げた。それは歴史に前例のない、認知状態の質的な飛躍である。実際、すでに述べたが、そのような飛躍が可能だったと信じる唯一の理由は、それが本当に起きたからだ。そしてそれは、私たちの種が動物としては独特な現代の形態を獲得してからずいぶんと後だったようである。

新たな進化を遂げたばかりのホモ・サピエンスの個体群に象徴化の感性が芽生えたことを示す最古の明らかな手掛かりは、アフリカやその近辺で見つかっている。その中で最も古い例は若干疑わしいが、主として、一〇万年前を超える昔にスフールですでに、小型の海生巻貝の殻をビーズのようにつなぐひもを通すための穴が空けられ、おそらくその色を黄色から魅力のあるオレンジや赤に変えるために顔料の塊が熱せられていたとする説である。貝殻のビーズはとりわけ興味深い。なぜなら、ネックレスやブレスレットなどを用いて個人を装飾することは（その意味では、顔料で体に色をつけることも同じだが）、たいていの場合、歴史の記録が残っている民族の間で大きな象徴的意味を持っているためである。どのような衣装を着て、どのように身を飾り立てるかということは、集団、あるいは集団内の階級や職業、年齢グループの一員としての自分自身の存在を示すものである。それでも、そういった類いのことの初期の証拠と目されるものは、現時点ではわずかしかない。スフールでは貝殻の最も弱い部分に穴が空いている（自然に空いた可能性もある）二枚の貝殻、そしアルジェリアのアテール文化の遺跡で見つかった年代不明の貝殻が一枚だ。しかしながら、どちらの場所でも、その貝殻はかなり離れた地中海沿岸で採れる種のものだった。つまり、それは持ち主にとって、長距離の交易でもたらされた特別なものだったことをうかがわせる。ひょっとするとそれより重要なのは、どちらの遺跡でもビーズがムシロガイの殻で出来ていたことかもしれない。この貝殻はもっと新しい時代に別の場所で広く用いられており、そちらは装飾品であることがはっきりとした証拠に裏づけされている。

右記例よりやや確かなビーズの証拠は、別のアテール文化の遺跡で、およそ八万年前以降に見られるようになる。たとえば、モロッコのグロット・デ・ピジョン（鳩の洞窟）では穴の空いたムシロガイの殻が十数個見つかっている。イスラエルやアルジェリアの遺跡と同じように、その洞窟は貝殻が採れると思われる海岸から遠く、貝殻はおそらく交易によって意図的に洞窟に持ち込まれたと考えられる。しかしここでも、穴が人間の手で空けられたものであることを示す確固たる証拠はない。ただしいくつかの貝殻に顔料の痕跡があることから意図的に着色された可能性はあり、だれかの肌でこすれて磨かれたような不思議なつやも見られる。

北アフリカ沿岸部の別の遺跡でも同じようなものが見つかっていることから、グロット・デ・ピジョンで発見されたものは特異ではないと考えられる。けれどもこうした北アフリカの徴候がより広域な様相の一部であることを示すいちばんの証拠は、奇妙なことに六四〇〇キロメートルも離れたアフリカ大陸の反対側の先端で見つかっている。大陸の南端からさほど遠くない沿岸部のブロンボス洞窟の遺跡で、ビーズのようにひもでつないで身につけられていたことを強くうかがわせるような、穴の空いたムシロガイの貝殻が考古学者によって大量に発見されたのだ。中期石器時代（ＭＳＡ）の石器群とともに発見され、およそ七万六〇〇〇年前のものと推定されているこのビーズは、まさに北アフリカのものと年代や広い意味での文化的背景がおおむね同じだと考えられ、それらが個人的な装飾品として一般に受け入れられていたということは、中期石器時代のアフリカの個体群の一部が少なくともおよそ一〇万年前以降の時代に体を飾り始めていた可能性を示している。

しかしそうした人々は、それより明らかな象徴化の行動の証拠も残している。ブロンボスからは、確信を持って象徴化と解釈できる最古の遺物が見つかっているのだ。それらはムシロガイのビーズが出てきたのと同じ中期石器時代の層で発見されたもので、七~八センチの長さの板状の赤みがかった二点のオーカー塊には、それぞれ意図的に滑らかにされた表面に特徴的な網目状の模様が刻まれていた。その模様が伝えようとする内容は永久に謎のままかもしれないが、その二つの塊は堆積層の中で垂直に七~八センチ離れて見つかったけれども、この幾何学模様は時を経ても何かの意味を留める一貫した模様であって、だれかが目的もなくただ書きなぐったものではないとわかる。そこから四〇〇キロほど離れた岩陰で発見された、おそらくわずかに後の時代に作られたと思われるもう一つの黄土の破片には、同じモチーフを簡素化したような模様が残っており、その模様に何かの意味があることのもう一つの証拠となっている。さらに、ブロンボスの同じ堆積層からは、おそらくもともとは柄がつけられていたと思われる骨器が見つかっている。それは、同時代のヨーロッパにいたネアンデルタール人の道具箱にないことでよく知られている種類のものだ。

ブロンボスからさほど遠くないピナクルポイントという岬には、また別の海岸洞窟群がある。そこでもおよそ一六万四〇〇〇年前から始まって、文化中断期をはさんで（おそらくMIS5eの中間期の堆積層が海面の上昇によって押し流されてしまったため）七万年前弱まで、中期石器時代のヒトが暮らしていた。一六万四〇〇〇年前の時点で、すでにこの洞窟の居住者はすでに手に入れることの難しい海産資源にまで食物を広げていた。おそらくMIS6の寒冷な気候条件に対応したものだったのだろう。それと同時に、彼らは日頃から顔料を用い、また、もっと後の時代になるまでアフリカの外には出現しない種類の「細石刃」――小さな石の剝片で柄に埋め込んで使う――を作っていた。その時代は明らかに文

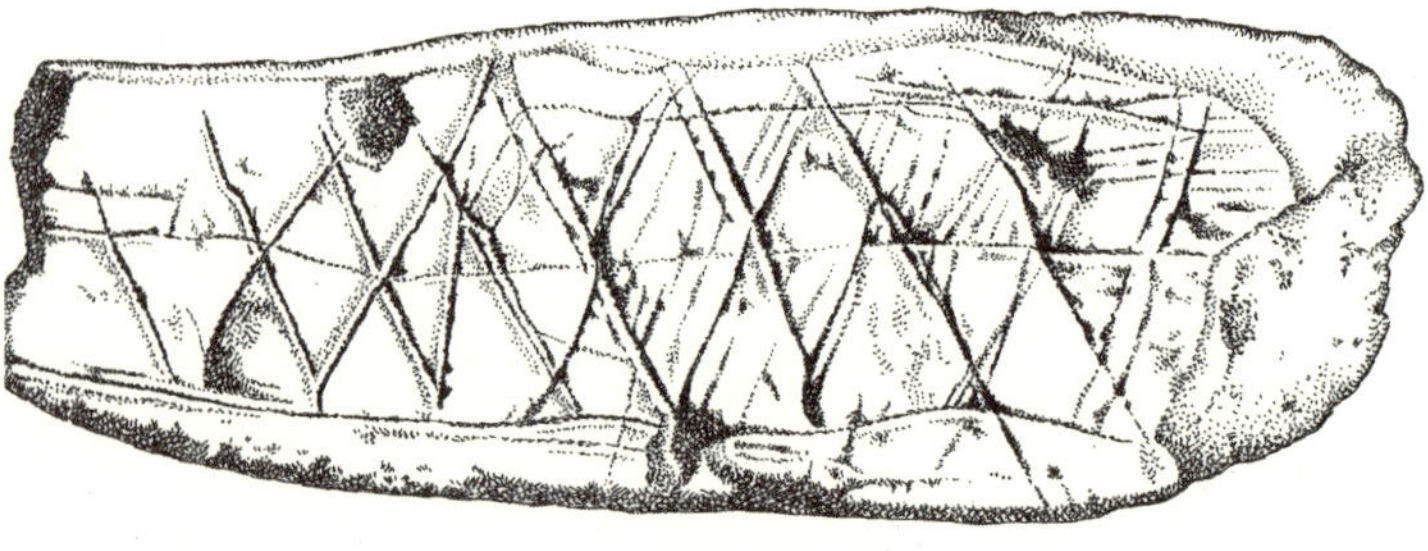

南アフリカの沿岸部にあるブロンボス洞窟で出土した、幾何学的な模様が刻まれたオーカー土板の１つ。およそ７万7000年前のこの塊は、明らかに象徴化の遺物としては最古のものである。絵：パトリシア・ウィン。

化が著しく変化した時代であることは間違いないが、そうした技術の表われが必然的に象徴化の認知の前兆となるのかどうかについては意見が分かれるところである。

旧石器時代の技術には象徴化の精神作用と考えられるような一応の証拠《プリマ・ファキエ》がないことはすでに述べたが、もしその原則に例外があるとするならば、ピナクルポイントにそれがある。この地域では石器作りに適した素材がきわめて手に入りにくかった。そのためそこで暮らしていた人々は、七万二〇〇〇年前頃に、手に入れられるあまり良質でない原材料の少なくとも一つを改良しようと複雑な技術を用いるようになった。その原材料とは珪質礫岩《シルクレート》、すなわち二酸化ケイ素を豊富に含む土地に時たま見られるタイプの石である。珪質礫岩は石器製作者が剝片を作るのには適しているが、そのままの状態では刃が長くもたない。しかしピナクルポイントの人々は、珪質礫岩を適度に熱してから手の込んだ段階を経て冷やすと、それが硬くなってはるかに優れた石器になることを発見した。それにかかわる技術はあまりに複雑で、あらかじめ計画を立てておかなければならない段階が数多く含まれているため、原因と結果の長い連鎖を概念として捉えて心の中に描くことのできない精神では、ほぼ間違いなく考えることも実行することもできなかっただろう。つまり七万二〇〇〇年前、ブロンボスの人々があの（まったく別の意味で）オーカーの板に象徴化を行っていたのと同じころ、ピナクルポイントの隣人もまた象徴化による推論が出現しつつある徴候を示し始めていたのである。珪質礫岩の石器はピナクルポイントの洞窟群の古い層にも見られるが、時代が古くなればなるほど石器の原材料に意図的に過熱処理が加えられた形跡は少なくなる。

ピナクルポイントの発見に応酬するかのように、ブロンボスからの最新の報告によれば、およそ七万五〇〇〇年前には、その地の人々もまた高度な技術力を示していたようである。現在では、ブロンボスでも火を用いて硬くした珪質礫岩の石器が確認されているだけでなく、その刃先が押圧剝離と呼ばれる技法で改善されていたことがわかっている。押圧剝離技法は、二万年前以降のヨーロッパでしか見つかっていない高度な技術であり、後期のクロマニヨン人が行っていた作業だ。思いがけないその発見は驚くべきものだが、それがあるからこそ、コンゴ民主共和国のカタンダ遺跡で見つかった骨製の銛《もり》がおよそ九万年前のものと推定されたという報告も容易に信じられる。その年代は、これまで最古だと考えられていた、ヨーロッパのクロマニヨン人が押圧剝離を用いるようになってかなり時間が経ってから作った逆刺のある骨製銛よりも、さらに何万年も前にあたる。このように中期石器時代の中頃から終わり頃の期間に、アフリカで何か重要なことが起こっていたというまさに驚嘆すべき証拠が集まりつつある。

南アフリカの中期石器時代の人々が正確に何者だったのかは、いまだに謎に包まれている。彼らは居住地の中や近辺に埋葬する習慣がなかったようで、骨はほとんど残っていない。ピナクルポイントから出てきたいくつかの歯のかけらからは大した情報は得られないが、中期石器時代に関係するヒトの化石が少ない中で唯一の例外は、ブロンボスから海岸線を数百キロほど東へ移ったクラシーズ河口の洞窟群にある。クラシーズの中期石器時代の層で、一〇万年以上前に居住空間が機能別に何かを象徴するように区分されていた証拠が考古学者によって発見された。また九万年前から八万年前の層では、カニバリズム（食人）の饗宴として調理された残骸と考えられる、ひどくばらばらになったヒトの骨が発見された。その残骸自体は、一般にホモ・サピエンスのものと解釈されている。仮に、今日の私たちの種に示される変異の枠にぴたりとあてはまらないとしても、きわめて近いことは間違いない。

ブロンボスの時代に大きな盛り上がりを見せた後、象徴化の痕跡は若干沈静化する。南部アフリカと東アフリカの中期石器時代の遺跡のいくつかでは、何かの意図で剝離された模様のついたダチョウの卵殻破片が見つかっている。そうしたかけらは、南アフリカのディープクルーフ岩陰に最も数多く存在する。この遺跡は六万年前頃のもので、ブロンボスよりも若干新しいが、まさしく中期石器時代のものである。その破片はもともと象徴化のモチーフで飾られた水入れだったと考えられ、中期石器時代の後半も南アフリカで象徴化の伝統が発展していたことを確実に裏づけている。ダチョウの卵殻は、もう少し後の時代ではあるが、東アフリカの遺跡でも人工の象徴化製品の材料として用いられていた。よく知られているのはケニアの大地溝帯にあるエンカプネ・ヤ・ムト岩陰である。エンカプネ・ヤ・ムトはおよそ四万年前のもので、中期石器時代から後期石器時代への移行期にあたる遺跡だ。後期石器時代はアフリカの先史時代の一つの時代区分で、ヨーロッパにおける上部旧石器時代の到来とほぼ同じころに起源を発しており、この二つはおおむね同じ文化内容と考えられている。わかっている限りでは、後期石器時代はどこをとってみても完全に現生人類のそれである。エンカプネ・ヤ・ムトのダチョウの卵殻片には模様は刻まれていないけれども、それらは美しい形の円盤状に加工されていてビーズのようにひもが通されており、ディープクルーフの装飾された水入れとは異なる範疇に含まれる。それでもディープクルーフと南アフリカの後期石器時代との文化的な連続性は、南アフリカの後期石器時代遺跡で発見された同じようなビーズに見ることができるかもしれない。

アフリカはとても大きな大陸であり、その広大な土地は旧石器考古学者にとってテラ・インコグニタ、すなわち未踏の地である。したがって互いに遠く離れた東アフリカでも南部アフリカでもヒトの世界の捉え方に現代性が芽生え始めた興味深い徴候が見られる時に、その象徴化という領域について大陸中央部で何が起きていたのかということに関し、カタンダの銛のような興味をかき立てるような発見を除けば実際にあまり手掛かりがないことは非常にもどかしく思われる。中期石器時代の末期にアフリカの北部と南部のヒトの個体群間にどれほどの間接的な接触があったのかは推測することしかできず、そうした個体群が生物学的にどれほど異なっていたのかについても同様である。早い時期にいずれの地域でもムシロガイの殻がビーズ作りの材料に選ばれたという事実は思わせぶりだが、もしかすると大した意味はないのかもしれない。一二万年前の降水量の多かった時期には、今日アフリカ大陸の北の沿岸部をサハラ以南の南部と分け隔てている大きな生態学的障害は存在していなかった。そのため象徴化の意識が目覚めた時期に、現在はきわめて乾燥してしまっているサハラを縦断する定期的な交易ルートがあったと考えることは不合理ではない。けれども続くＭＩＳ４の時期になると、少なくとも断続的に砂漠は再び手ごわい障壁となった。そして新しい認知様式の興味深い手掛かりが見つかるおよそ八万年前頃では、文化的かつ生物学的な定期的な交流は、おそらくナイル河谷を通るルートを除けば可能だったかどうかさえまったくはっきりしない。

　それでも分子人類学者が正しければ（今のところ考古記録に裏づけされてはいるが）、最終的に世界を支配した認知的な意味での現生人類は、ブロンボスの時代より後に東アフリカのおそらくやや小さな個体群の中で誕生した。その意味では、八万年前から六万年前に象徴化の思いつきが芽生えてから間もなくして、アフリカ南部が長引く干ばつ期に入り、内陸部で人口が激減したこともおそらく関係があるだろう。そのような状況を考えれば、ブロンボスとピナクルポイントの人々の文化的習慣を、遠く北方の東アフリカで後に出現したものの直接の先例とみなすことには、よくてもほどほどの可能性しかないことは間違いない。むしろ中期石器時代が始まっていくらか経ったころに、独特な身体的特徴を持つホモ・サピエンスの誕生とともに象徴化の思考が生まれ、その象徴化の思考へと向かう全般的な傾向に乗る形で、中期石器時代の後半になってから様々な場所で創造性豊かなヒトの精神が活気づいたと考える方が、可能性としてははるかに高いと思われる。

今生きているすべてのヒトの祖先となる個体群が誕生したのがアフリカのどこであっても、またその子孫がアフリカから大移動した時にたどったルートがどれであっても、認知的に現代的な人類が遅くとも六万年前より少し後にユーラシアに姿を現したことは明らかである。五万年前頃にはヒトがオーストラリアにいたことはすでに述べた。そして彼らはその後間もなく、オーストラリアに芸術活動の痕跡を残している。同じ年代枠に入るインド南部の遺跡からも、ブロンボス、ディープクルーフ、エンカプネ・ヤ・ムトなど南部アフリカと東アフリカの遺跡で出土したものと驚くほどよく似た石器が出ている。そうした遺跡の一つからは、ブロンボスとディープクルーフのものにそっくりの編み目模様がついたダチョウの卵殻の破片が見つかっている。中でも注目すべきは、レバノンとトルコにある初期の上部旧石器時代の遺跡に貝殻ビーズが現れ始めた直後に、クロマニヨン人の化石と芸術の双方から完全な現代人の感覚能力を備えた人類がヨーロッパに到達していたということである。そこは、アフリカから比較的遠く、たどり着くのが困難な所であった。その証拠は四万年以上前のもので、クロマニヨン人の先祖がそのころまでにすでにヨーロッパの北方と西方に広がっていたことを裏づけている。

クロマニヨン人は、認知的に私たちと同じだったと判断するに足る証拠をすべて残している。しかし、クロマニヨン人の認知力の達成度を示している証拠は、主に文化的な表現と地勢の両方の偶然が重なったものだ。じめじめとして暗く危険な洞窟の奥を見事な動物の絵や幾何学的な記号で飾り立てるということは、控えめに見てもやや変わった行為である。そして歴史記録の残っているヒトの社会はみな明らかに象徴化社会であるとは言え、その能力をこれほどまでに長く残る形で表明している例はこれ以外にほとんどない。さらに、クロマニヨン人の芸術のほとんどは、そうした人々がたまたま住んでいた石灰岩性の土地の洞窟や岩裂に残されている。地質学的にこれと異なる条件だったら、同じような芸術表現は残らなかったかもしれない。いずれにしても、この偶然はまさに幸運としか言いようがなく、十分に現代的な意識の獲得に関する最低限の年代を伝えていることは間違いない。

一部の学者は、クロマニヨン人のすばらしい芸術が過去とは一線を画しているため、そのような創造性を可能にした新しい遺伝子変化はクロマニヨン人の系統で得られたものではないか、そしてその遺伝子変化の影響は神経系の情報処理だけにかかわっていたため、物理的証拠として残っている化石の骨には反映されなかったのではないかと述べている。しかし、生物学的には、その可能性はほかと比べて低いように思われる。ブロンボスやピナクルポイントの手掛かりは、象徴化の感性がヒトの歴史のかなり古い段階ですでに芽生えていたと信じる完全な理由を与えている。その中で最も洗練され、丹念に仕上げられた初期の表現がクロマニヨン人の芸術作品だったのだ。そこからさらに踏み込んで、その感性を裏づける認知能力を持った最古の人々がその特質を一度にすべて開花させたと考えなければならない理由はまったくない。実際、その後の人類の技術と経済の歴史は、その比較的新しく発見された能力の探索と実質的に同義である。そして私たちは今日もなおその見えない限界に向かって手探りで進んでいる。

第一四章　初めに言葉ありき

生物学的な観点から見れば、ムシロガイのビーズに初めて穴が空けられた時より一〇万年ほど前とも考えられる解剖学的なホモ・サピエンスの誕生は、大きな出来事だった。私たちは現在わかっている中で最も近い類縁と、頭蓋や首から下の骨格の多くの特徴、脳の成長における重要な特徴、そしてほぼ間違いなく脳組織内部の重大な特徴においても異なっている。こうした違いは桁違いに規模が大きい。少なくとも人間の目には、霊長目のほとんどの種は、彼らの近縁種と大差ないように見える。違いは主に、被毛の色や耳の大きさといった外見の特徴、あるいは単に声の出し方だけであることが多く、骨格の構造差も小さくなりがちだ。それとは対照的に、絶滅した近縁種の記録が乏しいことを考慮してもなお、ホモ・サピエンスは特異であり、ほかに例を見ない存在だと考えられる。それでいてその特異な解剖学的構造と能力を獲得したのは、きわめて最近のことであるらしい。身体的な意味でも知的な意味でも、私たちが長い時間をかけて徐々に、本質的に今の私たちになったことを示す証拠は明らかに何もない。すでに述べたように、ホモ・サピエンスの身体的な起源は、大きな発達の再編が起きた短期間の出来事にあったことが示唆される。その再編はＤＮＡレベルのむしろマイナーな構造の改変によって引き起こされた可能性が高い。私たちを生んだと考えられる遺伝子の変異の類いが、規模が小さく遺伝的に隔離状態にある個体群内に「定着する」（すなわち標準となる）可能性が非常に高いという事実に照らせば、そうした出来事はいっそう真実味を帯びてくる。すでにまばらになっていたにもかかわらず、気まぐれな気候変化によって頻繁に離散させられた私たちのアフリカの先祖は、まさにそうだった。言い換えれば、後期更新世の状況は私たちのような特異な生き物が出現する土台となるような出来事の発生に都合がよかったのだろう。

わかっている限りホモ・サピエンスは、情報を象徴化によって処理する能力をはっきりと示しているという点でほかに類を見ない。そして私たち自身を完全に理解するためには、私たちがどのようにその能力を得たのかを知ることが欠かせない。ただいくつかの可能性は、ただちに除外できる。さしあたって私たちの新しい情報処理の方法は、それ以前に認められる傾向から予想できるようなものではまったくなかった。また単純に、祖先の系統で賢い個体が賢くない個体よりも多く繁殖し、長い時を経て脳の容積がいちだんと大きくなったことによる閾値《しきいち》効果（限界を突破したことによる変化）でもなかった。象徴化能力のなかったネアンデルタール人が平均して私たちよりも大きな脳を持っていたということからだけでなく、私たちの脳がクロマニヨン人の時代からさらに一〇パーセントも縮んでいるように見えるにもかかわらず、私たちがまだ象徴化の閾値から下にすべり落ちてはいないことからも、それがわかる。後者の話をどのように解釈するにしても、私たちの特異な認知様式を説明するためには、少なくとも単なる脳の拡大以外にも目を向けなければならないことは明らかである。

唯一の確かな選択肢は、私たちの不思議な知的能力が新しい神経構造、すなわち脳の内部構造と神経回路の変化に起因するというものである。そのような斬新な機能の獲得自体は、前例がないわけではない。何と言ってもヒトの脳は、およそ五億年前の最古の脊椎動物の脳やそれよりさらに前の脳からの拡大の長い歴史を持っている。そこに本質的に新しいものは何もない。けれどもその獲得の結果は、画期的だった。今日の専門用語で言えば、それは「創発」、つまり既存の構造への偶発的な変化あるいは付加が機能的にまったく新しい複雑さのレベルに結びついたということになる。

正確には私たちがいつ初めて、この驚くべき能力を得たのかを化石記録から直接読み取ることはできない。脳頭蓋の内側に残された痕跡から化石の脳の形を判断することを専門とする古神経学者の間でさえ、現生人類とネアンデルタール人の脳の間に見られるわずかな外形の違いに何らかの機能的な重要性があるのかどうかという点については、根本的に意見が分かれている。確かなことは、考古証拠から見て、二つの種が異なる行動を取っていたことだけである。ネアンデルタール人は、外部刺激に対して純粋に本能的な処理方法を用いるという「古い様式の」ヒトの高度に洗練された形を持っていたように見える。それに対して、私たち象徴化を操るホモ・サピエンスは、なおも脳の内側奥深くに「古い」脳を抱えてはいるが、情報をまったく画期的かつ前例のない方法で処理している。

遺伝子、言語、喉頭

すでに少し触れたが、一部では私たちが物事を処理する新しい方法が、ごく最近になって「象徴化の」遺伝子を獲得したことに起因すると考えられている。その可能性については、ヒト型のＦＯＸＰ２と呼ばれる遺伝子が、少なくともその遺伝子の変異したものを持つ人は適切に話をすることができない（にもかかわらず、それより広範囲の認知障害があるとは認められない）という点で言語能力と密接にかかわっていると、科学者によって突き止められたことで大きく盛り上がった。画像研究から、そうした人々は脳のブローカ野の活動が低下していることがわかっている。様々なネアンデルタール人が正常なヒト型のＦＯＸＰ２遺伝子を持っていることが判明すると、それこそネアンデルタール人が言語を持っていた証拠だとする憶測に火がついて、騒ぎはさらに大きくなった。もしこの憶測が的中していたなら、複雑な意識への影響は多大だっただろう。なぜなら言語はこのうえなく象徴化の体系であり、それが存在するためには心の中にイメージを描いてそれを操ることが必要だからだ。言葉を創造することのできる生き物はみな、ほぼ間違いなく、象徴化思考と相互に関連し合う特徴をすべて示せるだろう。だが物事がそこまで単純だったらどれほどよかっただろう。実は、ヒトの通常の言語と発話に影響をおよぼす遺伝子はたくさんある（しかもそれらすべてがそれなりに機能している）のだ。事実、あまりにもたくさんの遺伝子が発達の段階で密接につながって作用するために、時に私たちのだれでも正常に発達していることが奇跡のように思えるほどである。それらをすべて考え合わせると、「言語に「対応する」単一の遺伝子があるという考えは（ＦＯＸＰ２のような調節遺伝子でさえ）、魅力的ではあるけれども幻想にすぎないことは明らかである。ネアンデルタール人が持っていたものは、言語の必要条件の一つであり、それだけでは十分ではなかったのだ。

　したがって今のところは少なくとも、私たちの認知の特異性の根底にある原因を特定できるような「決め手」となる遺伝子はない。しかし実は、複雑な思考を容易にする脳の構造をヒトが持っている理由にうってつけの漠然とした解釈なら存在する。それはまた、この特異性が姿を現し始めた当時の行動を記録した証拠がほとんどないこととも一致する。具体的なことはなおも不明で、今のところはホモ・サピエンスの独特な解剖学的構造を生んだ遺伝子の再編については何もわかっていない。明らかなのは、その出来事が確かに起きたということだけだ。それでもほかのすべての独特な構造の原因と同じように、私たちの新しい認知能力が非常に複雑な遺伝子の偶然の副産物として獲得され、結果的に特異な存在としてホモ・サピエンスをもたらしたという説は、圧倒的に可能性が高いと思われる。私たちにとって幸運なことに、その結果として誕生した生き物は見事に機能することが判明した。

　この見解によれば、ホモ・サピエンスの種に象徴化の思考を行わせるようになった神経要素の追加は、単に二〇万年ほど前の解剖学的な現代人を生んだ発達の再編における受け身的な結果の一つだった。そこで起きたことは、てっぺんに楔石をはめ込むまで機能しないアーチの建設に似ていると考えればうなずける。そして、私たちの「楔石」が何だったにしても、それが作り出した新たな可能性は、持ち主によってその象徴化の潜在能力が「発見される」まで、途方もなく長い間、眠っていたのだ。

　やや直感に反するように感じられるかもしれないが、後に非常に重要だとわかる新しい能力の獲得と、その持ち主がそれを利用するようになるまでの時間差は、実際の生物の進化史ではきわめて一般的な例である。遺伝子の変異はみな、その持ち主の存在を取り巻く環境に対してランダムに発生する（むろん持ち主の進化の歴史によって方向性が変わることはある）。そのため、最初は必ず特定の生活様式への適応ではなく外適応として生じる。特徴は必ず事後に新しく利用されるようになるのである。すでに簡単に述べたが、その典型的な例は鳥の羽で、その真皮の小胞の変化したものが飛行メカニズムの重要な構成要素として採用されるより何千万年も前に、すでに鳥の祖先はそれを持っていた。同様に、陸上脊椎動物の祖先も、陸上で暮らすようになるのはなおも遠い先のことで、まだ完全に水中で暮らしている間に、すでに未発達な脚の器官を得ていた。最初に出現する時には、将来的な機能はまったく予想がつかないのである。そして新しい進化はそれが大きく邪魔にならない限り、そのまま残っていることが多い。ホモ・サピエンスの場合には、見つからないままそこに潜んでいたらしい象徴化の思考の可能性が、明らかに文化的な刺激によって「放たれた」。つまり、生物学的な構造はすでにそこにあったのである。

その生物学的構造には、言葉を生成して末梢の発声器官に発話の指示を出す大脳の潜在能力だけでなく、そうした末梢の発声器官そのものも含まれる。声道上部のいったい何が発声を可能にしているのかということについては様々な意見があるが、それがなければ聞き取り可能な言葉を発することはできない。議論の多くは、ヒトの喉頭の低い位置、また化石の中で喉頭が正確にどこにあったかをどのように見分けられるかに集中している。喉頭の位置が低ければ低いほど、喉の筋肉によって操作できるその上の咽頭（空気の通り道）が長くなり、気柱を振動させて音として聞こえる周波数を出すことができるようになる。化石ホモ属の頭蓋群の様々な段階で喉頭が低くなっていると考え得る根拠を見出している人は多く、言語能力（ひいては現代人型の意識）がホモ属の進化のかなり初期の段階で形成され始めたのではないかという憶測をうんでいる。しかし、化石の舌骨（喉頭の骨の部分）が発見されてもなおこの問題についての議論は収束せず、最近になって、声道上部の口腔と咽喉部分の比率と、必要な範囲の周波数を出すためには短い顔が欠かせなかったという指摘に注目が移っている。

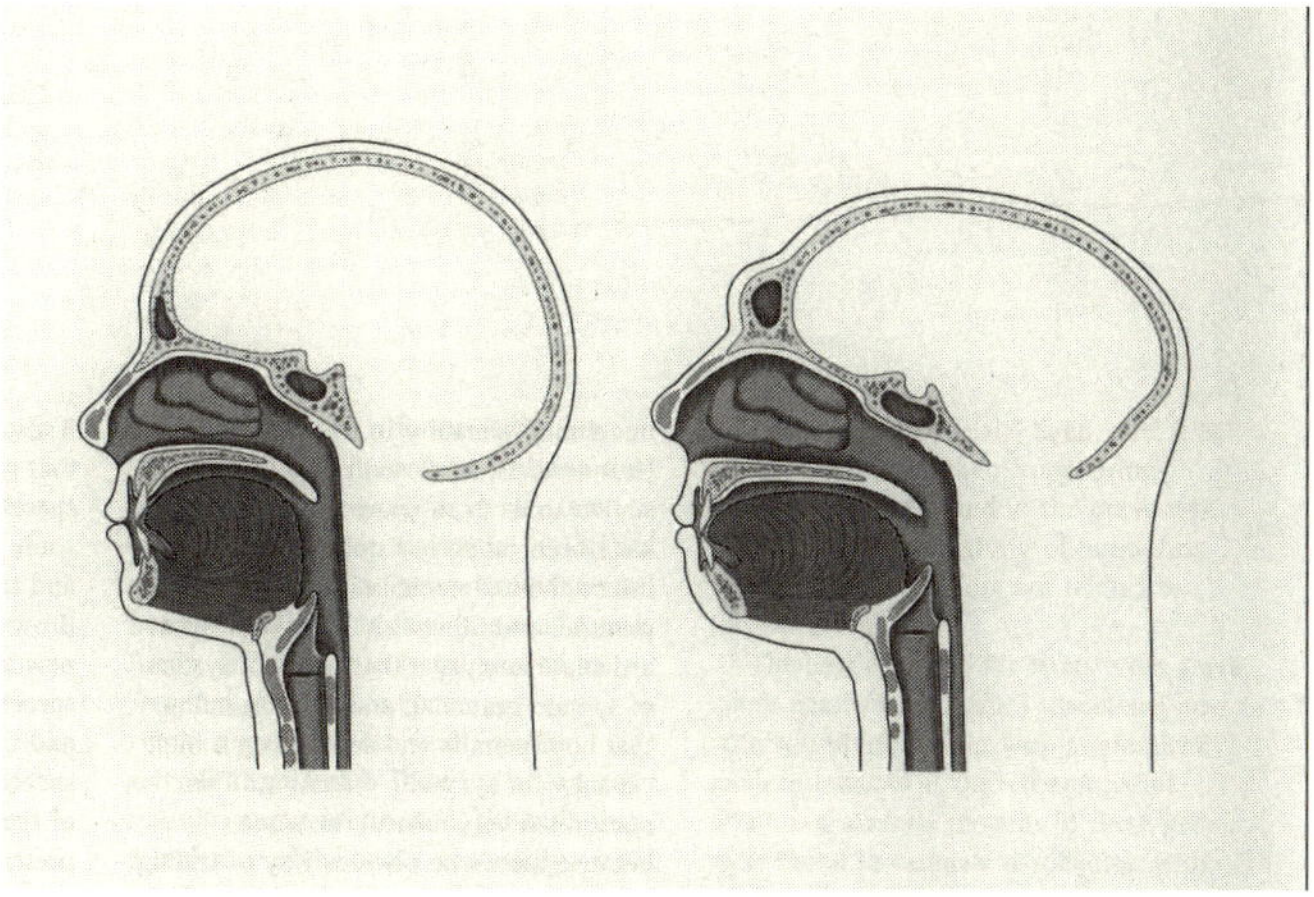

現生人類（左）とネアンデルタール人（復元、右）の頭の断面図。声道上部の違いを示している。ネアンデルタール人の長い口蓋と舌、現生人類と比べて高い位置にある喉頭に注意されたい。図はジェフ・レイトマンのスケッチに基づいている。ダイアナ・サレス。

こうした解剖学的特徴についての議論はまだ続くものと思われる。

　しかしその一方で、言語、発話、象徴化の思考の可能性が、解剖学的ホモ・サピエンスの出現と同時に生まれたという考え方には大きな魅力がある。つまり、必要な解剖学的特徴はすべて、新たに利用するために（それとは独立に）取り入れられる前にすでにそこに存在していたのだ。何よりもまず、ホモ・サピエンスが引っ込んだ短い顔に進化した機能上の背景が何であれ、それは言語、あるいは発話にさえまったく関係がなかった。引っ込んだ小さな顔にはいくつかの重要な不利益を伴うため、実際の背景が何だったのかを述べることは難しい。一つには、それによって歯列が短くなるため、狭い場所に歯が押し込まれて埋伏《まいふく》（歯が骨や歯肉に埋まったまま萌出してこない状態）や不正咬合が起きやすい。

また喉頭が下がると気道が食物の通り道と交差するため、窒息という重大な危険が生じる。それは、喉頭の位置が高ければ起こりにくい現象だ。その影響は不都合だけにとどまらない。ひと口サイズの食べ物でよく知られる日本だけでも、毎年四〇〇〇人以上が窒息死しているのだ。それを相殺するほどの新しい頭蓋の初期の利点が何だったのかは、だれにもわからない。もしかするとその不利益は大した違いを生まなかったのかもしれないし、あるいは新しいほっそりした体格がエネルギーという点で経済的で、ライバルの巨大な体格と燃費の悪さに対して競争で有利だったのかもしれない。しかし明らかにそれは、画期的な解剖学的構造の特定部分にではなく、新しく珍しいヒトという生き物を全体として捉えた時に利点となったのだ。

それでも、早期のホモ・サピエンスはただちに競争に勝ったのではなかった。すでに見てきたように、最初の、そして見たところ象徴化をまだ身に着けていなかった状態でのレヴァントへの進出は長続きしなかった。祖先による急速な世界征服は象徴化の行動パターンが出現するまで待たなければならなかった。人類の象徴化の覚醒を示すまだら模様の証拠は、アフリカ大陸でどのようにその発展が起こったのかに関して、二つの可能性のどちらも排除していない。生物学的な潜在的可能性がすでにあったことを考えれば、アフリカの様々な場所で孤立した複数のヒトの個体群がその新しい能力を試し始めた可能性はある。あるいは、起源はたった一つだったのかもしれない。それを確かめるには今わかっているよりさらに多くの情報が必要だが、初期の前兆が広く分布していることから、少なくとも、象徴化の情報処理は八万年前より前に登場した現生人類の思いつきだったことが示唆される。

象徴化の覚醒

象徴化という心の中での情報の操作へのほとんど想像を絶するような移行が正確にどのように起きたのかは、実に魅力的なテーマだが、まだまったくの推測の対象のままに留まっている。生物学的にはまだ不十分なヒトの脳を象徴化のモードに切り替えた文化的刺激を探す必要があることは、すでにわかっている。その質問に興味を示している多くの科学者に、その刺激は何かと問うたなら、おそらく二つの有力候補が浮かび上がるだろう。

刺激となった可能性の一つは「心の理論」である。私たちヒトは霊長目であり、霊長目の中でもより高度な類縁は一般にきわめて社交的だ。しかしヒトは、類人猿にはないような種類の向社会性――他者への配慮――ばかりでなく、一歩距離を置いた傍観者のような社会性という特徴も併せ持つ特殊な社会性を示す。私たちは、自分の考えていることがわかっており（心理学では「一次志向性」として知られている）、他者が考えていることを推測でき（二次）、自分以外の人間が第三者について考えていることを想像することができる（三次）。類人猿は一次志向性はあるようで、ヒト以外の霊長目では唯一、二つめの段階へと上がっているかもしれない。それに対してヒトは、六次の志向性までは何とかなるが、そこから先は頭が混乱するようである（彼らが意図していると彼女が考えていることを彼が信じていると……等々）。一部の科学者は、私たちの並はずれた認知方法の進化が、着実に複雑化しつつある社会の中で相互のやりとりに応じるために必要な、高度化した心の理論の発展によって突き動かされたと考えている。言い換えれば現生人類の認知力は、社会的な結びつきがいちだんと強まったことで生じた自己強化の圧力によって発展したということだ。ひょっとするとそれは、焚き火の周りで起こったのかもしれない。

私たちの手の込んだ社会的な儀式や応対が、社会の別のメンバーに関する情報処理のしかたと密接にかかわっている——常に頭の中を支配している——ことを思えば特に、これは魅力的な考えである。けれどもこの種のメカニズムでは、私たちと並行して進化を続けてきた社会性の高い類人猿が、その長い時間を経ても複雑な心の理論を発達させていないのはなぜかということ、また考古記録が、大きな脳を持つヒトの中でもたった一つの系統に、ごく最近に、かつある日突然のように、象徴化という意識が表れたことを示唆しているように見える理由のいずれも説明できない。

もう一つ、だれもが私たちの認知様式と結びつけているものが、言語の使用である。実際、限られた要素の集まりから無数の発言を生成できる言語は、究極の象徴化活動であると述べても決して過言ではない。思考と同様、言語は、周囲の世界をばらばらにして象徴的な意味を持ったくさんの語彙に置き換え、それを一定の原則にしたがって組み替えて、直接目に見える世界のみならず見えない物も見えるかのように述べることができている。そして言語がなければ、私たちが思考する過程を想像することは実質的に不可能だ。なぜなら言語の仲介がなければ、思考過程はただの直感にすぎず、それを表明できないものとなり、入ってくる刺激を記憶に残っているものと結びつけてしかるべく対応するだけになってしまうからである。そうした種類の対応が必ずしも単純だということではない。もしかすると象徴化思考の根底にある抽象的なプロセスがなくても、外からの刺激と記憶との複雑な結びつきは成立するのかもしれない。古いヒトの例から、それがわかる。そうした先祖はこの機能段階を通らなかったにもかかわらず、火の使用、複雑な石器の発明、小屋の建設を含む、人類史上最も重要な技術的進歩を成し遂げた。そうした快挙はまさに驚異的だ。けれども言語によって、古い認知過程に象徴的な情報処理過程が上乗せされた。そしてそれは、ヒトの世界の捉え方、また最終的には心の中でその世界を再形成する方法に、まったく新しい側面をつけ加えた。

この重大な革新がアフリカ——まさに私たちのような生き物の最初の化石証拠、また（少し遅れて）象徴化活動の最古の考古学的な痕跡が発見された大陸——で起きたことは、世界中の話し言葉で用いられている音に関する最近の研究によっても裏づけられている。言語でも子孫となるものが祖先の型から枝分かれして離れていくが、それでもなおしばらくの間は共通の起源の面影を保ち続けており、その点において生物と同じように進化してきたことが、比較言語学の研究から明らかになっている。したがって多くの科学者が言語の分化を、地球上に広がっていった人類の足跡を追う道案内として用いている。そうする中で、彼らはこれまで言語を組み立てている言葉に目を向けてきた。ところがそれは、難しい試みであることが判明した。理由は、個々の言葉が短期間で急速に変化してしまうことである。そのスピードがあまりに速いので、五〇〇〇年、あるいは長くても一万年ほど経つと、関係性の痕跡を見つけることがほとんど望めなくなってしまうのだ。その結果、過去数千年の間の地球上の人々の動きをたどるのであれば言語がきわめて役に立つとわかってはいるものの、ごく初期の進化ということになると言語学者もかなり困った状態に陥っていた。

最近になってニュージーランドの認知心理学者クエンティン・アトキンソンが、それとは別の方法を提案している。アトキンソンによれば、言語の起源を探すにあたっては、言語を全体的に捉えるのはやめて、個々の音を作っている構成要素——音素——に目を向けるべきだという。音素はその組み合わせが示す概念よりも生物学的構造と深く結びついているため、これは理にかなっている。さらに世界中の言語で音素の分布を調べたアトキンソンは、驚くべきパターンを発見した。アフリカから離れれば離れるほど、言葉を作るために一般に用いられる音素の数が少なくなるのである。奥の深い遺伝的ルーツを持つ人々が話す、アフリカのきわめて古い、舌打ちをするような「吸着音《クリック》」言語のいくつかには一〇〇個を超える音素がある。英語では四五個だが、地球上でも最後に人間が植民した土地の一つであるハワイではたったの一三個しかない。アトキンソンはこのパターンを「連続創始者効果」として知られるものに起因すると考える。これは集団遺伝学者にはよく知られている事象で、祖先となる集団内に子孫となる集団が芽生えて離れていくたびに、その個体群のサイズが小さくなって生じる現象である。子集団が増えるたびに、前に述べたボトルネック（びん首）効果の影響で、遺伝子の——そしてどうやら音素も——多様性が失われていくのである。

アトキンソンが分析した五〇〇ほどの言語におけるこの影響の痕跡は、遺伝子に見られるものよりは弱いが、その違いは言語の方が進化が速いためではないかと思われる。重要なことは、遺伝子と音素のパターンが本質的に同じであり、双方がアフリカ起源を指し示していることである。アトキンソンの分析は、収束点がアフリカ南西部にあることを示唆しており、それはまた最近の遺伝子調査の一つと合致している。そして彼の研究結果からは、現代のホモ・サピエンスがある一カ所で誕生しただけでなく、言語についても（少なくとも現在残っている言語の形については）同じことが言えると考えられる。つまり、言葉を操る現生人類の急速な世界支配において、生物学的構造と言語の間に基本的な相乗作用があったと強く主張することができる。

移行

私たちの祖先に象徴化の境界線を突き破らせた刺激の有力候補が言語の発明であった理由はたくさんある。現代社会にはみなすでに言葉があり、またそうなってから久しいが、音の代わりに手話を用いる体系的なピジン言語（混成語）がすばやく、また外部から促されることなく作り上げられることは、直接の観察結果からわかっている。最も有名な例は、一九八〇年代にニカラグアの聴覚障害児が自発的に作り上げた手話だ。一九七〇年代に同国で初めて聴覚障害児の学校が設立された時、それまで各家庭で、口はきけるが手話を使えない親族に囲まれて孤立していた子どもたちが集まってきた。最初の聴覚障害者社会を作る過程で、子どもたちは急速かつ独自に自分たちの手話を作り上げた。それはすぐに話し言葉の複雑さの多くを含むようになったが、周囲で話されていたスペイン語とはまったく関係がなかった。

それだけではない。大人が言語を習得する様子、つまり物には名前、すなわち象徴化の最も基本的な形があることを次第に理解していく状況と明らかに関係のある過程が観察された、信じられないような話もある。手話の専門家であるスーザン・シャラーは著書『言葉のない世界に生きた男』（中村妙子訳、晶文社、一九九三年）の中で、彼女のクラスにいた聴覚障害者の学生が手話を使えなかったばかりか、他の人々が物を示すために名前を用いているとは知らなかったことに気づいた時の様子を感動的に綴っている。彼女がイルデフォンソと呼ぶその男性は、耳が聞こえる人ばかりの家庭で育ち、物に名前があることを彼にわからせるよう手助けしてくれる刺激がいっさいない状況だった。そのうえ心の中で手話単語を作ったり読み取ったりすることを学べるような特別な教育も、まったく受けていなかった。けれども引っ込み思案ではあったが、彼には自分で何とかしてシャラーのクラスにたどり着くだけの能力はあり、ひとたび編入するとすぐに、彼が聡明で好奇心旺盛なことがわかった。シャラーによれば、当初、彼女はイルデフォンソに初歩的なアメリカ手話を教えようと試みたが、彼が手話単語の概念さえ理解していないことに気づいたという。教え方を工夫するうちに、やがて突破口が開けた。イルデフォンソは不意にすべてのものに名前があることを悟ったのである。「突如として彼は背筋をまっすぐにして座ったまま凍りついた。（中略）あたかも恐怖におののいているかのように大きく目を剝いた。（中略）殻が打ち破られたのだ。（中略）心と心が交わることを発見して、人間社会の仲間入りを果たしたのである」。それによって彼の世界の捉え方は一変した。理解し始めた当初の感情の渦から立ち直ると、彼は新しい言葉を求めて手話にのめり込んだ。

無理からぬことだが、言語、すなわち象徴的符号を持たないまま二七年過ごした後にそれを知ったことは、大きな衝撃でもあった。「人類から疎外されてたった一人で閉じ込められていた牢獄のような状況」がわかった時のイルデフォンソの悲しみを、シャラーはしみじみと綴っている。それでもその後、成人のだれもが経験するような言語学習の壁や自信喪失など数々の困難に突きあたりはしたが、彼はやがてアメリカ手話で会話することを覚えた。

シャラーのイルデフォンソとの経験は、偶然に能力を備えていた脳がある日突然その能力に気づいたという点で、現代人が目撃しうる中では象徴化を操る現生人類の誕生に限りなく近い状況である。シャラーは、イルデフォンソのような状況は想像以上によくあることで、多くの人の「聡明で、精神状態に異常はないけれども言葉を持たない」状態が、手話の使えない単純な聴覚障害として、耳の聞こえる人、あるいは手話を使う人に日頃から誤解されている可能性があると考えている。イルデフォンソの場合には、以前の意思疎通の方法を失い、それに伴って認知的な後遺症があったという点で大きく異なるとは言え、シャラーが正しければ、少なくとも言語を獲得する前の人類の状態を遠回しにイルデフォンソに垣間見ることができるのかもしれない。

残念なことに、言語機能以外のすべてが正常なホモ・サピエンスがどのような状態だったのかということは、イルデフォンソからはあまりよくわからない。彼の場合には、手話ではなく身ぶりで意思疎通する、聴覚障害を持ち言葉を持たない人々の小さな集団に属していたことがやがて明らかになった。規則にしたがって言葉をつなぐことで自分の体験を簡潔に描写する代わりに、彼らはその体験をジェスチャーゲームで遊ぶディナーパーティーの客のように身ぶりで示した。それが非常に面倒な意思疎通方法だったことから、ひとたび言語という概念がわかって手話単語の語彙が増え始めると、イルデフォンソはもはや身ぶりで意思表示することには我慢できなくなり、それまでの仲間と一緒に過ごさなくなった。また彼は、言語を獲得する前の内なる自分を表現することを極端に嫌った。もしかすると違いを説明できる方法がなかったのかもしれない。いずれにしても、彼はそれを公にすることを嫌がった。したがって言語がどのように、そしてどの程度まで思考として体験するものと分け隔てられているのか、あるいは異なるものなのかということは、この特定の個人体験からは推し量ることができない。

心理過程に言葉がある場合とない場合の正確な違いを知ることが、象徴化をしていなかったホモ・サピエンスと象徴化を身につけたホモ・サピエンスの認知的差異を理解するために欠かせないことを考えると、これは残念なことである。レヴァント地方の初期の非象徴化のホモ・サピエンスは、手先が器用で高度な技能を持つネアンデルタール人に非常に近い生活様式で暮らすことに、何の不自由も感じなかった。言語を持たない彼らの状態は私たちと比べて制約が多かった一方で、彼らとその子孫はおそらく、イルデフォンソが解放されて歓喜する前の辛く悲しい認知的な闇の世界で暮らしていたのではなかっただろう。彼らは、それまでいかなる動物も成し遂げたことがなかった程度の複雑さの生活様式で十分満足だったのだ。

もしかすると言語を獲得する前のホモ・サピエンスとはどういうことなのかは、重い脳卒中を患ったために数年にわたって言語能力を失った神経解剖学者、ジル・ボルト・テイラーの体験から、間接的にうかがい知ることができるかもしれない。彼女は三七歳で言葉を失い、その結果として記憶もなくして、現在だけを生きる状態に陥った。その一方で彼女はまた、安らかな感覚とそれまで経験したこともないような周囲の世界との一体感を感じた。かつて言語を操る能力によって、彼女は自分を取り巻く環境を一歩離れて捉えることができていた。だがそれは、同時に周囲の環境と強制的に距離を置かされることでもあったようだ。むろんこれは、自分を客観的に捉えて周囲の世界とは別のものであると認識する能力をもたらす、人間の象徴化機能の本質でもある。

完全に回復してから詳しく語られたテイラーの体験は興味深い。それでも、話のできる成人の脳卒中が、通常の言語習得以前のヒトの脳を正確に再現しているのではないことは明らかである。しかし、言葉を持たない人間の状態を想像することができる道が、もう一つありそうだ。一部の心理学者は、両親の言語をまだ習得していない幼い子どもは少なくとも大人のような思考はしないと、説得力のある主張をしている。そして、子どもたちの精神的な情報処理がいくつかの点で言語習得以前のホモ・サピエンスに類似している可能性がある。それでも、話のできない子どもが言葉を操る成人と同じように考えないことは明らかである一方で、子どもの脳はむろん未発達であり（特に最も重要な前頭前皮質は目立って発達が遅い）、彼らは大人のように異なる種類の情報を結びつけ合うことはできない。そのうえ子どもは、感情的な行動で示す以外に、自分の精神状態を正確に語ることができない。したがって本書の冒頭で触れたような、チンパンジーを理解する時と同じジレンマに陥る。

考古記録から、現代のような形の言語を持たないヒトでも、複雑な生活様式、直感的理解、精神的な明晰さをすべて成し遂げていたことははっきりしている。適切な状況においては、言葉がないことは機能不全と同じではない。それでも、言葉は複雑な認知を可能にする重要な要素である。言葉を操る能力は紛れもなく心を広げ、解き放つ。持っている言葉の数が多ければ多いほど、心に描ける世界の複雑度が高くなる。裏を返せば、言葉が尽きれば明確な概念も底をつく。それでも、私たちの言語能力が、どうやら最初の解剖学的ホモ・サピエンスが持っていた初期の認知基盤の上に継ぎ足されたものらしいと考えれば、今日の精神生活が象徴と直感の間の絶え間ない綱渡りであることもうなずける。象徴化能力は私たちに理性があることを示している一方で、理性と感情の不思議な合成物だと考えられる直感は創造性の源である。その二つの偶発的な組み合わせこそが、自然界において、完璧とは言わないまでも、とどまるところを知らない現在の私たちを形作っているのだ。

ホモ・サピエンスの非象徴化と非言語的な種から象徴化と言語的な種への転換は、これまでいかなる動物にも起きたことのない、最も驚くべき認知的変化である。その移行の詳細はおそらく永久にわからないだろう。そしてどのようなシナリオを思いついたとしても、おそらく説明し尽くせないに違いない。しかし、ニカラグアの児童とイルデフォンソの例を見れば、もしかすると少なくとも大筋としては、アフリカのどこかで生物学的条件の整った早期ホモ・サピエンス小集団に言語が生まれた様子を想像することはそれほど難しくないかもしれない。実際、最初の言語が、一般に大人よりも新しい考えを受け入れやすい子どもたちによって発明されたと考えることは非常に楽しい。子どもにはいつでも子どもならではのやり方があり、時に彼らは親を意図的に煙に巻くような方法で意思疎通を図っている。言語とはまったく関係のない理由で、当該の子どもたちはすでに、現代の言語に求められる全音域を発するのに必要な解剖学的な周辺構造をすべて持っていた。また関係する知的な抽象概念を作り出すために必要な生物学的基盤と、複雑な方法で意思疎通を図りたいという本能的な欲求もあったに違いない。そしてほぼ間違いなく、身ぶり手ぶりの使用はもちろん、声を発するという個体間の意思伝達を行う複雑な体系がすでに存在する社会に属していただろう。結局のところ、すべての行動上の革新の例にもれず、必要な身体的土台はそろっていたはずだ。そしてニカラグアの例を考えれば、少なくとも原理上は、ひとたび語彙が形成されれば、関係する脳の中枢のフィードバックによって、子どもたちが言語と思考のプロセスを同時に組み立てられるようになったと容易に想像できる。彼らにとって心理学者が言うところの「プライベートスピーチ」、すなわちひとり言による言葉選びは、直感を言葉による概念に変えて、それから象徴を操るためのつなぎの役目を果たしただろう。

抽象思考の刺激としての言語の魅力的な特徴はもう一つ、心の理論とは違って共有できるということである。ポーカーのプレイヤーが手持ちのカードを見せないのと同じ理由で、表面上は他人の心を読んだり正確に推測したりする能力を見せてしまうことは、個人にとって大変不利だろうと思われる。しかしもしその能力が単に広い知性の新しい表現の一つであるなら、個体群の中での拡散が妨げられることはないだろう。そう考えると、心の理論が変化の原動力だったとは考えにくい。もちろんそのあたりについてはまったくの未知の世界であり、言語がコミュニケーション手段として誕生したということさえまったくの推測である可能性がある（何と言っても、人類によくある逆説だが、今日の世界では言語がコミュニケーションの最大の障壁かもしれない）。思考へとつながるパイプとしての言語の機能上の重要な役目が初めから最優先事項だったと考えることはできる。しかしコミュニケーション手段としての言語は、最も容易に、そしてかつ急速に、必要な生物学的構造を持った小個体群の間に広がったことだろう。そして最終的にはその小さな最初の集団の枠を超えて、生物学的に条件の整った種の隅々にまで広がり、間もなくその新しい知性が世界支配へとつながったのだ。

言語、表象、脳

構造化された大量の電気化学信号を意識としての経験に変える脳の働きを理解しておけば、非象徴化から象徴化への飛躍をあれこれ推測しやすくなる。最近になって開発された、様々な認知作業を行っている時に脳で起きていること（つまり、エネルギーを使っている場所）をリアルタイムで画像に示す技術からは多くのことがわかった。けれども私たちの持つ制御組織がどうやってすべてを主観的な思考や感情にまとめあげるのかということは、いまだに大部分がわかっていない。そのため、新しい認知能力を築き上げたホモ・サピエンスの起源において、脳のどの特定領域に変更が加えられたのかを見つけ出す作業は難しい。それでもヒトと近縁種の脳の間に何らかの差異が見つかれば、どこから始めればよいかはわかるに違いない。また依然として古神経学者がヒトの化石と現生人類の脳の外形の違いについて考えあぐねているところを見れば、その探索の開始地点はおのずと現生類人猿の脳ということになる。何と言っても人間にできて類人猿にできないことについては、かなりいろいろなことがわかっている――最も機能的核磁気共鳴画像（ｆＭＲＩ）の機械の中で類人猿に思いどおりのことをさせるという点では、実質的にはかなり難しいことが判明している。それもまた、私たちと彼らを隔てる認知能力の溝がいかに大きいかを強く示すにすぎない。

そこで当面は、静止した状態の脳の特性に的を絞って、人間を類い稀なものにしている生物学的な構造を探すことになる。おおまかに見て人間の脳にあって類人猿にないものは、仮にあったとしてもわずかしかないことはずいぶんと前から知られているが、神経生物学者がいちだんと細かい解像度で類人猿と人間の脳物質を観察するようになって、組織の構造に著しい違いがあることがわかり始めてきた。最近の発見では、類人猿と人間は脳の一部に「紡錘」神経細胞を持っているという点で独特なグループであり、人間ではそれが信頼、共感、罪悪感などの複雑な感情を司っているが、その数が人間の方がたくさんあることがわかっている。科学者はまだはっきりした理由を突き止めていないが、紡錘神経細胞の一つの機能は、その領域から、あらかじめ計画を立てる時などに使われる脳の前方の領域へ、高速でインパルスを送る助けをしているのではないかと考えられている。紡錘神経細胞が豊富にあることで、人間は変わりゆく複雑な社会の状況にすばやく対応できるのかもしれない。このような結果がいっそう明らかになれば、ほかの動物では起きていないが人間の脳で起きていることの全体像をいちだんとはっきり描くことができるようになるに違いない。しかし、人間が享受している行動面の利点は脳組織が大量にあることだけから生じているのではないということに確信が持てるとは言え、私たちのできる最高のことは、知識に基づいたおおよその見当をつけることだけだ。

私個人が今でも気に入っている解釈は、一昔前の一九六〇年代に、ハーバード大学の著名な神経生物学者ノーマン・ゲシュヴィントが述べたものである。ゲシュヴィントの考えでは、物に個別識別すること――名前をつけること――が言語の基礎である。本書で行っていることに関連づければ、それはまた象徴化認知の基礎でもある。ゲシュヴィントの見解では、言語は、脳の古い感情中枢を通ることなく、大脳の皮質の異なる領域間に直接の結びつきを作るという物理的な能力によって可能になる。皮質は脳の外側を覆っている神経細胞の薄い膜で、哺乳類の進化に合わせて（特にヒトでは）大きく広がってきたため、これまで見てきたように、脳頭蓋の狭い場所に収まるようにしわがよって折りたたまれた。大きなひだは、特に前頭葉、頭頂葉、側頭葉、後頭葉というように皮質の様々な主要機能領域として区別されている。それぞれの「葉」の中では、また別のしわが主要な機能領域を分けている。たとえば発声器官の制御を含む運動機能に対して重要な役目を果たしている脳の領域であるブローカ野は、左前頭葉にある。現代の画像技術から、運動など多くの機能が実際には脳の広い範囲に分配されていることがわかっている。それでも一九世紀の偉大な神経学者ブローカによって発見されたその主要制御領域は、今日でもなおその存在が認められている。そして現代の神経科学者のほとんどは、脳の前方のいちばん先にある前頭前皮質が、このいたって複雑な組織のいたるところから入ってくる情報の統合に欠かせない重要な場所であるという見解を受け入れている。明らかにそれは、系統発生学的に古い脳の領域の活動を調節する、高次の「実行」機能の中枢なのである。

しかし物に名前をつけるために必要不可欠な関連付けを可能にする構造として、ゲシュヴィントが目星をつけた特定の候補は「角回」だった。角回は側頭葉と後頭葉の両方に隣接する頭頂葉の一部で、それらすべての葉の橋渡しをするのに理想的な場所にある。ヒトの角回は大きいが、ほかの霊長目ではみな小さいか、まったくない。くわえて最近の画像研究では、その領域が、言語の基礎となる抽象的な関連付けの代表格である比喩を理解する時に活発になることが示されている。ゲシュヴィントが正しくてもそうでなくても、もどかしいことに化石ヒトの脳の頭蓋内鋳型に角回の輪郭をたどることは不可能に近いため、ヒトの歴史のいつ頃からそれが拡大し始めたのかはまったくわからない。

ヒトの脳の何が特別なのかを解明するにあたっては、その制御組織がどちらかといえば雑然とした構造で、まさしく最初から、途方もない時間をかけてむしろ機会があればそれに乗じて拡大してきたものであることを肝に銘じておかなければならない。したがってことによると、一つの主要な「中枢」の獲得を探すべきではないのかもしれない。そうではなくヒトの脳の並はずれた特性は、すでに外適応として象徴化の思考の準備がほぼ整っていた複雑な構造への比較的小さな、そして偶然の付加あるいは変更の結果として、おそらく不意に出現したものなのだろう。既存の、そして生存に適した構造の微調整が、脳の構成要素に新たな形の相互関係を作り出し、それが機能上まったく前例のない複雑な次元を生み出したのだ。

　現生人類の意識の基礎としての特別な脳の構成部分が特定できないのであれば、どの認知系がかかわっているのかを究明すればよいかもしれない。最近になってよく引き合いに出される有力な認知系は作業記憶（ワーキングメモリー）である。これは、実際の作業を行っている間、意識上に情報をとどめておく私たちの能力を意味する心理学用語だ。十分な作業記憶がなければ、いくつもの異なる情報を結びつけなければならないような作業を実行することはいっさい不可能である。作業記憶こそが私たちの複雑な行動を決定的に支えているという考えの擁護者は、古代のヒトもまた一定量のそのような記憶を必要としていたことを否定しない。しかし彼らは、私たちと古代のヒトとの違いは確かに大きいけれども、それは意思決定、目標の形成、計画などを司る前頭前皮質の高次な機能の進歩にかかわる程度の差だと述べている。これまで見てきたように、石器の発明者が初めて一つの石を別の石に打ちつけて以来、ヒトが発展させてきた様々な技術はいたって散発的な方法で複雑化してきた。それはまた作業記憶が段階的に増加してきた証拠だと受け止められており、最後に大きく飛躍したのは九万年前から五万年前の間である。

　この説はまさしく、考古記録が伝えていると思われるものに合致する。それでも現代人の意識にとって、作業記憶とはそれさえあれば十分なものなのか、一つの必要条件にすぎないのかという疑問は残る。精神活動を行う私たちの奇妙な方法をどうやって身につけたのかを考える時、作業記憶を私たちの特異性に対する重要な要素とみなすことは、実際に体温調節や遠見視力や物の運搬を早期のヒト科の二足動物が直立姿勢になった重要な要素と考えることに似ているのかもしれない。現実にはひとたび当該能力を得れば、その利点すべてとそれに伴う欠点を合わせて手に入れることになる。二足歩行の場合には、直立姿勢はほぼ間違いなくその生き物にとって自然なことだった。象徴化の認知の場合には、すでに外適応していた脳の偶然の変異と子どもたちの遊びが、文字どおり世界を変えるような現象の出現につながったと考えられそうである。

結び

一四章の末尾で述べたことはどれ一つとして、私たちの種が必ずしも意図的にこの地球を変えてきたことを意味するものではない。祖先は、完全にとは言わないまでもほとんど生態系の中に溶け込んでいる狩猟採集民だったし、当初、そのような意図はなかったと考えることが理にかなっている。けれどもまさにその最初から、死を除けば、人類の経験における唯一の鉄則が「意図せざる結果の法則」だった可能性は非常に高い。私たちの脳は驚くべき構造で、それがあるからこそ自らがまさに思いもしないようなことを成し遂げてきた。けれども私たちは、今なお直後の結果しかうまく予想できない──少なくとも注意を振り向けられない。とりわけリスク評価、中でも長期リスクの評価が苦手である。私たちは、人間のいけにえが神々の怒りを鎮める、人々が宇宙人に連れ去られている、有限の世界で限りない経済拡大が可能である、気候変動を無視していればその結果に直面しなくてすむなどという、おかしなことを信じている。もしくは少なくとも、信じているかのように振る舞っている。

むろんそれらすべては、ヒトの脳のたゆまぬ拡大の歴史と見事に合致している。私たちの頭蓋の中には、独特な方法で情報を統合できる高次中枢とともに、魚や爬虫類やトガリネズミの時代の脳が入っている。そして脳の新しい構成部分のいくつかは、実際、非常に古い構造を介して情報をやりとりしているのだ。私たちの脳は何億年もの年月をかけて、また複数の異なる生態系の中で、自然がご都合主義的に組み立てたその場しのぎの構造である。私たちの象徴化能力が最近獲得されたものであることを知ると、現在のような働きをする私たちの脳が何らかのはっきりとした目的のために進化によって微調整されたものでないことはおのずとわかってくる。私たちが知性のうえで他の動物を圧倒したのは、はるか遠い昔から長く続いてきたヒトの祖先が、たまたまほかの競争相手よりもその時々の状況にうまく対処してきたというだけのことである。そして最後の、今なお謎に包まれている象徴化の獲得が偶然にも大きな違いを生み出したのだ。その長い軌跡の中で何か一つでも違っていたら、あなたは今、この本を読んではいないだろう。

　私たち人間が時に奇妙な行いをするのは、最後の氷河時代が終わった時の定住生活の受容以降に生じている急激な社会の変化に、脳の進化がついていけていないからだとする説がある。その見解にしたがえば、私たちの精神は今なお、時には不適切に、過ぎ去った「進化的な適応をする環境」の緊急事態に応えようとしていることになる。この考え方には見事なまでに還元主義的な説得力がある。けれども実際には、私たちの脳は究極の汎用型組織とも言うべきものであり、何かに合わせて変わることはない。確かにヒトの行動には規則性が見られ、その一つひとつがすべて制御組織の構造の中にある基本的な共通の性質によって制限されていることは疑いようもない。だがそうした規則性はみな現実には統計学上の抽象概念であり、規則的だと言われるいかなる状況においても全員がまったく同じように規則的にふるまうわけではない。結果として仮に何らかの統計学上の現象が人間の状態を表していると述べたとしても、それは「正規分布」すなわち「釣鐘曲線」だ。これはある個体群の中で、同じ特徴が個別に出現する頻度を表している。ほとんどの個体が集まる中央が高くなっているこの釣鐘型のカーブは、両端でほぼ同じように低くなり、どの特徴の観察結果もほとんどは平均に近く、平均値から遠ざかるほど頻度が下がっていく状況を示している。

身体のうえであれ行動のうえであれ、人間の特徴はどれをとっても釣鐘曲線になる。私たちの中で非常に頭のよい人、あるいは悪い人はごくわずかしかおらず、ほとんどは真ん中あたりだ。同じことは、背が高い／低い、思いやりがある／無関心、強い／弱い、品行がよい／悪い、宗教的／世俗的など、すべての連続変数についても、同じことが言える。当然のことながら、それが人の内面の状態を正確に示すことがほぼ不可能である理由だ。思いつく限りの行動分布で両極端を示すような個別のホモ・サピエンスなら容易に見つけることができるだろう。聖人が一人いるごとに、罪人も一人いる。慈善家一人に泥棒一人。天才一人に愚者が一人。この観点に立てば、周囲に悪人がいるのは単に善人がいることとの代償である。別の言い方をすれば、曲線の反対側の利己主義と対応しているのであれば、利他主義に対する特別な説明を探す必要はない。たいていの場合、個体そのものも逆説の塊で、私たちはみな尊敬に値する特徴とあまり価値のない特徴を併せ持っていて、異なる時に異なる方法で同じ特徴を示すことさえある。私たちは理性に支配されているが、それもホルモンが優勢になるまでのことだ。

同様に、随所に出回っている突拍子もない奇説すべてに同意する人はだれもいないが、ほとんどの人はその中のいくつかに惹かれる。そうした突拍子もない意見の一つは、人間の条件はどういうわけか長い買い物リストのような「ヒューマン・ユニバーサル」――だれもが持っている人間固有の心理的また行動的特徴――で表すことができるというものである。しかしほぼ必ずと言っていいほど、その「ユニバーサル」、つまり普遍的な特徴は、人間だけに固有なものではないか、あるいは人間の中で普遍的でないかのどちらかであるとわかる。実際、心の中で世界を再現するという、だれもが持っている基本的な能力を除けば、それ以外に私たちが示す真の「ヒューマン・ユニバーサル」はおそらく認知的な不一致くらいのものだろう。

一風変わった認知的特性が原因で、私たちの種とその個々のメンバーはまったく異なる種類の存在になっている。なぜなら、個々の人間はおおむね――まったくではない――その人特有のゲノムの産物であり、おおまかに言えばどのような大人になるのかということが決まった状態でこの世に生まれてくる一方で、人類全体をひとまとめにして考えると、それがまったくあてはまらないからだ。実際、本質的に明確に述べることができないという理由から、普遍的な人間の条件がきちんと定義されることは決してないだろう（そして絶え間ない議論にさらされるだろう）。

そうなると、私たちヒトをどう解釈すればよいだろう？　長い進化の時を経て、ヒトは偶然の認知能力によって、知らないうちに自分たちが暮らしている地球の表面を変えることができるところまでたどり着いてしまった。現に最近になって（ヒトにありがちな傲慢さから）、現在、完新世と呼ばれている地質時代を「人新世（Anthropocene）」（簡単に言えば「新しい人類の時代」の意）に名称変更すべきだと提案されている。一つの種による破壊行為が地質年代の一つの時期を定義する基準として用いられたことなどこれまでに一度もないため、多くの地質学者は、生態学者と環境科学者が編み出したこの提案にはためらいを感じている。それでも人類の干渉がいかに多くのプロセスに影響を与えているかということには、不安を抱かざるを得ない。そのプロセスは、未来の地質学者が手に入れる記録に明らかに反映されることになる。ただし未来があればの話だ。多々ある中の一つの例を挙げるなら、長い年月の間に大自然の力は概して一〇〇万年に数十メートルほど大陸の表面を下げてきた。驚くことにそれと比べて、紀元後の最初の千年紀のほんの初め頃に始まった人類の活動傾向は、それよりも一〇倍も速い現在の世界的浸食を引き起こしたことが最近の研究からわかっている。

それもまたただの統計学上の抽象概念であるなら、私たちのようなこのうえなく自分本位の種の一員にとっては大した問題ではないかもしれない。けれども私たち人間はすでに、極度に加速した内陸部の浸食と海岸線の沈降という両方の形で、大陸の地殻を削り取ったことによる重大な実質的影響の報いを受けている。私たちは文字どおり、自分たちが暮らす地球の形を変えているのだ。そしてホモ・サピエンスが地表にまばらだったころにはそれに耐えられた、環境が吸収できていた行動は、七〇億人にまで膨れ上がった人類にとってはきわめて有害となっている。しかも、それは諸刃の剣だ。つまり人類の活動が巨大化かつ複雑化すればするほど、それは脆弱化するのである。点在していた狩猟採集民の集団にとっては洪水はただの不都合にすぎなかっただろうが、バングラデシュやミシシッピ川の流域のような人口過密地域で起きれば大惨事となる。知らず知らずのうちに、また意図的に、私たちはまさに地球の支配者となったが、過剰に負担をかけられた地球が仕返しをしないとは限らない。

その意味では明らかに人間は、すでに私たちをこれほどまで非凡な存在にまでした、まさにその特徴と関連し合うものによって脅かされている。当然、私たちは脳の進化の「設計図」によって自滅する道を進むよう運命づけられているのだろうかと問いたくもなる。幸い、答えは「ノー」だ。少なくとも原則的に、ではあるが。たとえば異常な脳の活動が原因で、ある特定の暴力的傾向が遺伝的に受け継がれる可能性があることはわかっているが、その一方でそうした傾向はたいていの場合、環境や体験によって修正できることも知られている。さらに全体は必ずしも個人と同じような欠点の影響を受けるとは限らない。残念なことに、社会の指導者にはあてはまらないけれども。実際、規則や規制、納得のいかない手続き、時に過酷な強制手段を持つ複合化社会は、個人の多くの欠陥、特にたくさんの釣鐘曲線の悪い方の端に近い行動を補正するにあたってきわめて有効だ。特に、私たちの安全に影響を及ぼす、時には不愉快感を与えるような社会的、法的な非難を受けることで、ほとんどの人は、たいていは比較的責任ある行動をしている。そしてひとたび私たちの置かれた状況の重大さが大多数の人々に理解されれば、社会は実際に、私たちを支えている地球とバランスを保つつもりであれば不可避な、難しい決断を行うことができるようになるのかもしれない。そう考えることは、絶望的なほど非現実的ではないのかもしれない。

人類は完璧な生き物ではないが、それでもこの七〇〇万年という長い年月の間に大きく発展してきた。ならばその大仕事を完成させるためには、何もせずただじっと進化を待っていればよいという意味なのだろうか？　しばらく辛抱していれば、自然選択の作用によって、やがて私たちはより賢く、行動の結果をすべて見通すことができるようになるのだろうか？　残念ながら、少なくとも現在の人口学的な傾向が続く限りは、こちらの答えもまた「ノー」である。私たちの祖先は、頻繁に環境上の圧力やその混乱にさらされた、小さな、またそれゆえに遺伝的に不安定な個体群として、ヒト科が大地にまばらに存在していた時期に進化した。それは、新しい個体群や種が出現して、重大な遺伝子上のあるいは身体的な変革が組み込まれるのに最適な条件だった。事実、その全体としてきわめて不安定な状況が文化的な傾向と相まって、更新世のヒト科の、尋常ではないほど高速な進化の原因となった可能性は大いにある。

しかし昔は昔、今は今だ。最終氷河期の末期に定住生活を営むことを選んでからというもの、ヒトの人口はキノコのように爆発的に増加して、現在は肘を自由に動かす余地もないほど地球上にひしめいている。その新しい状況は、物事のやり方を根本から変えてしまった。現生人類の個体群は、理論的に今よりも賢く、長期の利益を優先することができるような、重要な遺伝子の新しい形が定着するには大きすぎ、また密集しすぎているのだ。人口学的な状況に劇的な変化が見られない限り、私たちは前方の見通せない状況に留め置かれたままなのである。

多くの人にとって、この見通しは理想的とはまるで思えないと考えるだろう。だが幸運なことに、話はこれで終わりではない。なぜなら、通常の進化のルールを復活させるような（容易に想像できる）大変動がなければ生物学上の進歩の見通しは暗いけれども、広い意味でのヒトの変化はまだ壁に突きあたってはいないからだ。紛れもなく私たちの認知体系は、解剖学的構造とならんで、様々な領域においても完璧とは言いがたい。それでも理性的な能力と過度な新しいもの好きの性質は、突出している。ヒトに初めて象徴化精神の徴候が芽生えた時から、人類の技術と創造の歴史は、自分を取り巻く情報の新しい処理方法によって解き放たれた革新的な可能性を精力的に探求することが中心だった。そして何よりも明らかなことがあるとすれば、それは既存のその能力はまだ決して探求し尽くされていないということである。実のところ、探求はまだほとんど始まってさえいないと言えるかもしれない。だから実際に私たちの種に大きな生物学的変化が起こる兆しは見えなくとも、文化的には未来は無限大なのである。

謝辞

本書は長い研究の粋を集めたものである。その研究の間、私は多くを学び、たくさんの同僚から影響を受けた。一人ひとりの名前を挙げるには数が多すぎるが、全員が自分のことだとわかるだろうし、その全員に心から感謝したい。なお、私個人にとってはこれでいくらか大成したということになるけれども、広い意味では本書は単なる進捗状況の報告書にすぎない。科学は動く的であり、本書で私が述べた見解が、目まぐるしく変わる研究分野の発展に追い抜かれるのを見るほど、私にとって嬉しいことはない。かれこれ五〇年ほど前に私が古人類学に足を踏み入れた時にそこで教えられたことは、今では微笑ましいほど古風に見える。現在の最先端が今から五〇年後には同じように滑稽に見えることは間違いない。

パルグレイヴ・マクミラン社の編集者ルバ・オスタシェフスキーを紹介してくれたアミール・アクゼルに謝意を表する。ルバは本書の執筆を促し、最後まで見届けてくれた。パルグレイヴ・マクミランではまた、本書が完成するまで励まし続けてくれたローラ・ランキャスターとドナ・チェリー、原稿整理編集者のライアン・マステラーにも礼を述べたい。また、クリスティーン・カタリノとシオバン・パガネリとの仕事も楽しかった。

一般の読者向けに本を書くということがどれほどやりがいのあることかを教えてくれたジェーン・アイセイとミシェル・プレスにも感謝の気持ちを忘れない。図版キャプションに名前の記されている、イラストや写真を提供してくれた写真家や画家、中でもJ・H・マターンズとジェニファー・ステフィにも礼を言う。そしてだれよりも、執筆している間、私を支え、また辛抱してくれた妻のジーンに感謝したい。

監訳者あとがき

古人類学界の泰斗イアン・タッターソル博士の著書に出合ったのは、もう二〇年近く前のことだろうか。そしてちょっとした偶然から、同博士の畢生の名著『*The Fossil Trail*』の翻訳に取り組むことになった。人類進化の研究史と人類化石の発見の緻密な編年的記載とその意義を述べた好著で、日本にはそれまでなかったものだった。

ところがその訳書『化石から知るヒトの進化』が一九九八年五月に三田出版会から出た直後、なんと同社は倒産し、この名著はほとんど書店に出ることもなく消滅した。

しばらくして、その後の発見を追加した同著の第二版が出たことを知り、何度か翻訳を試みたが、果たせなかった。その意味で、今回の『ヒトの起源を探して――言語能力と認知能力が現生人類を誕生させた *The Masters of the Planet:The Search for Our Human Origins*』の刊行は、そのタッターソル博士の第三版の意味があり、監訳者としては訳業は実に楽しみな作業であった。

目についたのは、前著でも懐疑的だったホモ・ハビリスとホモ・ルドルフェンシスへのこだわりを、博士は完全に払拭したことだ。両者は、「二足歩行の類人猿」とされた。がらくた収納庫に近かったホモ・

ハビリス化石群については、アウストラロピテクス属への再編が適当であり、ルドルフェンシスについてはケニアントロプス属への編入で決着がついた、という見方だ。しかし古人類学界ではなお、両者を早期ホモ属の独立の種とする見解を持つ研究者もいるが、そろそろこの線で決着していくのではないか。

それにしても本書を読んで、あらためて古人類学の進歩の早いことを痛感させられた。二〇一二年という昨日に等しい年に刊行されたこの名著も、実は何カ所かで注記を必要とすることになった。最も重要なのは、ネアンデルタール人と現生人類のヨーロッパでの共存期間が見直され、かつては最長で一万五〇〇〇年はあったとされる期間がせいぜい五〇〇〇年程度へと大幅に短縮されたことだろう。現生人類とネアンデルタール人との関連は、欧米科学界の変わらぬ関心であったが、この見直しは衝撃的だった。

そうなったのは、ネアンデルタール人の絶滅が、これまで考えられた二万六、七千年前ではなく、四万年前頃へと大きく繰り下げられたことにある。これまでの編年的枠組みを支えていた放射性炭素年代測定法がよりいっそう精緻化され、これを推進したイギリスのトム・ハイラムらがヨーロッパ大陸全体の関連遺跡の年代の再測定と再検討を行い、それにつれて較正値も変わった結果だ（これについては、邦訳されたものとして、原著が二〇一五年に刊行され、その成果を全面的に取り入れた『ヒトとイヌがネアンデルタール人を絶滅させた』（原書房、パット・シップマン原著、河合監訳）に、その事情は詳しく記述されている＝二〇一五年一二月刊）。

その一方、早期現生人類（ホモ・サピエンス）のヨーロッパへの進出の年代はあまり見直されなかった。これにより両者の共存期間は、ごく短期間へと縮まった。

日本の研究グループが行ったムスティエ文化、オーリニャック文化、シャテルペロン文化の年代の見直しでも、四万五〇〇〇年前頃からムスティエ文化遺跡は次第に細る傾向を見せ、四万年前には信頼できるネアンデルタール遺跡はなくなることが判明した。さらにかつて論じられたフランス、トナカイ洞窟の象牙製装身具などのネアンデルタール人製作説も見直された。数年前ならネアンデルタール人が発展させたとされた初の石刃技法の採用と骨器文化であるシャテルペロン文化も、どうやら早期現生人類の所産だという見解が強まっている。

さらに今年（二〇一六年）に発表されたホモ・フロレシエンシスの完全に近いＬＢ１骨格（リャン・ブア１号）の改訂年代は、この種が一万二〇〇〇年前まで生き残っていたという発見時に報告された衝撃的な年代を大幅に過去に押し戻した。

リャン・ブア洞窟の発掘調査者は、あらためてリャン・ブア洞窟の未調査部分を新たに発掘調査し、洞窟内の堆積層は均一に堆積しておらず、ＬＢ１を含む層は従来の想定よりも古いことを突き止めた。新たな年代測定から、骨格と包含層の年代は一〇万〜六万年前、フロレシエンシスが製作したと考えられる石器の年代は一九万〜五万年前へと改訂された。

つまり完全に近いＬＢ１骨格の年代は、どんなに新しく見ても五万年前だったことになる。この頃、おそらく早期現生人類はまだオーストラリアに達していない。それ以前にフローレス島に立ち寄った可能性はあるが、彼らの痕跡は確認されていない。原因は不明だが、ホモ・フロレシエンシスは現生人類との遭遇のはるか前に絶滅していた可能性が強まったと言える。

またタッターソル博士は本書で、ホモ・フロレシエンシスの起源を、この化石の共同研究者だったマイク・モーウッドらの発見後の提唱を基にアフリカの初期の移住者（早期ホモかアウストラロピテクスを想定していると思われる）と述べている。

しかしこれも、原著の刊行後の二〇一五年に国立科学博物館の海部陽介氏らの研究でほぼ否定された。海部氏らは、人類の進化的変化の中で最も保守的である歯の形態を基にアフリカのアウストラロピテクスや早期ホモ属、ドマニシ、アジアのホモ・エレクトスなどと比較し、ホモ・フロレシエンシスの歯はジャワ原人と最も似ていること、すなわちホモ・フロレシエンシスの祖先はジャワ原人であった可能性が濃厚なことを論証し、発見当初のように特異な形態はジャワ原人の島嶼化で説明できることを示した。

そして最終的にこのことを実証する発見の発表が、この見解を打ち固めた。

リャン・ブア洞窟から七〇キロ余離れたマタ・メンゲの発掘調査で、二〇一四年、海部氏らも加わった国際チームは、ついに約七〇万年前の小型の成人右下顎骨片一点を見つけ出した。マタ・メンゲのあるソア盆地では、すでに二〇世紀末にモーウッドらが八八万年前頃の原始的な石器を見つけ、その後もさらにほぼ同年代の石器の発見が追加されていた。チームは、この製作者を探索していて、ついに首尾良く顎骨片を見つけ、分析した成果は、今年の『ネイチャー』六月九日号で報告された。

この発掘調査で顎骨片の他にも、永久歯四点、乳歯二点が見つかり、これらで少なくとも三個体分に属するという。年代は、アルゴン／アルゴン法などで約七〇万年前、と推定された。発見された顎骨片や歯を、アウストラロピテクス、ホモ・ハビリス（約二〇〇万年前）、初期ジャワ原人（約一〇〇万年前）、北京原人（約七五万年前）、リャン・ブア人骨、現代人と、詳細に比較したところ、下顎大臼歯はLB1ほど特殊化しておらず、全体的に初期ジャワ原人のものと似ており、下顎骨は猿人やハビリスほど原始的でなく、やはり初期ジャワ原人やLB1と似ていた。

つまり初期ジャワ原人、マタ・メンゲ人類、ホモ・フロレシエンシスとの、遺伝的連続性が判定できた。

従来の古人類学の常識では信じられないほどホモ・フロレシエンシスは小型だったわけだが、矮小化の始まりは早くもマタ・メンゲ人類で見られ、したがって島嶼化による小型化は急速に進んだことも再確認されたといえる。

本書にもわずかに言及されているステルクフォンテインの「リトルフット」（Ｓｔｗ５７３）は、二〇一三年前半に骨を包む固い角礫岩から取り上げられた。監訳者は、この年の九月に現地を訪れ、世界遺産となっているステルクフォンテインのガイドに、そのことを教えられ、また施錠された扉の向こう側の発掘地シルベルベルク洞窟も鉄格子越しに観られ、感激した覚えがある。

現在、クリーニング作業の傍ら、世界中の古人類学研究者が、リトルフットの分析に携わっているとみられ、最高の保存の良さから、発表されれば古人類学界に大きな反響を与えることになるだろう。監訳者は個人的には、この化石の年代と、南アフリカの華奢型アウストラロピテクスの系統とどんな関係にあるのか、新たな種の設定が行われるのかが興味深い。

一方、東アフリカでも新たな発見が続く。

本文（七六ページ）でも言及されているが、エチオピア、アファールのウォランソ＝ミレで、新たな猿人化石が追加発見された、とクリーブランド自然史博物館のヨハネス・ハイレ＝セラシエらのグループが『ネイチャー』二〇一五年五月二八日号に発表した。本文での説明は、『アメリカ科学アカデミー紀要（*Proceedings of the National Academy of Sciences*：ＰＮＡＳ）』二〇一〇年六月六日号で発表された報告に基づくが、この時、筆頭筆者のヨハネス・ハイレ＝セラシエらは発見された化石をアウストラロピテクス・アファレンシス（アファール猿人）だと言っていた（この他、『形質人類学雑誌（*American Journal of Physical Anthropology*）』二〇一〇年五月号でも、ハイレ＝セラシエらは同地で三五七万〜三八〇万年前の別のアウストラロピテクス化石の発見を報告している）。

『ネイチャー』発表の新しい化石は、二〇一一年三月四日から翌日にかけて発見された上顎骨破片一個体分、下顎骨やその他の破片の二個体分の計三個体分の顎骨と臼歯などだ。今回も、頭蓋は回収されなかった。

場所は、一九七四年にルーシーの発見された地点からわずか三五キロしか離れておらず、年代も地層の火山灰から三五〇万〜三三〇万年前と推定され（前二回の発見の化石よりもわずかに新しい）、アウストラロピテクス・アファレンシス（アファール猿人）の生息年代三九〇万〜二九〇万年前の範囲内に入る。

こうしてみると新発見の化石も含め、PNASで報告されたように、一括してアファール猿人と考えてもよさそうだが、報告者のハイレ＝セラシエらは、上顎骨の頰に近い部分の形状などに違いがあることなどから新種と判断し、「近い」という意味の現地語「deyi」と、「親戚」という意味の現地語「remeda」を組み合わせた種小名の「アウストラロピテクス・デイレメダ（Australopitecus deyiremeda）」という新種名を与えた。

一部には、アファール猿人とデイレメダの違いは集団差にすぎない、またデイレメダ猿人の歯の歯根構造が違っていて全体に小さいのは、両者の食性の差の反映だ、という異論も出ている。本書でも原著者が指摘しているように、発見者は自分の新発見化石を特別視したがる傾向がある。したがってデイレメダ猿人が古人類学界で市民権を得るには、追加証拠などが必要なようだ。

ただしハイレ＝セラシエも指摘するように、同時代の東アフリカには、アファール猿人の他に、ケニアントロプス・プラティオプスもいた。東アフリカの初期人類の多様化の一環とも考えられなくもない。

ヒト科の石器製作の常識も揺らいでいる。

ニューヨーク、ストーニー・ブルック大学のソニア・ハーマンドらが、『ネイチャー』二〇一五年五月二一日号に報告したのは、実に三三〇万年前の最古の石器文化「ロメクウィアン文化」の紹介である。なお異例にもこの寄稿は、二〇一二年一一月一日に編集部に届いたが、受理されたのは二年半後の一五年四月一三日である。編集部内に異論があったことがうかがえる。それでもロメクウィアン石器を表紙に掲げ、「The Dawn of Technology」と大書きされていることに寄稿の意義を伝えている（だから二〇一二年刊行の本書にも少し記述がある）。

なお論文共著者の末尾に、一九九七年に近くのロカラレイ2C遺跡で二三四万年前のオルドワン石器群を見つけたエレーヌ・ロシュも名を連ねている。

報告されたのは、トゥルカナ湖西岸の新しい踏査プロジェクトで発見したロメクウィ3遺跡で発掘した新たな石器文化ロメクウィアン文化である。

調査チームは、二〇点ほどの石器を、攪乱されていない地層中の原位置で、考古学的に発掘された（表面採集ではない）。発掘された石器は、台石、石核、剝片で、うち剝片一点は石核に接合できた。石器は全般的に極めて大きく、一九九二年にエチオピアのゴナで発掘された二六〇万年前のこれまで最古の石器インダストリーよりも大きい。

調査チームは、この他にさらに一三〇点ほどの石器を表面採集している。ハーマンドらは、剝片が剝離されるたびに石核の位置が回転されている様子から、石器の自然成因を否定、人工品としている。

ただ石器群の近くで見つかった獣骨には、切り傷などのヒト科活動の痕跡が見られない。この点で、二〇一〇年にエチオピアのディキカで三三九万年前の石器の切り傷の付いた動物骨を発見したと主張するカリフォルニア科学アカデミーの古人類学者ゼレゼネイ・アレムゼゲドと好対照である。アレムゼゲドは、肝心の石器をまだ見つけていない。

ヒト科の石器製作の意図は不明だが、石器の作られた当時の環境は、森林と低木が多かったと推定され、サバンナではない。したがって、サバンナで肉食獣の食べ残した死肉から肉の切れ端を取り取ったり、骨を割って骨髄を取り出したりという、ありあわせの岩石を素材にした本来のオルドワンの使用法ではなく、木の実を割ったり、倒木を壊して中の虫を食べたりというその場限り的な使用法が推定される。

ロメクウィアンについて、アレムゼゲドの主張に懐疑的だった考古学者たちも、好意的だ。ジョージ・ワシントン大学のアリソン・ブルックスは、人工品であることを認め、古い年代の妥当性も支持している。またスミソニアン研究所のリック・ポッツも、既知の石器よりもロメクウィアンが古い様式を示し、技法もチンパンジーが製作したとされるコートジボアール、タイ国立公園ヌルの四三〇〇年前の「石器」よりも進歩していると認めている。

これまでの古人類学では、二六〇〇万年前頃に現れた最初のホモ属がこの頃に石器を作り始め、その石器でサバンナの死肉を食物に取り入れてやがて脳を大きくしていったという進化を考えていた。

そのうち最古のホモ属については、この数カ月前の『サイエンス』二〇一五年三月二〇日号で、従来より古いホモ属の新化石が発見されたことが報告された。

このリポートは、これまでアルディピテクス属やアウストラロピテクス・アファレンシスなど、ホモに先行する各種古人類化石が発見されているエチオピアのアファール地方のレディ・ゲラルで、二八〇〜二七五万年前の地層からホモ的な特徴を持つ新化石ＬＤ３５０－１が発見されたという衝撃的なものだった。これにより、早期ホモ属はこれまでより一気に五〇万年近くも古くなった。

研究チームが、アウストラロピテクス化石の包含されている可能性を秘めたアファール一帯で古人類学調査を開始したのは二〇〇二年のことで、有望なレディ・ゲラル調査区で発掘を始めたのは二〇一二年、そして一三年に今回のヒト科化石を発見した。

化石の年代は、発見地の地層の火山灰層をアルゴン／アルゴン法で測定して、前記の年代に絞り込んだ。この年代は、東アフリカではアファール猿人がもう消滅しており、辛うじてアウストラロピテクス・ガルヒ包含層の最下層とタッチするかどうかという年代的空白域に当たる。

ちなみにこの近くで猿人ＡＬ２８８－１、いわゆる「ルーシー」が一九七四年に発見されているが、アファール猿人で最も新しい部分に属するルーシーでも、年代は三一八万年前である。ルーシーとは四〇万年ほどしか離れておらず、さらに新しいアファレンシス化石では二九〇万年前に上がるものもある。これと比べれば、アファレンシスとの差はたった一〇万年ちょっとだ。

化石は、長さが八センチほどの左下顎骨破片で、五本の臼歯も完全に残っていた。その歯と顎骨の特徴から、これ以前の原始的なアウストラロピテクス属の特徴とこれ以後の派生的なホモ属的特徴を混在させているが、歯列の特徴はホモ属に近かった。チームは、種名こそ未定ながら最古のホモ属、と判断した。

これまで最古のホモ属とされた化石は、ハダールのカダ・ゴナ地区で一九九四年に発見された二三三万年前のＡＬ６６６－１上顎骨だった。この化石にはオルドワン文化の石器が共伴しており、オルドワン石器製作者がホモ属であることを明確に証明するものとなった。

ＬＤ３５０－１にオルドワン石器が伴うかは分からないが、この年代では東アフリカ他地域でもまだオルドワンは製作されていない。

しかし早期ホモ属が、森から離れ始めていたらしいことは、チームの植生の復元で明確になった。LD350－1を取り巻いていた場所は、よりオープンで乾燥化していた草原と低木が混在する疎林であり、森や川、湖沼が点在し、水辺にはカバ、ワニなども生息していたらしい。後にサバンナに本格展開するホモ・エレクトスに先駆けた進出である。

同号に寄せた『サイエンス』編集部のアン・ギボンズ記者は、この化石は、我々ホモ属とその祖先の間をつなぐ架け橋であり、ホモ属への進化的移行がいつ、どこで起こったかを推定させるもの、と評価している。

以上が事実であれば、ホモ属の出現はさらにさかのぼり、そしてそれ以前に石器製作も開始されていたことになり、従来からの人類進化図式は、大きく揺らぐ。

ただ新化石は、ホモ属の存在証明である脳の拡大が起こっていたのかまでは分からない。タッターソル博士に言わせれば、これも進歩した二足歩行の類人猿と切り捨てられるかもしれない。これについて、博士の見解が知りたいところである。

記述は再び南アフリカに戻るが、本書にも簡単に紹介されている南アフリカ、マラパ洞窟のアウストラロピテクス・セディバについては、発見者のリー・バーガーと共同研究者が、二〇一三年四月に『サイエンス』誌に多方面の分析結果を発表したことを付記しておく。

様々な考察から、ホモ属とアウストラロピテクスと両方と似たところもあるが、アフリカヌスとは違うという。その点、この人類の位置づけは依然として謎である。頭蓋の保存の良い少年MH

1の脳の形はアウストラロピテクス属からホモ属への移行型を思わせるものの、サイズは小さく、四二〇ccとアウストラロピテクス平均の下限に近い。

ただ年代は、少年MH1と成体雌MH2の包含されていた岩のウラン－鉛年代測定法と古地磁気年代、さらに包含層の層位分析を加味して、一九八万年前と絞り込んだ。


最後に用語についても付記しておきたい。

我々ホモ・サピエンスやアウストラロピテクス類なども含めてタッターソル博士は一貫してhominid（ヒト科）という言葉を用いているが、チンパンジーなどの現生の類人猿もヒト科に含めるべきだという意見が一般的なので、本来は人類の系統は、その下位区分でhominin（ヒト族）という用語を用いるべきだというのが、従来からの監訳者の考えだ。

ただ古人類学界の泰斗に、それを押しつけるのは僭越であり、当然のことながら翻訳ではhominidをヒト科、または単にヒトと訳した。

また中国の遺跡名などでは、博識の会津若松市の穴沢咊光博士にご教示を得た。記して感謝したい。

河合信和

二〇一六年七月七日記

注と参考文献

以下は、ヒトの進化についてさらに理解を深めたい読者にとって興味深いと思われる最近の書籍の短いリストである。各文献の内容はタイトルからお分かりいただけるだろう。中でも図説が豊富なものは、Johanson and Edgar (2006)、Sawyer et al. (2007)、Tattersall and Schwartz (2000) である。本書で取り上げた項目すべてを網羅している包括的な参考文献については、Tattersall（2009）を参照されたい。そこにはまた、本書ではあまり触れなかった古人類学における発見と認識の歴史が含まれている。ヒト科の古生物学と旧石器考古学に関連する内容をやや専門的なレベルで取り上げている中で可能な限り広範囲を網羅しているという点では、Delson et al. (2000) が強く推奨出来る。この一般的なリストに続いて、本書の執筆にあたって参考にした主要な一次資料であり、引用源ともなっている各章の参考文献を記す。

プロローグ

Delson, E., I. Tattersall, J. A. Van Couvering, A. S. Brooks. 2000. *Encyclopedia of Human Evolution and Prehistory*, 2nd. ed. New York: Garland Press.

DeSalle, R., I. Tattersall. 2008. *Human Origins: What Bones and Genomes Tell Us About Ourselves*. College Station, TX: Texas A&M University Press.

Eldredge, N. 1995. *Dominion*. New York: Henry Holt.

アン・ギボンズ『最初のヒト』河合信和訳、新書館

ドナ・ハート、ロバート・W・サスマン『ヒトは食べられて進化した』伊藤伸子訳、化学同人

Johanson, D. C., B. Edgar. 2006. *From Lucy to Language*, 2nd ed. New York: Simon and Schuster.

Klein, R. 2009. *The Human Career: Human Biological and Cultural Origins*, 3rd ed. Chicago: University of Chicago Press.

Klein, R., B. Edgar. 2002. *The Dawn of Human Culture*. New York: Wiley.

Sawyer, J. G., V. Deak, and E. Sarmiento. 2007. *The Last Human: A Guide to Twenty-Two Species of Extinct Humans*. New Haven, CT: Yale University Press.

クリス・ストリンガー、ピーター・アンドリュース『人類進化大全―進化の実像と発掘・分析のすべて』馬場悠男、道方しのぶ訳、悠書館

イアン・タッタソール『化石から知るヒトの進化』河合信和訳、三田出版会
Tattersall, I. 2010. *Paleontology: A Brief History of Life*. Conshohocken, PA: Templeton Foundation Press.
Tattersall, I., J. H. Schwartz. 2000. *Extinct Humans*. New York: Westview/Perseus.
Wade, N. 2006. *Before the Dawn: Recovering the Lost History of Our Ancestors*. New York: Penguin Press.
スペンサー・ウェルズ『旅する遺伝子：ジェノグラフィック・プロジェクトで人類の足跡をたどる』上原直子訳、英治出版、2008年
Zimmer, C. 2005. *Smithsonian Intimate Guide to Human Origins*. New York: HarperCollins.

第一章 ヒトの太古の起源

大地溝帯の形成と初期の東アフリカのヒト科に関する最近の記述でわかりやすいものは、Walker and Shipman (2005)である。Pickford (1990)はヒト科の進化に関連して東アフリカの大地の隆起について論じており、Harrison (2010)は化石のヒト科と一般にヒト科の祖先と考えられるものの多様性と関係について優れた概説を出している。オレオピテクスについてさらに詳しく知るためには、Köhler and Moyà-Solà (1997)、Moyà-Solà et al. (1999)、Rook et al. (1999)を参照されたい。ピエロラピテクスはMoyà-Solà et al. (2004)で説明されている。ヒト科の判定の歴史と重要な基準についてはTattersall (2009)を参照されたい。サヘラントロプスはBrunet et al. (2002, 2005)に記されており、Zol-likofer et al. (2005)によってほぼ復元されている。オロリンとその環境は、Senut et al. (2001)とPickford et al. (2001, 2002)で述べられている。（当初はアウストラロピテクス・ラミダスだった）アルディピテクス・ラミダスはWhite et al. (1994)によって命名され、その骨格はサイエンス誌の特別号（White et al., 2009）で徹底的に分析されている。アルディピテクス・カダッバはHaile-Selassie (2001)とHaile-Selassie et al. (2004)で説明されている。さらに詳しい二足歩行についてはHarcourt-Smith (2007)を参照されたい。アウストラロピテクス・アナメンシスはLeakey et al. (1995, 1998)に最初の記述があり、ケニアの資料についてはWard et al. (2001)が包括的に述べている。アウストラロピテクス・アナメンシス種だと言われているエチオピアの資料はWhite et al. (2006)が提示しており、アウストラロピテクス・アナメンシスがアウストラロピテクス・アファレンシスへと徐々に変化したとする説はKimbel et al. (2006)が主張している。

Brunet, M, F Guy, D. Pilbeam, H. T. Mackaye, A. Likius, D. Ahounta, A. Beauvilain, C. Blondel, H. Bocherens, J.-R. Boisserie, L. De Bonis, Y. Coppens, J. Dejax, C. Denys,

P. Duringer, V. Eisenmann, G. Fanone, P. Fronty, D. Geraads, T. Lehmann, F. Lihoreau, A. Louchart, A. Mahamat, G. Merceron, G. Mouchelin, O. Otero, P. P. Campomanes, M. Ponce de León, J.-C. Rage, M. Sapanet, M. Schuster, J. Sudre, P. Tassy, X. Valentin, P. Vignaud, L. Viriot, A. Zazzo, C. Zollikofer. 2002. A new hominid from the Upper Miocene of Chad, Central Africa. Nature: 145–151.

Brunet, M., F. Guy, D. Pilbeam, D. E. Lieberman, A. Likius, H. T. Mackaye, M. S. Ponce de León, C. P. E. Zollikofer, P. Vignaud. 2005. New material of the earliest hominid from the Upper Miocene of Chad. *Nature* 434: 752–754.

Haile-Selassie, Y. 2001. Late Miocene hominids from the Middle Awash, Ethiopia. *Nature* 412: 178–181.

Haile-Selassie, Y., G. Suwa, and T. D. White. 2004. Late Miocene teeth from

Middle Awash, Ethiopia, and early hominid dental evolution. *Science* 303: 1503–1505.

Harcourt-Smith, W. E. H. 2007. The origins of bipedal locomotion. In *Handbook of Paleoanthropology, Volume 3.* W. Henke and I. Tattersall, eds. Heidelberg and New York: Springer, 1483–1518.

Harrison, T. 2010. Apes among the tangled branches of human origins. *Science* 327: 532–534.

Keith, A. 1915. *The Antiquity of Man.* London: Williams and Norgate.

Kimbel, W. H., C. A. Lockwood, C. V. Ward, M. G. Leakey, Y. Rak, D. Johanson. 2006. Was *Australopithecus anamensis* ancestral to *A. afarensis?* A case of anagenesis in the hominin fossil record. *Jour Hum. Evol.* 51: 134–152.

Köhler, M., S. Moyà-Solà. 1997. Ape-like or hominid-like? The positional behavior of *Oreopithecus* reconsidered. *Proc. Nat. Acad. Sci. USA* 94: 11747–11750.

Leakey, M. G., C. S. Feibel, I. McDougall, C. Ward, A. Walker. 1995. New four-million-year-old hominid species from Kanapoi and Allia Bay, Kenya. *Nature* 376: 565–571.

Leakey, M. G., C. S. Feibel, I. McDougall, C. Ward, A. Walker. 1998. New specimens and confirmation of an early age for *Australopithecus anamensis. Nature* 393: 62–66.

Moyà-Solà, S., M. Köhler, L. Rook. 1999. Evidence of hominid-like precision grip capability in the hand of the Miocene ape *Oreopithecus. Proc. Nat. Acad. Sci. USA* 96: 313–317.

Moyà-Solà, S., M. Köhler, D. M. Alba, I. Casanova-Vilar, J. Galindo. 2004. *Pierolapithecus catalaunicus,* a new Middle Miocene great ape from Spain. *Science* 306: 1339–1344.

Pickford, M. 1990. Uplift of the roof of Africa and its bearing on the origin of mankind. *Hum. Evol.* 5: 1–20.

Pickford, M. and Senut B. 2001. The geological and faunal

context of Late Miocene hominid remains from Lukeino, Kenya. *C. R. Acad. Sci. Paris,* ser. IIa, 332: 145–152.

Pickford, M., B. Senut, D. Gommery, J. Treil. 2002. Bipedalism in *Orrorin tugensis* revealed by its femora. C. R. Palévol. 1: 191–203.

Rook, L., L. Bondioli, M Köhler, S. Moyà-Solà, R. Macchiarelli. 1999. *Oreopithecus* was a bipedal ape after all: Evidence from the iliac cancellous architecture. *Proc. Nat. Acad. Sci. USA* 96: 8795–8799.

Senut, B., M. Pickford, D. Gommery, P. Mein, K. Cheboi, Y. Coppens. 2001.

First hominid from the Miocene (Lukeino Formation, Kenya). *C. R. Acad. Sci. Paris,* ser. IIa, 332: 137–144.

イアン・タッタソール『化石から知るヒトの進化』河合信和訳、三田出版会、1998 年

Walker, A., P. Shipman. 2005 *The Ape in the Tree: An Intellectual and Natural History of* Proconsul. Harvard: Belknap Press.

Ward, C. V., M. G. Leakey, A. Walker. 2001. Morphology of *ustralopithecus anamensis* from Kanapoi and Allia Bay, Kenya. *Jour. Hum. Evol.* 41: 255–368.

White, T. D., G. WoldeGabriel, B. Asfaw, S. Ambrose, Y. Bayene, R. L. Bernor, J.-R. Boisserie, and numerous others. 2006. Assa Issie, Aramis and the origin of *Australopithecus. Nature* 440: 883–889.

White, T. D. and numerous others. 2009. Special Issue on *Ardipithecus ramidus. Science* 326: 5–106.

Zollikofer, C. P. E., M. S. Ponce de León, D. E. Lieberman, F. Guy, D. Pilbeam, A. Likius, H. T. Mackaye, P. Vignaud, M. Brunet. 2005. Virtual cranial reconstruction of *Sahelanthropus tchadensis. Nature* 434: 755–759.

第二章　二足歩行類人猿の繁栄

ハダールで発見された早期ヒト科の化石全体に関する基本的な説明は Johanson et al. (1982) にあり、ハダールのアウストラロピテクス・アファレンシスの頭蓋や最近になって集められた標本は Kimbel et al. (2004) に記録されている。アウストラロピテクス・アファレンシスの化石が発見された時の興味深い概説と当初の分析は、Johanson and Edey (1982) によるもので、現在も発行されている（邦訳は絶版）。ハダールの環境の概説については Aronson et al. (2008) を参照されたい。アウストラロピテクス・アファレンシスの動きの「ハイパー二足歩行者」という解釈は Lovejoy (1988) によってまとめられている。樹上生活に適した特徴の解釈の見直しは Stern and Susman (1983) が基本となっており、四肢の比率は Jungers (1982) の分析である。ルーシーの骨盤の解剖学的構造を見直したのは Rak (1991) であり、アウストラロピテクス・アファレンシスの歩行についての最近の概説は Ward (2002) によっ

て示されている。現生ヒト上科の歯の説明については Aiello and Dean (1990) を、アウストラロピテクス・アファレンシスの歯については Johanson and White (1979) を参照されたい。後者の歯の微小な摩耗に関する最近の分析は Ungar (2004) による。AL１３３の発掘現場の話については Behrensmeyer (2008) を参照されたい。ラエトリ遺跡の全体的な説明は Leakey and Harris (1987) で読むことができ、足跡の最新の分析は Raichlen et al. (2010) によるものである。アウストラロピテクス・アファレンシスは Johanson et al. (1978) によって命名された。ディキカの子どもの当初の説明は Alemseged et al. (2006) によるもので、Sloan (2006) の文献で見事に図説されている。ディキカの切り傷のある骨は McPherron et al. (2010) によって、ウォランソ＝ミルの骨格は Haile-Selassie et al. (2010) によって報告された。ブーリのヒト科は Asfaw et al. (1999) によって命名され、同じ堆積層から見つかった切り傷のある骨は deHeinzelin et al. (1999) によって報告された。ゴナの石器は Semaw (2000) によって、その地域の切り傷のある骨は Dominguez-Rodrigo (2005) により報告された。カンジの研究は Schick et al. (1999) で報告されている。

Aiello, L., C. Dean. 1990. *An Introduction to Human Evolutionary Anatomy.* London and San Diego: Academic Press.

Alemseged, Z., F. Spoor, W. H. Kimbel, R. Bone, D. Geraads, D. Reed, J. G. Wynn. A juvenile early hominid skeleton from Dikika, Ethiopia. *Nature* 443: 296–301.

Aronson, J. L., M. Hailemichael, S. M. Savin. 2008. Hominid environments at Hadar from paleosol studies in a framework of Ethiopian climate change. *Jour. Hum. Evol.* 55: 532–550.

Asfaw, B., T. White, O. Lovejoy, B. Latimer, S. Simpson and G. Suwa. 1999.

Australopithecus garhi: A new species of early hominin from Ethiopia. *Science* 284: 629–635.

Behrensmeyer, A. K. 2008. Paleoenvironmental context of the Pliocene A.L. 333 “First Family” hominin locality, Hadar Formation, Ethiopia. *Geol. Soc. Amer. Spec. Pap.* 446: 203–235.

deHeinzelin, J., J. D. Clark, T. White, W. Hart, P. Renne, G. WoldeGabriel, Y. Beyene, E. Vrba. 1999. Environment and Behavior of 2.5-million-year-old

Bouri hominids. *Science* 284: 625–629.

Dominguez-Rodrigo, M., T. R. Pickering, S. Semaw, M. J. Rogers. 2005. Cutmarked bones from Pliocene archaeological sites at Gona, Ethiopia: Implications for the function of the world’s earliest stone tools. *Jour. Hum. Evol.* 48: 109–121.

Haile-Selassie, Y, B. M. Latimer, M. Alene, A. L. Deino, L.

Gibert, S. M. Melillo, B. Z. Saylor, G. R. Scott, and C. O. Lovejoy. 2010. An early *Australopithecus afarensis* postcranium from Woranso-Mille, Ethiopia. *Proc. Nat. Acad. Sci. USA* 107: 12121–12126.

ドナルド・ジョハンソン、マイトランド・エディ『ルーシー　謎の女性と人類の進化』渡辺毅訳、どうぶつ社

Johanson, D. C., T. White. 1979. A systematic assessment of early African hominids. *Science* 203: 321-–330.

Johanson, D. C., T. D. White, Y. Coppens. 1978. A new species of the genus *Australopithecus* (Primates: Hominidae) from the Pliocene of eastern Africa. *Kirtlandia* 28: 1–14.

Johanson, D. C., et al. 1982. Special Issue: Pliocene hominid fossils from Hadar, Ethiopia. *Amer. Jour. Phys. Anthropol.* 57: 373–724.

Jungers, W. L. Lucy's limbs: Skeletal allometry and locomotion in *Australopithecus afarensis*. *Nature* 297: 676–678.

Kimbel, W. H., Y. Rak, D. C. Johanson. 2004. *The Skull of* Australopithecus afarensis. Oxford and New York: Oxford University Press.

Leakey, M. D., J. M. Harris (eds.). 1987. *Laetoli: A Pliocene Site in Northern Tanzania*. Oxford: Clarendon Press.

Lovejoy, C. O. 1988. Evolution of human walking. *Scientific American* 259:118–125.

McPherron, S., Z. Alemseged, C. W. Marean, J. G. Wynne, D. Reed, D. Geraads, R. Bobe, H. A. Béarat. 2010. Evidence for stone-tool-assisted consumption of animal tissues before 3.39 million years ago at Dikika, Ethiopia. *Nature* 466: 857–860.

Raichlen, D. A., A. D. Gordon, W. E. H. Harcourt-Smith, A. D. Foster, W. R.

Haas. 2010. Laetoli footprints preserve earliest direct evidence of humanlike bipedal biomechanics. *PLoS One* 5 (3): e9769. Rak, Y. 1991. Lucy's pelvic anatomy: its role in bipedal gait. *Jour. Hum. Evol.* 20: 283–290.

Schick, K., N. Toth, G. Garufi, E. S. Savage-Rumbaugh, D. Rumbaugh, R. Sevcik. 1999. Continuing investigations into the stone tool-making and tool-using capabilities of a bonobo (*Pan paniscus*). *Jour. Archaeol. Sci.* 26: 821–832.

Semaw, S. 2000. The world's earliest stone artifacts from Gona, Ethiopia: Their implications for understanding stone technology and patterns of human evolution between 2.6–1.5 million years ago. *Jour. Archaeol. Sci.* 27: 1197– 1214.

Stern, J. T., R. L. Susman. 1983. The locomotor anatomy of *ustralopithecus afarensis*. *Amer. Jour. Phys. Anthropol.* 60: 279–317.

Ungar, P. 2004. Dental topography and diets of *Australopithecus afarensis* and early *Homo*. *Jour. Hum. Evol.* 46:

605–622.

Ward, C. V. 2002. Interpreting the posture and locomotion of *Australopithecus afarensis:* Where do we stand? *Yrbk Phys. Anthropol.* 45: 185–215.

第三章　初期のヒト科の生活様式と内面世界

調理仮説はWrangham (2009) によって総合的に説明されており、サナダムシの研究はHoberg et al. (2001) による。化石ヒト科のビタミンA過剰症の可能性はWalker et al. (1982) によって報告されており、死肉食と早期ヒト科の社会組織はHart and Sussman (2009) が論じている。ヒョウの獲物を盗んだという考えはCavallo and Blumenschine (1989) が提出している。南アフリカのアウストラロピテクスの安定同位体の研究はSponheimer and Lee-Thorp (2007) にまとめられており、東アフリカのパラントロプスの同位体分析はCerling et al. (2011) が報告している。チンパンジーが死肉を漁る頻度はWatts (2008) によって報告されており、フォンゴリの槍を用いた狩りはPruetz and Bertolani (2007) による。Stanford (1999) とMitani and Watts (2001) はチンパンジーの狩猟行動の概説を出しており、Gomes and Boesch (2009) はチンパンジーの肉の分配と性関係について論じている。チンパンジーが石を金床のように用いることとその古代の遺物はMercader et al. (2007) で、力による死肉漁り（power scavenging）はStanford and Bunn (2001) への寄稿で論じられている。Calvin (1996) は投擲とそれに関連する神経メカニズムについてわかりやすく説明している。ダートの言葉はDart (1953) からの引用である。認知の問題の概要と参考文献についてはTattersall (2011) を、鏡の自己認識についてはGallup (1970) を参照されたい。Seyfarth and Cheney (2000、９０２ページから引用）はサルの認知的な結果について報告している。ポヴィネリの観察と引用についてはPovinelli(2004、33、34ページ）より。

Calvin, W. H. 1996. *How Brains Think: Evolving Intelligence, Then and Now.* New York: Basic Books.

Cavallo, J. A., R. J. Blumenschine. 1989. Tree-stored leopard kills: expanding the hominid scavenging niche. *Jour. Hum. Evol.* 18: 393–400.

Cerling, T. E., E. Mbua, F. M. Kirera, F. K. Manthi, F. E. Grine, M. G. Leakey, M. Sponheimer, K. T. Uno. 2011. Diet of *Paranthropus boisei* in the early Pleistocene of East Africa. Proc. *Nat Acad. Sci. USA* 108: 9337–9341.

Dart, R. A. 1953. The predatory transition from ape to man. *Intl Anthopol. Ling. Rev.* 1: 201–217.

Gallup, G. G. 1970. Chimpanzees: Self-recognition. *Science* 167: 86–87.

Gomes, C. M., C. Boesch. 2009. Wild chimpanzees exchange meat for sex on a long-term basis. *PLoS One* 4: e5116.

ドナ・ハート、ロバート・W・サスマン『ヒトは食べられて進化した』伊藤伸子訳、化学同人

Hoberg, E. P., N. L. Alkire, A. de Queiroz, A. Jones. 2001. Out of Africa: Origins of the *Taenia* tapeworms. *Proc. Roy. Soc. Lond. B.* 268: 781–787.

Mercader, J., H. Barton, J. Gillespie, J. Harris, S. Kuhn, R. Tyler, and C. Boesch.2007. 4,300-year-old chimpanzee sites and the origins of percussive stone technology. *Proc. Nat. Acad. Sci. USA* 104: 3043–3048.

Mitani, J. C., D. P. Watts. Why do chimpanzees hunt and share meat? *Anim. Behav.* 61: 915–924.

Povinelli, D. J. 2004. Behind the ape's appearance: Escaping anthropocentrism in the study of other minds. *Daedalus* 133 (1): 29–41.

Pruetz, J. D., P. Bertolani. Savanna chimpanzees, *Pan troglodytes verus,* hunt with tools. *Curr. Biol.* 17: 412–417.

Seyfarth, R. M., Cheney, D. L. 2000. Social awareness in monkeys. *Amer. Zool.* 40: 902–909.

Sponheimer, M., J. Lee-Thorp. 2007. Hominin paleodiets: The contribution of stable isotopes. In W. Henke and I. Tattersall (eds,), *Handbook of aleoanthropology.* Heidelberg: Springer, 555–585.

クレイグ・B・スタンフォード『狩りをするサル　肉食行動からヒト化を考える』瀬戸口美恵子、瀬戸口烈司訳、青土社

Stanford, C. B. H. Bunn. 2001. *Meat-eating and Human Evolution.* New York: Oxford University Press.

Tattersall, I. 2011. Origin of the human sense of self. In W. van Huyssteen and E. B. Wiebe (eds.), *In Search of Self.* Chicago: Wm. B. Eerdmans, 33–49.

Walker, A. C., M. R. Zimmerman, R. E. F. Leakey. 1982. A possible case of hypervitaminosis A in *Homo erectus. Nature* 296: 248–250.

Watts, D. 2008. Scavenging by chimpanzees at Ngogo and the relevance of chimpanzee scavenging to early hominid behavioral ecology. *Jour. Hum. Evol.* 54: 125–133.

リチャード・ランガム『火の賜物　ヒトは料理で進化した』依田卓巳訳、NTT出版、2010年

第四章　多様なアウストラロピテクス類

南アフリカにあるアウストラロピテクスの遺跡の最新の年代推定については Herries et al. (2009) を参照されたい。南アフリカのアウストラロピテクスの形態については Grine (1988) の中の様々な寄稿で検討されている。リトルフットの骨格に関する最新の説明は Clarke (2008) による。アウストラロピテクス・セディバは Berger et al. (2010) によって説明されている。歯の微小な摩耗の研究については Scott et al. (2005) と Ungar et al. (2008) を参照されたい。また安定炭素同位体の分析結果と概観につい

ては Sponheimer and Lee-Thorp (2007) を参照されたい。南アフリカの前期石器時代の石器の概略は Kuman (2003)、スワルトクランスのヒト科の手指の操作能力についてはSusman (1994) を参照されたい。オルドゥヴァイ峡谷の頑丈型「ジンジャントロプス」に関する基本的な説明は Tobias (1967) によるものである。ホモ・ハビリスは L. Leakey, Tobias, and Napier (1964) によって命名された。エチオピアのオモ盆地のヒト科については Howell (1978) が要約している。Wood (1991) はトゥルカナ湖東岸のヒト科について説明している。ブラック・スカルは Walker et al. (1986)、コンソの頭蓋は Suwa et al. (1997) によって説明されている。Wood and Collard (1999) は初期のヒト科の属の分類を再検討した。M. G. Leakey et al. (2001) はケニアントロプスについて説明している。

Berger, L. R., D. J. de Ruiter, S. E. Churchill, P. Schmid, K. J. Carlson, P. H. G. M. Dirks, J. M. Kibii. 2010. *Nature* 328: 195–204.

Clarke, R. J. 2008. Latest information on Sterkfontein's *Australopithecus* skeleton and a new look at *Australopithecus*. *S. Afr. Jour. Sci.* 104: 443–449.

Grine, F. E. (ed). 1988. *Evolutionary History of the "Robust" Australopithecines*. Hawthorne, NY: Aldine de Gruyter.

Herries, A. I. R., D. Curnoe, J. W. Adams. 2009. A multi-disciplinary seriation of early *Homo* and *Paranthropus* bearing palaeocaves in southern Africa. *Quat. Int.* 202: 14–28.

Howell, F. C. 1978. Hominidae. In V. J. Maglio and H. B. S. Cooke (eds.). *Evolution of African Mammals*. Cambridge, MA: Harvard University Press, 154–248.

Kuman, K. 2003. Site formation in the early South African Stone Age sites and its influence on the archaeological record. *S. Afr. Jour. Sci.* 99: 251–254.

Leakey, L. S. B., P. V. Tobias, J. R. Napier. 1964. A new species of genus *Homo* from Olduvai Gorge. *Nature* 202: 7–9.

Leakey, M. G., F. Spoor, F. H. Brown, P. N. Gathogo, L. N. Leakey, I. McDougall. 2001. New hominin genus from eastern Africa shows diverse middle Pliocene lineages. *Nature* 410: 433–440.

Scott, R. S., P. S. Ungar, T. S. Bergstrom, C. A. Brown, F. E. Grine, M. F. Teaford, A. Walker. 2005. Dental microwear texture analysis shows within-species diet variability in fossil hominins. *Nature* 436: 693–695.

Sloan, C. P. 2006. The origin of childhood. *National Geographic* 210 (5): 148– 159.

Susman, R. L. 1994. Fossil evidence for early hominid tool use. *Science* 265: 1570–1573.

Suwa, G., B. Asfaw, Y. Beyene, T. D. White, S. Katoh, S. Nagaoka, H. Nakaya, K. Uzawa, P. Renne, G. Wolde-

Gabriel. 1997. The first skull of *Australopithecus boisei*. *Nature* 389: 489–446.
Tobias, P. V. 1967. *Olduvai Gorge*, Vol. 2. Cambridge: Cambridge University Press.
Ungar, P., F. E. Grine, M. F. Teaford. 2008. Dental microwear and diet of the Plio-Pleistocene hominin *Paranthropus boisei*. *PLoS One* 3: e2044.
Walker, A. C., R. E. F. Leakey, J. M. Harris, F. H. Brown. 1986. 2.5-Myr *Australopithecus boisei* from west of Lake Turkana, Kenya. *Nature* 322: 517–522.
Wood, B. 1991. *Koobi Fora Research Project*, Vol. 4. Oxford: Clarendon Press.
Wood, B., M. Collard. The human genus. *Science* 284: 65–71.

第五章　闊歩するヒト

「道具を作る者こそがヒトである」という概念はKenneth Oakley(1949とそれ以降の多くの改訂版）によって広く知られることになった。Louis Leakey et al. (1964)はホモ・ハビリスを命名し、その完模式標本とアウストラロピテクスとの類似性はとりわけRobinson (1965)やPilbeam and Simons (1965)で取り上げられている。ＫＮＭ−ＥＲ１４７０は当初、１９７３年にR・E・F・リーキーによって（単純にホモ属の仲間として）説明され、１９７６年までにはホモ・ハビリスと呼ばれるようになっていた。それはAlexeev (1986)によってホモ・ルドルフェンシスと分類され、M. G. Leakey et al. (2001)によって再びケニアントロプスへと移された。ほかのヒト科のホモ・ハビリス、ホモ・ルドルフェンシス、「早期ホモ属」への分類の歴史についてはSchwartz and Tattersall (2009)を、またそうした化石の形態学的議論についてはTattersall (2009)を参照されたい。初期のヒト科の変異に関するドブジャンスキーの見解は当初１９４４年に、またマイヤーの影響力の大きいコールド・スプリング・ハーバー論文は１９５０年に発表された。進化生物学における進化総合説とそれに続く議論についてはEldredge (1985)を、また特に古人類学についてはTattersall (2009)を参照されたい。

Wood and Collard (1999)はホモ属の内容を再検討した。デュボワは１８９４年にほぼ完全にピテカントロプス・エレクトスについて説明した。ホモ・エレクトスとホモ・エルガステルの問題についての詳細な議論についてはSchwartz and Tattersall (2005)とTattersall (2007)を参照されたい。ＫＮＭ-ＷＴ１５０００はWalker and Leakey (1993)への多くの研究者の寄稿で徹底的に説明、分析されている。MacLarnon and Hewitt (1999)は呼吸の調整における脊柱管の幅広さの重要性を検討した。ブローカ野は最近になってAmunts et al. (2010)によっていくつかの細部が再評価されている。トゥルカナ・ボーイの成長と生活史の特徴はDean et al. (2001)、Dean and Smith

(2009)、Graves et al. (2010) によって再評価され、トゥルカナ湖東岸の足跡は Bennett et al. (2009) によって報告された。ホモ・エレクトスの子どもの脳の大きさの重要性は Coqueugniot et al. (2004) によって分析されている。Goldschmidt (1940) は「前途有望な怪物」という考えを公にし、Peichel et al. (2001) はトゲウオの遺伝子調整の結果を発表した。チンパンジーとヒトの組織における遺伝子の発現は Khaitovich et al. (2005) によって報告されている。

Alexeev, V. P. 1986. *The Origin of the Human Race.* Moscow: Progress Publishers.

Amunts, K., M. Lenzen, A. D. Friederici, A. Schleicher, P. Morosan, N. Palomero- Gallagher, K. Zilles. 2010. Broca's region: Novel organization principles and multiple receptor mapping. *PLoS Biol.* 8: e1000489.

Bennett, M. R., J. W. K. Harris, B. G. Richmond, D. R. Braun, E. Mbua, P. Kiura, D. Olago, M. Kibunjia, C. Omuombo, A. K. Behrensmeyer, D. Huddart, S. Gonzalez. 2009. Early hominin foot morphology based on 1.5 million-yearold footprints from Ileret, Kenya. *Science* 323: 1197–1201.

Coqueugniot, H., J.-J. Hublin, F. Veillon, F. Houët, T. Jacob. 2004. Early brain growth in *Homo erectus* and implications for cognitive ability. *Nature* 431: 299–302.

Dean, C., M. G. Leakey, D. Reid, F. Schrenk, G. T. Schwartz, C. Stringer, A. Walker. 2001. Growth processes in teeth distinguish modern humans from *Homo erectus* and earlier hominins. *Nature* 414: 628–631.

Dean, M. C., B. H. Smith. 2009. Growth and development of the Nariokotome Youth, KNM-WT 15000. In Grine, F. E. et al. (eds.). *The First Humans: Origin and Early Evolution of the Genus* Homo. Heidelberg: Springer, 101–120.

Dobzhansky, T. 1944. On species and races of living and fossil man. *Amer. Jour. Phys. Anthropol.* 2: 251–265.

Dubois, E. 1894. Pithecanthropus erectus, *eine menschenähnliche Uebergangsform aus Java.* Batavia: Landesdruckerei.

Eldredge, N. 1985. *Unfinished Synthesis: Biological Hierarchies and Modern Evolutionary Thought.* New York: Oxford University Press.

Goldschmidt, R. B. 1940. *The Material Basis of Evolution.* New Haven, CT: Yale University Press.

Graves, R. R., A. C. Lupo, R. C. McCarthy, D. J. Wescott, D. L. Cunningham. 2010. Just how strapping was KNM-WT15000? *Jour. Hum. Evol.* 59: 542–554.

Khaitovich, O., I. Hellmann, W. Enard, K. Nowick, M. Leinweber, H. Franz,

G. Weiss, M. Lachmann, S. Pääbo. 2005. Parallel patterns of evolution in the genomes and transcriptomes of humans and chimpanzees. *Science* 309: 1850–1854.

Leakey, L. S. B., P. V. Tobias, J. R. Napier. 1964. A new species of *Homo* from Olduvai Gorge. *Nature* 202: 7–9.

Leakey, M. G., F. Spoor, F. H. Brown, P. N. Gathogo, L. N. Leakey, I. McDougall. 2001. New hominin genus from eastern Africa shows diverse middle Pliocene lineages. *Nature* 410: 433–440.

Leakey, R. E. F. 1973. Evidence for an advanced Plio-Pleistocene hominid from East Rudolf, Kenya. *Nature* 242: 447–450.

Leakey, R. E. F. 1976. Hominids in Africa. *Amer. Scientist* 64: 164–178.

Maclarnon, A. M., G. P. Hewitt. 1999. The evolution of human speech: The role of enhanced breathing control. *Amer. Jour. Phys. Anthropol.* 109: 341–363.

Mayr, E. 1950. Taxonomic categories in fossil hominids. *Cold Spring Harbor Symp. Quant. Biol.* 15: 109–118.

Oakley, K. P. 1949. *Man the Tool-Maker.* London: British Museum.

Peichel, C. K., K. S. Nereng, K. A. Ohgl, B. L. E. Cole, P. F. Colosimo, C. A.

Buerkle, D. Schluter, D. M. Kingsley. 2001. The genetic architecture of divergence between threespine stickleback species. *Nature* 414: 901–905.

Pilbeam, D. R., E. L. Simons. 1965. Some problems of hominid classification. *Amer. Scientist* 53: 237–259.

Robinson, J. T. 1965. *Homo 'habilis'* and the australopithecines. *Nature* 205: 121–124.

Schwartz, J. H., I. Tattersall. 2005. *The Human Fossil Record, Vol. 3: Genera* Australopithecus, Paranthropus, Orrorin, *and Overview.* New York: Wiley- Liss, 1634–1653.

Tattersall, I. 2007. *Homo ergaster* and its contemporaries. In W. Henke, I. Tattersall (eds.). *Handbook of Paleoanthropology, Vol. 3.* Heidelberg: Springer.

イアン・タッタソール『化石から知るヒトの進化』河合信和訳、三田出版会

Walker, A. C., R. E. F. Leakey. 1993. *The Nariokotome* Homo erectus *skeleton.*

Cambridge, MA: Harvard University Press. Wood, B., M. Collard. 1999. The human genus. *Science* 284: 65–71.

第六章　サバンナの生活

「燃費の悪い組織の仮説」（内臓と脳）についてはAiello and Wheeler (1995)を参照されたい。体と陰部のシラミはReed et al. (2007)が調査した。初期に水産資源が重要だったという推測はCunnane and Stewart (2010)への寄稿で議論されている。スワルトクランスの火の証拠はBrain and Sillen (1988)、チェソワンジャのものはGowlett et al. (1981)によって報告された。ごく初期のヒト科が火を使ったという主張はWrangham (2009)によって詳細が

説明されている。Sandgathe et al. (2011) は日常的な火の使用はもっと新しくなってからだとして正反対の意見を述べている。チンパンジーに向社会性がないことは、なかでも Silk et al. (2005) で例証されている。オルドワン文化の中でとりわけ興味深い見解は Plummer (2004) によるもので、カンジェラの石器原材の運搬は Braun et al. (2008) によって分析されている。

Aiello, L., P. Wheeler. 1995. The expensive-tissue hypothesis: The brain and the digestive system in human and primate evolution. *Curr. Anthropol.* 36: 199–221.

Brain, C. K., A. Sillen. 1988. Evidence from the Swartkrans cave for the earliest use of fire. *Nature* 336: 464–466.

Braun, D. R., T. Plummer, P. Ditchfield, J. . Ferrari, D. Maina, L. C. Bishop, R. Potts. 2008. Oldowan behavior and raw material transport: Perspectives from the Kanjera Formation. *Jour. Archaeol. Sci.* 35: 2329–2345.

Cunnane, S. C., K. M. Stewart (eds.). 2010. *Human Brain Evolution: The Influence of Freshwater and Marine Food Resources.* Hoboken, NJ: Wiley- Blackwell.

Gowlett, J. A. J., J. W. K. Harris, D. Walton, B. A. Wood. 1981. Early archaeological sites, hominid remains and traces of fire from Chesowanja, Kenya. *Nature* 294: 125–129.

Plummer, T. 2004. Flaked stones and old bones: Biological and cultural evolution at the dawn of technology. *Yrbk Phys. Anthropol.* 47: 118–164.

Reed, D. L., J. E. Light, J. M. Allen, J. J. Kirchman. 2007. Pair of lice lost or paradise regained: The evolutionary history of anthropoid primate lice. *BMC Biol.* 5:7 doi: 10.1186/1741–7007–5–7.

Sandgathe, D. M., H. L. Dibble, P. Goldberg, S. P. McPherron, A. Turq, L. Niven, J. Hodgkins. 2011. Timing of the appearance of habitual fire use. *Proc. Natl Acad. Sci. USA,* doi/10.173/pnas.1106759108.

Silk, J. B., S. F. Brosnan, J. Vonk, D. J. Povinelli, A. S. Richardson, S. P. Lambeth, J. Mascaro, S. J. Schapiro. 2005. Chimpanzees are indifferent to the welfare of unrelated group members. *Nature* 437: 1357–1359.

リチャード・ランガム『火の賜物　ヒトは料理で進化した』依田卓巳訳、NTT出版

第七章　アフリカを出て、舞い戻る

最初のドマニシのヒト科は Gabunia and Vekua (1995) に記されており、その後に相次いで発見された化石については Gabunia et al. (2000a,b)、Gabounia et al. (2002)、de Lumley and Lordkipanidze (2006)、Lordkipanidze (2007) による。年代推定については de Lumley et al. (2002) を参照されたい。歯のないドマニシの頭蓋は Lordkipanidze et al. (2005) の解釈であり、環境の再現については Messager et al. (2010) を参照されたい。ハンドアックス製作文化の最新の評価（そしてまさに古代の石器作りの伝統のすべて）は Klein (2009) に見ることができる。オロガサリエのヒト科と石器組み合わせは Potts et al. (2004)、イシミラ遺跡は Howell et al. (1972) で説明されている。最古のアシュール文化は Lepre et al. (2011) の報告である。Holloway et al. (2004) は化石ヒト科の脳の大きさをリストにし、頭蓋内鋳型について記述している。ブイアのヒト科は Abbate et al. (1998)、ダカの標本は Asfaw et al. (2002)、イレレトの二つのヒトの系統については Spoor et al. (2007) が記している。Brown et al. (2004) にはホモ・フロレシエンシスの記述があり、さらなる議論については Martin et al. (2006) と Jungers and Baab (2009)、そしてその中の参考文献を参照されたい。

Asfaw, B., W. H. Gilbert, Y. Beyene, W. K. Hart, P. R. Renne, G. WoldeGabriel, E. S. Vrba, T. D. White. 2002. Remains of *Homo erectus* from Bouri, Middle Awash, Ethiopia. *Nature* 416: 317–320.

Brown, P., T. Sutikna, M. J. Morwood, R. P. Soejono, Jatmiko, E. W. Saptomo, R. A. Due. 2004. A new small-bodied hominin from the Late Pleistocene of Flores, Indonesia. *Nature* 431: 1055–1061. de Lumley, H., D. Lordkipanidze, G. Féraud, T. Garcia, C. Perrenoud, C.

Falguères, J. Gagnepain, T. Saos, P. Voinchet. 2002. Datation par la méthode 40Ar/39Ar de la couche de cendres volcaniques (couche VI) de Dmanissi (Géorgie) qui a livré des restes d'hominidés fossils de 1.81 Ma. *C. R. Palévol.* 1: 181–189.

Gabounia, Léo, M-A. de Lumley, A. Vekua, D. Lordkipanidze, H. de Lumley. 2002. Découverte d'un nouvel hominidé à Dmanissi (Transcaucasie, Géorgie). *C. R. Palevol* 1: 243–253.

Gabunia L., Vekua A. 1995. A Plio-Pleistocene hominid from Dmanisi, east

Georgia, Caucasus. *Nature* 373: 509–512

Gabunia L., Vekua A., Lordkipanidze D. 2000a. The environmental contexts of early human occupations of Georgia (Transcaucasia). *Jour. Hum. Evol.* 38: 785–802

Gabunia L., Vekua A., Lordkipanidze D., Swisher C. C., Ferring R., Justus A., Nioradze M., Tvalcrelidze M., Anton S., Bosinski G. C., Jöris O., de Lumley M. A., Majusuradze G., Mouskhelishvili A. 2000b. Earliest Pleistocene hominid cranial remains from Dmanisi, Republic of Georgia: Taxonomy, geological setting and age. *Science* 288: 1019–1025

Holloway, R. L., D. C. Broadfield, M. S. uan. 2004. *The Human Fossil Record, Vol. 3: Hominid Endocasts: The Paleoneurological Evidence.* New York: Wiley-Liss.

Jungers, W. L., K. Baab. 2009. The geometry of hobbits:

Homo floresiensi and human evolution. *Significanc* 6: 159–164.

Klein, R. 2009. *The Human Career: Human Biological and Cultural Origins,* 3rd ed. Chicago: University of Chicago Press.

Lepre, C. J., H. Roche, D. V. Kent, S. Harmand, R. L. Quinn, J.-P. Brugal, P.-J. Texier, A. Lenoble, C. S. Feibel. 2011. An earlier age for the Acheulian. *Nature* 477: 82–85.

Lordkipanidze, D., A. Vekua, R. Ferring, G. P. Rightmire, J. Agusti, G. Kiladze, A. Mouskhelishvili, M. Ponce de Leon, M. Tappen, C. P. E. Zollikofer. 2005. The earliest toothless hominin skull. *Nature* 434: 717–718.

Lordkipanidze, D., T. Jashashvili, A. Vekua, M. Ponce de Leon, C. P. E. Zollikofer, G. P. Rightmire, H. Pontzer, R. Ferring, O. Oms, M. Tappen, M. Bukhsianidze, J. Agusti, R. Kahlke, G. Kiladze, B. Martinez-Navarro, A.

Mouskhelishvili, M. Nioradze, L. Rook. 2007. Postcranial evidence from early *Homo* from Dmanisi, Georgia. *Nature* 449: 305–310.

Martin, R. D., M. MacLarnon, J. L. Phillips, W. B. Dobyns. 2006. Flores hominid: New species or microcephalic dwarf? *Anat. Rec.* 288A: 1123–1145.

Messager, E., V. Lebreton, L. Marquez, E. Russo-Ermoli, R. Orain, J. Renault- Miskovsky, D. Lordkipanidze, J. Despriée, C. Peretto, M. Arzarello. Palaeoenvironments of early hominins in temperate and Mediterranean Eurasia: New palaeobotanical data from Palaeolithic keysites and synchronous natural sequences. *Quat. Sci. Revs* 30: 1439–1447.

Potts, R., A. K. Behrensmeyer, A. Deino, P. Ditchfield, J. Clark. 2004. Small mid-Pleistocene hominin associated with Acheulean technology. *Science* 305: 75–78.

Spoor, F., M. G. Leakey, P. N. Gathogo, F. H. Brown, S. C. Anton, I. McDougall, C. Kiarie, F. K. Manthi, L. N. Leakey. 2007. Implications of new early *Homo* fossils from Ileret, east of Lake Turkana, Kenya. *Nature* 448: 688–691.

第八章　世界に広がった最初のヒト

マウエルの下顎はWagner et al. (2010)によって年代が推定された。様々なホモ・ハイデルベルゲンシスの化石の背景についてはTattersall (2009)を参照されたい。テラ・アマタ遺跡はde Lumley and Boone (1976)に、シェーニンゲンでの発見はThieme (1997)に記載されている。ケニアの初期の石刃製作についてはJohnson and McBrearty (2010)、ベレハト・ラムの「ヴィーナス」の記述はMarshack (1996)、ロイヤンガラニで出土した初期のダチョウ卵殻のビーズらしきものについてはThompson (2004)を参照されたい。

de Lumley H., Y. Boone. 1976. Les structures d'habitat au Paléolithique inférieur. In H de Lumley (ed.). *La Préhistoire française vol. 1*. Paris, CNRS, 635–643.

de Lumley, M-A., D. Lordkipanidze. 2006. L'homme de Dmanissi (*Homo georgicus*), il y a 1 810 000 ans. *Paléontologie humaine et Préhistoire* 5: 273–281.

Howell, F. C., G. H. Cole, M. R. Kleindienst, B. J. Szabo, K. P. Oakley. 1972.

Uranium-series dating of bone from Isimila prehistoric site, Tanzania. *Nature* 237: 51–52.

Johnson, C. R., S. McBrearty. 2010. 500,000 year old blades from the Kapthurin Formation, Kenya. *Jour. Hum. Evol.* 58: 193–200.

Marshack, A. 1996. A Middle Paleolithic symbolic composition from the Golan Heights: The earliest depictive image. *Curr. Anthropol.* 37: 357–365.

イアン・タッタソール『化石から知るヒトの進化』河合信和訳、三田出版会

Thieme H. 1997. Lower Palaeolithic hunting spears from Germany. *Nature* 385: 807–810.

Wagner, G. A., M. Krbetschek, D. Degering, J.-J. Bahain, Q. Shao, C. Falguères, P. Voinchet, J.-M. Dolo, T. Garcia, G. P. Rightmire. 2010. Radiometric dating of the type-site for *Homo heidelbergensis* at Mauer, Germany. *Proc. Nat. Acad. Sci. USA*, doi/10.1073/pnas.1012722107.

第九章　氷河時代と最初のヨーロッパ人

Van Andel (1994) は氷河時代関連の地質に対する興味深い見解を示している。Vrba (1993, 1996) は鮮新世環境と動物相の転換点を南アフリカの視点から論じている。Behrensmeyer et al. (1997) は東アフリカの一つの記録に基づいてそれとは異なる見解を示している。Delson et al. (2000) では数多くの文献が更新世の地質学と動物相の変化を取り扱っている。氷床から採取したコアの価値あるデータはＥＰＩＣＡ（European Project of Ice Coring in Antarctica、欧州南極氷床調査プロジェクト）(2004) が発表したもので、McManus (2004) で論じられている。深海底コアのデータの評価については Gradstein et al. (2005) への寄稿を参照されたい。グラン・ドリナのヒト科については Carbonell et al. (2008)、ホモ・アンテセソールは Bermudez de Castro et al. (1997) が説明している。グラン・ドリナにおけるカニバリズムの証拠は Fernandez-Jalvo et al. (1999) で報告され、Carbonell et al. (2010) で概説されている。シマ・デ・ロス・ウエソスの化石は Arsuaga et al. (1997) への寄稿で最も幅広く解説されており、最新の年代推定は Bischoff et al. (2007) による。シマ・デ・ロス・ウエソスの骨の集積に対するそれと異なる見解については Andrews and Fernandez Jalvo (1997) を参照されたた

い。シマ・デ・ロス・ウエソスのハンドアックスが象徴化の意味を持つ可能性はCarbonell and Mosquera（2006）、古環境はGarcia and Arsuaga(2010)が論じている。中期更新世におけるヒト科同士の関係の全体像についてはTattersall and Schwartz (2009）を参照されたい。

Andrews, P., Y. Fernadez Jalvo. 1997. Surface modifications of the Sima de los Huesos hominids. *Jour Hum. Evol.* 33: 191–217.

Arsuaga, J.-L., J. M. Bermudez de Castro, E. Carbonell (eds). 1997. Special Issue: The Sima de los Huesos hominid site. *Jour. Hum. Evol.* 33: 105–421.

Behrensmeyer, A. K., N. E. Todd, R. Potts, G. E. McBrinn. 1997. Late Pliocene faunal turnover in the Turkana Basin, Kenya and Ethiopia. *Science* 278: 1589–1594.

Bermudez de Castro, J. M. B, J. L. Arsuaga, E. Carbonell, A Rosas, I. Martínez, M. Mosquera. 1997. A hominid from the Lower Pleistocene of Atapuerca, Spain: Possible ancestor to Neandertals and modern humans. *Science* 276: 1392–1395.

Bischoff, J. L., R. W. Williams, R. J. Rosenbauer, A. Aramburu, J. L. Arsuaga, N. García, G. Cuenca-Bescós. 2007. High-resolution U-series dates from the Sima de los Huesos hominids yields 600±66 kyrs: implications for the evolution of the early Neanderthal lineage. *Jour. Archaeol. Sci.* 34: 763–770.

Carbonell, E., M. Mosquera. 2006. The emergence of symbolic behaviour: The sepulchral pit of Sima de los Huesos, Sierra de Atapuerca, Burgos, Spain. *C. R. Palevol.* 5: 155–160.

Carbonell, E., I. Caceres, M. Lizano, P. Saladie, J. Rosell, C. Lorenzo, J. Vallverdu, R. Huguet, A. Canals, J. M. Bermudez de Castro. 2010. Cultural cannibalism as a paleoeconomic system in the European lower Pleistocene. *Curr. Anth.* 51: 539–549.

Carbonell, E., J. M. Bermudez de Castro, J. M. Pares, A. Perez-Gonzalez, G.

Cuenca-Bescos, A. Olle, M. Mosquera, R. Huguet, J. van der Made, A. Rosas, R. Sala, J. Vallverdu, N. Garcia, D. E. Granger, M. Martinon-Torres, X. P. Rodriguez, G. M. Stock, J. M. Verges, E. Allue, F. Burjachs, I. Càceres, A. Canals, A. Benito, C. Diez, M. Lozanao, A. Mateos, M. Navazo, J. Rodriguez, J. Rosell, J. L. Arsuaga. 2008. The first hominin of Europe. *Nature* 452: 465–469.

Delson, E., I. Tattersall, J. A. Van Couvering, A. S. Brooks. 2000. *Encyclopedia of Human Evolution and Prehistory*, 2nd ed. New York: Garland Press.

EPICA community. 2004. Eight glacial cycles from an Antarctic ice core. *Nature* 429: 623–628.

Fernandez-Jalvo, Y., J. Carlos Diez, I. Càceres, J. Rosell. 1999.

Human cannibalism in the Early Pleistocene of Europe (Gran Dolina, Sierra de Atapuerca, Burgos, Spain). *Jour. Hum. Evol.* 37: 591–622.

Garcia, N., J.-L. Arsuaga. 2010. The Sima de los Huesos (Burgos, northern Spain): Palaeoenvironment and habitats of *Homo heidelbergensis* during the Middle Pleistocene. *Quat. Sci. Revs.*, doi:10:1016/jquascirev.2010.11.08.

J・G・オッグ、G・M・オッグ、F・M・グラッドシュタイン『要説地質年代』鈴木寿志訳、京都大学学術出版会

McManus, J. F. 2004. A great grand-daddy of ice cores. *Nature* 429: 611–612.

Tattersall, I., J. H. Schwartz. 2009. Evolution of the genus *Homo. Ann. Rev. Earth Planet. Sci.* 37: 67–92.

T・H・V・アンデル『さまよえる大陸と海の系譜　これからの地球観　新訂版』卯田強訳、築地書館

Vrba, E. S. 1993. The pulse that produced us. *Natural History* 102 (5): 47–51.

Vrba, E. S. 1996. *Paleoclimate and Evolution, with Emphasis on Human Origins.* New Haven, CT: Yale University Press.

第一〇章　ネアンデルタール人とはだれなのか？

ビアシュの化石の説明については Schwartz and Tattersall (2002)、ライリンゲンについては Dean et al. (1998) を参照されたい。ヨーロッパに複数の系統が共存していたことについては Tattersall and Schwartz (2006)、フィンランドのムスティエ文化については Schulz (2000)、アルタイのネアンデルタール人の遺伝子については Krause et al. (2007)、ネアンデルタール人が周氷河の環境を避けていたことについては Patou-Mathis (2006) を参照されたい。後期になってロシア北部にもネアンデルタール人がいたとする推測は Slimak et al. (2011) で報告されている。Pearson et al. (2006) はネアンデルタール人の気候への適応について論じ、Van Andel and Davies (2003) への様々な寄稿も同様である。

ネアンデルタール人のｍｔＤＮＡを初めて発表したのは Krings et al. (1997) であり、最近の報告と評価は Briggs et al. (2009) による。ネアンデルタール人のゲノムの概要は Green et al. (2010)、デニーソヴァのゲノムは Reich et al. (2010) により報告されている。現代の異種間交雑種の簡単な説明については Cohen (2010)、ライオンとトラの祖先については Johnson et al. (2006)、マントヒヒとゲラダヒヒの交雑の見られる地域とそれが意味することについては Jolly (2001) を参照されたい。アブリゴ・ド・ラガー・ヴェーリョの骨格に関する様々な見解については Zilhao and Trinkaus (2002)、ペシュテラ・ク・ワセの頭蓋の説明は Trinkaus et al. (2003) を参照されたい。

ネアンデルタール人の歯の発達に関する最新の報告と総合判断については Smith et al. (2010)、ネアンデルタール人の頭蓋の発達については Ponce de Leon and Zollikofer (2001)、ネアンデルタール人と現生人類の脳の発達の軌跡については Gunz et al. (2010) を参考のこと。ネアンデルタール人の髪と肌の色については Lalueza-Fox et al. (2007) を参照されたい。古代のヒト科の系統からホモ・サピエンスへのマイクロセファリン遺伝子変種の侵入は Evans et al. (2006) で指摘されている。イタリアの複数の遺跡におけるネアンデルタール人の生業の比較については Stiner and Kuhn (1992) を参照されたい。窒素同位体の研究の概要は Richards and Trinkaus (2009)、サン・セゼールの窒素同位体のデータと解釈は Bocherens et al. (2005)、シャニダールとスピーの植物の微化石の分析は Henry et al. (2010) を参照されたい。Lalueza-Fox et al. (2010) はエル・シドロン出土人骨のｍｔＤＮＡデータを示しており、Vallverdú et al はアブリク・ロマニの遺跡の形成と個体群の大きさについて述べている。引用は Zimmer (2010) からのものである。ラキナで発見されたヒトの頭蓋で出来た道具は Verna and D'Errico (2010) に記載されている。

Bocherens, H. D. G. Drucker, D. Billiou, M. Patou-Mathis, B. Vandermeersch. 2005. Isotopic evidence for diet and subsistence pattern of the Saint-Césaire I Neanderthal: review and use of a multi-source mixing model. *Jour. Hum. Evol.* 49: 71–87.

Briggs, A. W., J. M. Good, R. E. Green, J. Krause, T. Maricic, U. Stenzel, C. Lalueza-Fox and numerous others. 2009. Targeted retrieval and analysis of five Neanderthal mtDNA genomes. *Science* 325: 318–321.

ジョン・コーエン『チンパンジーはなぜヒトにならなかったのか　99パーセント遺伝子が一致するのに似ても似つかぬ兄弟』大野晶子訳、講談社

Dean, D., J.-J. Hublin, R. Holloway, R. Ziegler. 1998. On the phylogenetic position of the pre-Neandertal specimen from Reilingen, Germany. *Jour. Hum. Evol.* 34: 485–508.

Evans, P. D., M. Mekel-Bobrov, E. J. Vallender, R. R. Hudson, B. T. Lahn. 2006.

Evidence that the adaptive allele of the brain size gene *microcephalin* introgressed into *Homo sapiens* from an archaic *Homo* lineage. *Proc. Nat. Acad. Sci. USA* 103: 18178–18183.

Green, R. E., J. Krause, A. W. Briggs, T. Maricic, U. Stenzel, M. Kirchner, N. Patterson and 49 others. 2010. A draft sequence of the Neanderthal genome. *Science* 328: 710–722.

Gunz, P., S. Neubauer, B. Maureille, J.-J. Hublin. 2010. Brain development after birth differs between Neanderthals and modern humans. *Curr. Biol.* 20 (21): R921–R922.

Henry, A. G., A. S. Brooks, D. R. Piperno. 2010. Microfossils in calculus demonstrate consumption of plants and cooked foods in Neanderthal diets (Shanidar III, Iraq; Spy I and II, Belgium). *Proc. Nat. Acad. Sci. USA,* doi/10.1073/ pnas.101686108.

Johnson, W. E., E. Eizirik, J. Pecon-Slattery, W. J. Murphy, A. Antunes, E. Teeling, S. J. O'Brien. 2006. The late Miocene radiation of modern Felidae: A genetic assessment. *Science* 311: 73–77.

Jolly, C. J. 2001. A proper study for mankind: Analogies from the papionin monkeys and their implications for human evolution. *Yrbk Phys. Anthropol.* 44: 177–204.

Krause J., Orlando L., Serre D., Viola B., Prüfer K., Richards M. P., Hublin J. J., Hänni C., Derevianko A. P., Pääbo S. 2007. Neanderthals in central Asia and Siberia. *Nature* 449: 1–3.

Lalueza-Fox, C., A. Rosas, A. Estalrrich, E. Gigli, P. F. Campos, A. Garcia- Tabernero, S. Garcia-Vargas and 9 others. 2010. Genetic evidence for patrilocal mating behavior among Neandertal groups. *Proc. Nat. Acad. Sci. USA,* doi/10.1073/pnas.1011533108.

Lalueza-Fox, C., H. Rompler, D. Caramelli, C. Staubert, G. Catalano, D. Hughes, N. Rohland and 10 others. 2007. A melanocortin 1 receptor allele suggests varying pigmentation among Neanderthals. *Science* 318: 1453–1455.

Patou-Mathis, M. 2006. Comportements de subsistance des Néandertaliens d'Europe. In B. Demarsin and M. Otte (eds.). *Neanderthals in Europe.* Liege, ERAUL, 117: 9–14.

Pearson, O. M., R. M. Cordero, A. M. Busby. 2006. How different were the Neanderthals' habitual activities? A comparative analysis with diverse groups of recent humans. In K. Harvati and T. Harrison (eds.). *Neanderthals Revisited: New Approaches and Perspectives.* Berlin: Springer, 135–156.

Ponce de León, M. S. and C. P. E. Zollikofer. 2001. Neanderthal cranial ontogeny and its implications for late hominid diversity. *Nature* 412: 534–538.

Reich, D., R. E. Green, M. Kirchner, J. Krause, N. Patterson, E. Y. Durand, B. Viola and numerous others. 2010. Genetic history of an archaic hominin group from Denisova Cave in Siberia. *Nature* 468: 1053–1060.

Schulz, H.-P. 2000/2001. The lithic industry from layers IV-V, Susiluola Cave, Western Finland. *Prehist. Europ.* 16/17: 43–56.

Schwartz, J. H., I. Tattersall. 2002. *The Human Fossil Record, Vol. 1: Terminology and Craniodental Morphology of Genus* Homo *(Europe).* New York: Wiley-Liss.

Slimak, L, J. I. Svendsen, J. Mangerud, H. Plisson, H. P. Heggen, A Brugère, P. Y. Pavlov. 2011. Late Mousterian persistence near the Arctic Circle. *Science* 332: 841–845.

Stiner, M., S. Kuhn. 1992. Subsistence, technology, and adaptive variation in Middle Paleolithic Italy. *Amer. Anthropol.* 94: 306–339.

Tattersall, I., Schwartz, J. H. 2006. The distinctiveness and systematic context of *Homo neanderthalensis*. In K. Harvati and T. Harrison (eds.). *Neanderthals Revisited: New Approaches and Perspectives*. Berlin: Springer, 9–22.

Trinkaus, E., S. Milota, R. Rodrigo, G. Mircea, O. Moldovan. 2003. Early modern human remains from the Peş, tera cu Oase, Romania. *Jour. Hum. Evol.* 45: 245–253.

Vallverdú, J., M. Vaquero, I. Cáceres, E. Allué, J. Rosell, P. Saladié, G. Chacón, A. Ollé, A. Canals, R. Sala, M. A. Courty, E. Carbonell. 2010. Sleeping Activity Area within the Site Structure of Archaic Human Groups: Evidence from Abric Romaní Level N Combustion Activity Areas. *Curr. Anthropol.* 51: 137–145.

Van Andel, T. H., W. Davies. 2003. *Neanderthals and Modern Humans in the European Landscape during the Last Glaciation* (McDonald Institute Monographs). Oxford, UK: Oxbow Books.

Verna, C., F. D'Errico. 2010. The earliest evidence for the use of human bone as a tool. *Jour. Hum. Evol.* 60: 145–147.

Zilhao, J., E. Trinkaus (eds.). 2002. Portrait of the artist as a child: The Gravettian human skeleton from the Abrigo do Lagar Velho and its Archeological Context. *Trab. Arqueol.* 22: 1–604.

Zimmer, C. 2010. Bones give peek into the lives of Neanderthals. *New York Times*, 20 December.

第一一章　新旧の人類

ムスティエ文化についての優れた概要は Klein (2009) を参照されたい。Soressi and D'Errico (2007) は、ムスティエ文化で一般的に象徴化の遺物と考えられている資料を概説している。Finlayson (2009) はネアンデルタール人の集団と環境について興味深い見解を示している。アルシー・シュル・キュールのネアンデルタール人の存在については Hublin et al. (1996)、アルシーとサン・セゼールのシャテルペロン文化に関する最近の見解については Bar-Yosef and Bordes (2010) ならびに Higham et al. (2010) を参照されたい。早期の、ごく短期で現生人類がネアンデルタール人に取って代わった証拠は Pinhasi et al. (2011) で示されている。

Bar-Yosef, O., J.-G. Bordes. 2010. Who were the makers of the Châtelperronian culture? *Jour. Hum. Evol.* 59:

586–593.
クライブ・フィンレイソン『そして最後にヒトが残った　ネアンデルタール人と私たちの50万年史』上原直子訳、白揚社

Higham, T., R. Jacobi, M. Julien, F. David, L. Basell, R. Wood, W. Davies, C. B. Ramsey. 2010. Chronology of the Grotte du Renne (France) and implications for the context of ornaments and human remains within the Châtelperronian. *Proc. Nat. Acad. Sci. USA* 107: 20234–20239.

Hublin, J.-J., F. Spoor, M. Braun, F. Zonneveld, and S. Condemi. 1996. A late Neanderthal associated with Upper Palaeolithic artefacts. *Nature* 381: 224–226.

Klein, R. 2009. *The Human Career,* 3rd ed. Chicago: University of ChicagoPress.

Pinhasi, R., T. F. G. Higham, L. V. Golubova, V. B. Doronichev. 2011. Revised age of late Neanderthal occupation and the end of the Middle Paleolithic in the northern Caucasus. *Proc Nat. Acad. Sci. USA* 108: 8611–8616.

Soressi, M., F. D'Errico. 2007. Pigments, gravures, parures: Les comportements symboliques controversés des Néandertaliens. In B. Vandermeersch, B. Maureille (eds.). *Les Néandertaliens: Biologie et Cultures.* Paris: Editions du CTHS, 297–309.

第一二章　謎に満ちた出現

アフリカの最古のホモ・サピエンスの化石についてはMacDougall et al. (2005)、White et al. (2003)、Clark et al. (2003)を参照されたい。中期石器時代についてはKlein (2009)の概観、アテール文化とそれに関連するヒト科についてはBalter (2011)、Garcea (2010)の寄稿、Hublin and McPherron (2011)を参照されたい。Drake et al. (2010)は「緑のサハラ」を論じている。レヴァントの遺跡の年代推定については、Bar-Yosef (1998)、Grün et al. (2005)、Coppa et al. (2005)を、レヴァントのヒト科についてはSchwartz and Tattersall (2003, 2010)を参照されたい。

Tishkoff et al. (2009)はアフリカ人の遺伝子の多様性について、最近では最も包括的な考察を行っている。Campbell and Tishkoff (2010)は概略と優れた参考文献を提供している。言語学と考古学の総合判断についてはGibbons (2009)内の論評とScheinfeldt et al. (2010)も参照されたい。ボトルネック（びん首効果）についてはJorde et al. (1998)ならびにHarpending and Rogers (2000)、とりわけトバ山との関連についてはAmbrose (1998)、トバ山説に対するさらなる論評についてはAmbrose (2003)とGathorne-Hardy and Harcourt- Smith (2003)を参照されたい。分子を利用した手法と人類の拡散に関する分子レベルの証拠の詳しい内容についてはDeSalle and Tattersall (2008)を参照されたい。Liu et al. (2010)は中国で発見さ

れた古代のホモ・サピエンスと疑われる顎について、Pitulko et al. (2004) は北極圏北部にある最古の居住地について述べている。

Ambrose, S. H. 1998. Late Pleistocene human population bottlenecks, volcanic winter, and differentiation of modern humans. *Jour. Hum. Evol.* 34: 623–651.

Ambrose, S. H. 2003. Did the super-eruption of Toba cause a human population bottleneck? Reply to Gathorne-Hardy and Harcourt-Smith. *Jour. Hum. Evol.* 45: 231–237.

Balter, M. 2011. Was North Africa the launch pad for modern human migrations? *Science* 331: 20–23.

Bar-Yosef, Y. 1998. The chronology of the Middle Paleolithic of the Levant. In T. Akazawa, K. Aoki, O. Bar-Yosef (eds.). *Neandertals and Modern Humans in Western Asia.* New York: Plenum Press, 39–56.

Campbell, M., S. A. Tishkoff. 2010. The evolution of human genetic and phenotypic variation in Africa. *Curr. Biol.* 20: R166–R173.

Clark, J. D., Y. Beyene, G. WoldeGabriel, W. K. Hart, P. R. Renne, H. Gilbert, A. Defleu , G. Suwa, S. Katoh, K. R. Ludwig, J.-R. Boisserie, B. Asfaw, T. D. White. 2003. Stratigraphic, chronological and behavioural contexts of Pleistocene *Homo sapiens* from Middle Awash, Ethiopia. *Nature* 423: 747–752.

Coppa, A., R. Grün, C. Stringer, S. Eggins, R. Vargiu. 2005. Newly recognized Pleistocene human teeth from Tabu¯n Cave, Israel. *Jour. Hum. Evol.* 49: 301–315.

DeSalle, R., I. Tattersall. 2008. *Human Origins: What Bones and Genomes Tell Us about Ourselves.* College Station, TX: Texas A&M University Press.

Drake, N. A., R. M. Blench, S. J. Armitage, C. S. Bristow, K. H. White. 2010. Ancient watercourses and biogeography of the Sahara explain the peopling of the desert. *Proc. Nat. Acad. Sci. USA* 108: 458–462.

Garcea, E. A. A. (ed.). 2010. *South-Eastern Mediterranean Peoples between 130,000 and 10,000 Years Ago.* Oxford, UK: Oxbow Books.

Gathorne-Hardy, F. J., W. E. H. Harcourt-Smith. 2003. The super-eruption of Toba, did it cause a human bottleneck? *Jour. Hum. Evol.* 45: 227–230.

Gibbons, A. 2009. Africans' deep genetic roots reveal their evolutionary story. *Science* 324: 575.

Grün, R., C. Stringer, F. McDermott, R. Nathan, N. Porat, S. Robertson, L. Taylor, G. Mortimer, S. Eggins, M. McCulloch. 2005. U-series and ESR analyses of bones and teeth relating to the human burials from Skhu¯ l. *Jour. Hum. Evol.* 49: 316–334.

Harpending, H., A. R. Rogers. 2000. Genetic perspectives on human origins and differentiation. *Ann. Rev. Genom.*

Hum. Genet. 1: 361–385.
Hublin, J. J., S. McPherron. 2011. *Modern Origins: A North African Perspective*. New York: Springer.
Klein, R. 2009. *The Human Career,* 3rd ed. Chicago: University of Chicago Press.
Liu, W., C.-Z. Jin, Y.-Q. Zhang, Y.-J. Cai, S. Zing, X.-J. Wu, H. Cheng and 6 others. 2010. Human remains from Zhirendong, South China, and modern human emergence in East Asia. *Proc. Nat. Acad. Sci. USA* 107: 19201– 19206.
McDougall, I., F. H. Brown, J. G. Fleagle. 2005. Stratigraphic placement and age of modern humans from Kibish, Ethiopia. *Nature* 433: 733–736.
Pitulko, V. V., P. A. Nikolsky, E. Y. Girya, A. E. Basilyan, V. E. Tumskoy, S. A. Koulakov, S. N. Astakhov, E. Y. Pavlova, M. A. Anisimov. 2004. The Yana RHS site: Humans in the Arctic before the Last Glacial Maximum. *Science* 303: 52–56.
Scheinfeldt, L. B., S. Soi, S. A. Tishkoff. 2010. Working toward a synthesis of archaeological, linguistic and genetic data for inferring African population history. *Proc. Nat. Acad. Sci. USA* 107 (Supp. 2): 8931–8938.
Schwartz, J. H., I. Tattersall. 2010. Fossil evidence for the origin of *Homo sapiens*. *Yrbk. Phys. Anthropol.* 53: 94–121.
Tishkoff, S. A., F. A. Reed, F. B. Friedlander, C. Ehret, A. Ranciaro. A. Froment, J. B. Hirbo and numerous others. 2009. The genetic structure and history of Africans and African Americans. *Science* 324: 1035–1044.
White, T. D., B. Asfaw, D. DeGusta, H. Gilbert, G. D. Richards, G. Suwa, F. C. Howell. 2003. Pleistocene *Homo sapiens* from Middle Awash, Ethiopia. *Nature* 423: 742–747.

第一三章　象徴化行動の起源

スフールとウエド・ジェバナのビーズは Vanhaeren et al. (2006) で報告されており、スフールの顔料は D'Errico et al. (2010) で分析されている。北アフリカアテール文化のビーズのさらなる証拠は Bouzouggar et al. (2007) ならびに d'Errico et al. (2009) で報告されている。ブロンボスのオーカー板は Henshilwood et al. (2002)、同じ遺跡のビーズは Henshilwood et al. (2004) に記載されている。Marean et al. (2007) はピナクルポイントの顔料と貝の採捕について述べ、同じ場所の珪質礫岩《シルクレート》の加熱処理は Brown et al. (2009)、ブロンボスの押圧剥離は Mourre et al. (2010) で説明されている。クラシーズ河口遺跡群の背景については、Deacon and Deacon (1999) を参照されたい。ディープクルーフのダチョウ卵殻の容器は Texier et al. (2010)、エンカプネ・ヤ・ムトのビーズは Ambrose (1998) で説明されている。早期現生人類がユーラシア中に広がったことに関する議論については Mellars (2006)、レバノンとトルコの遺跡で見つかった貝殻のビーズについては Kuhn et al. (2001) を参照されたい。

Ambrose, S. H. 1998. Chronology of the later Stone Age and food production in East Africa. *Jour. Archaeol. Sci.* 25: 377–392.

Bouzouggar, A., N. Barton, M. Vanhaeren, F. d'Errico, S. Colcutt, T. Higham, E. Hodge and 8 others. 2007. 82,000-year-old shell beads from North Africa and implications for the origins of modern human behavior. *Proc. Nat. Acad. Sci. USA* 104: 9964–9969.

Brown, K. S., C. W. Marean, A. I. R. Herries, Z. Jacobs, C. Tribolo, D. Braun, D. L. Roberts, M. C. Meyer, J. Bernatchez. 2009. Fire as an engineering tool of early modern humans. *Science* 325: 859–862.

Deacon, H., J. Deacon. 1999. *Human beginnings in South Africa: Uncovering the Secrets of the Stone Age.* Cape Town: David Philip.

d'Errico, F., M. Vanhaeren, N. Barton, A. Bouzouggar, H. Mienis, D. Richter, J.-J. Hublin, S. P. McPherron, P. Lozouet. 2009. Additional evidence on the use of personal ornaments in the Middle Paleolithic of North Africa. *Proc. Nat. Acad. Sci.* USA 106: 16051–16056.

d'Errico, F., H. Salomon, C. Vignaud, C. Stringer. 2010. Pigments from Middle Paleolithic leves of es-Skhu¯ l (Mount Carmel, Israel). *Jour. Archaeol. Sci.* 37: 3099–3110.

Henshilwood, C., F. d'Errico, M. Vanhaeren, K. van Niekerk, Z. Jacobs. 2004. Middle Stone Age shell beads from South Africa. *Science* 304: 404.

Henshilwood, C. S., F. d'Errico, R. Yates, Z. Jacobs, C. Tribolo, G. A. T. Duller, N. Mercier and 4 others. 2002. Emergence of modern human behavior: Middle Stone Age engravings from South Africa. *Science* 295: 1278–1280.

Kuhn, S., M. C. Stiner, D. S. Reese, E. Gulec. 2001. Ornaments of the earliest Upper Paleolithic: New Insights from the Levant. *Proc. Nat. Acad. Sci. USA* 98: 7641–7646.

Marean, C. W., M. Bar-Matthews, J. Bernatchez, E. Fisher, P. Goldberg, A. I. R. Herries, Z. Jacobs and 7 others. 2007. Early use of marine resources and pigment in South Africa during the Middle Pleistocene. *Nature* 449: 905–908.

Mellars, P. 2006. Going east: New genetic and archaeological perspectives on the modern human colonization of Eurasia. *Science* 313: 796–800.

Mourre, V., P. Villa, C. S. Henshilwood. 2010. Early use of pressure flaking on lithic artifacts at Blombos Cave, South Africa. *Science* 330: 659–662.

Texier P. J., G. Porraz, J. Parkington J.-P. Rigaud, C. Poggenpoel, C. Miller, C. Tribolo, C. Cartwright, A. Coudenneau, R. Klein, T. Steele, C. Verna. 2010. A Howiesons Poort tradition of engraving ostrich eggshell containers dated to 60,000 years ago at Diepkloof Rock Shelter, South Africa. *Proc. Nat. Acad. Sci. USA*. 107: 6180–6185.

Vanhaeren, M., F. d'Errico, C. Stringer, S. L. James, J. A. Todd, H. K. Mienis. 2006. Middle Paleolithic shell beads in Israel and Algeria. *Science* 312: 1785–1788.

第一四章　初めに言葉ありき

発話障害とＦＯＸＰ２遺伝子との関連についてはLai et al. (2001)、ネアンデルタール人にそれが認められたことについてはKrause et al. (2007)を参照されたい。喉頭、顔面のプロポーション、発話についての議論はP. Lieberman (2007)ならびにD. E. Lieberman (2011)を参照されたい。心の理論の興味深い擁護論についてはDunbar (2004)を、象徴化の思考における言語の役割についてはTattersall (2008)を参照されたい。Atkinson (2011)は音素の多様性の潜在的な重要性について論じている。ニカラグアの手話についてはKegl et al. (1999)、イルデフォンソの事例についてはSchaller (1991)を参照されたい。Jill Bolte Taylor (2006)は脳卒中が言語能力におよぼした影響について述べている。DeSalle and Tattersall (2011)はヒトの脳の機能と長い歴史について説明している。Geschwind (1966)は角回の推測される重要性について論じている。Coolidge and Wynn (2009)ならびにBalter (2010)は作業記憶について述べている。

Atkinson, Q. D. 2011. Phonemic diversity supports a serial founder effect model of language expansion from Africa. *Science* 332: 346–349.

Balter, M. 2010. Did working memory spark creative culture? *Science* 328: 160–163.

Coolidge, F. L., T. Wynn. 2009. *The Rise of* Homo sapiens: *The Evolution of Modern Thinking*. New York: Wiley-Blackwell.

DeSalle, R., I. Tattersall. 2011. *Brains: Big Bangs, Behavior and Beliefs*. New Haven, CT: Yale University Press.

Dunbar, R. I. M. 2004. *The Human Story: A New History of Mankind's Evolution*. London: Faber & Faber.

Geschwind, N. 1964. The development of the brain and the evolution of language. *Monogr. Ser. Lang. Ling.* 17: 155–169.

Jorde, L. B., M. Bamshad, A. R. Rogers. 1998. Using mitochondrial and nuclear DNA markers to reconstruct human evolution. *BioEssays* 20: 126–136.

Kegl, J., A. Senghas, M. Coppola. 1999. Creation through contact: Sign language emergence and sign language change in Nicaragua. In M. deGraaf (ed.). *Comparative Grammatical Change: The Intersection of Language Acquisition, Creole Genesis and Diachronic Syntax*. Cambridge, MA: MIT Press, 179–237.

Klein, R. 2009. *The Human Career,* 3rd ed. Chicago: University of Chicago Press.

Krause, J., C. Lalueza-Fox, L. Orlando, W. Enard, R. E. Green, H. A, Burbano,

J.-J. Hublin and 6 others. 2007. The derived *FOXP2* variant of modern humans was shared with Neandertals. *Curr. Biol.* 17: 1908–1912.

Lai, C. S., S. E. Fisher, J. A, Hurst, F. Vargha-Khadem, A. P. Monaco. 2001. A forkhead-domain gene is mutated in a severe speech and language disorder. *Nature* 413: 519–523.

Lieberman, D. E. 2011. *The Evolution of the Human Head*. Cambridge, MA: Harvard University Press.

Lieberman, P. 2007. The evolution of human speech: Its anatomical and neural bases. *Curr. Anthropol.* 48: 39–66.

Ohnuma, K., K. Aoki, T. Akazawa. 1997. Transmission of tool-making through verbal and non-verbal communication: Preliminary experiments in Levallois flake production. *Anthropol. Sci.* 105 (3): 159–168.

Schaller, S. 1991. *A Man without Words*. New York: Summit Books.

Schwartz, J. H., I. Tattersall. 2003. *The Human Fossil Record, Vol 2: Craniodental Morphology of Genus* Homo *(Africa and Asia)*. New York: Wiley-Liss.

Tattersall, I. 2008. An evolutionary framework for the acquisition of symbolic cognition by *Homo sapiens*. *Comp. Cogn. Behav. Revs* 3: 99–114.

Taylor, J. B. 2006. *My Stroke of Insight: A Brain Scientist's Personal Journey*. New York: Viking.

結び

Marcus (2008) はヒトの心の欠陥についておもしろく詳細を語っている。地球の浸食の歴史は Wilkinson (2005) で、暴力の遺伝子構造とその神経細胞との相関関係は Meyer-Lindburg et al. (2006) で論じられている。Crutzen (2002) は人新世とする根拠を要約している。

Crutzen, P. 2002. Geology of mankind. *Nature* 415: 23.

Marcus, G. 2008. *Kluge: The Haphazard Evolution of the Human Mind*. New York: Houghton Mifflin

Meyer-Lindburg, A., J. W. Buckholtz, B. Kolachana, A. R. Hariri, L. Pezawas, G. Blasi, A. Wabnitz and 6 others. 2006. Neural mechanisms of genetic risk for impulsivity and violence in humans. *Proc. Nat. Acad. Sci. USA* 103:6269–6274.

Wilkinson, B. H. 2005. Humans as geologic agents: A deep-time perspective. *Geology* 33 (3): 161–164.

イアン・タッターソル　(Ian Tattersall)
アメリカ自然史博物館人類学部門名誉学芸員。ケンブリッジ大学で考古学と人類学、イエール大学で地質学と脊椎動物の古生物学を学び、これまでにマダガスカル、ベトナムなどの世界各国で霊長類学と古生物学の調査を実施。ヒトの化石や進化、認知機能の起源、マダガスカルのキツネザルの生態研究を主な研究テーマとする。邦訳書に『サルと人の進化論：なぜサルは人にならないか』（原書房）、『化石から知るヒトの進化』（三田出版会）、『最後のネアンデルタール　別冊日経サイエンス 127』（日経 BP）、共著で『人類進化の神話』（群羊社）、『人類の誕生と大移動：生命ふしぎ図鑑：2200 万日で世界をめぐる』（西村書店）がある。

河合信和　（かわい　のぶかず）
1947 年、千葉県生まれ。1971 年、北海道大学卒業。同年、朝日新聞社入社。2007 年、定年退職。進化人類学を主な専門とする科学ジャーナリスト。旧石器考古学や民族学、生物学全般にも関心を持つ。主著に『ヒトの進化　七〇〇万年史』（ちくま新書、2010 年）、『人類進化 99 の謎』（文春新書、2009 年）、主な訳書にパット・シップマン著『ヒトとイヌがネアンデルタール人を絶滅させた』（原書房、2015 年）、ダリオ・マエストリピエリ著『ゲームをするサル―進化生物学からみた「えこひいき」（ネポチズム）の起源』（雄山閣、2015 年）、パット・シップマン著『アニマル・コネクション 人間を進化させたもの』（同成社、2013 年）、アラン・ウォーカー／パット・シップマン著『人類進化の空白を探る (朝日選書、2000 年) などがある。

大槻敦子　（おおつき　あつこ）
慶應義塾大学卒。訳書に『人間 VS テクノロジー　人は先端科学の暴走を止められるのか』『世界伝説歴史地図』『ネイビー・シールズ　最強の狙撃手』『傭兵狼たちの戦場』『図説狙撃手大全』『ヒトラーのスパイたち』『史上最強の勇士たち　フランス外人部隊』（以上、原書房）などがある。

カバー画像：写真提供 Alamy / PPS 通信社

ヒトの起源《きげん》を探《さが》して

言語《げんご》能力《のうりょく》と認知《にんち》能力《のうりょく》が現生人類《げんせいじんるい》を誕生《たんじょう》させた

●

2016年8月31日　第1刷

著者……………イアン・タッターソル
監訳者……………河合信和《かわいのぶかず》
訳者……………大槻敦子《おおつきあつこ》
装幀……………村松道代（TwoThree）
発行者……………成瀬雅人
発行所……………株式会社原書房
〒160-0022 東京都新宿区新宿 1-25-13
電話・代表　03(3354)0685
http://www.harashobo.co.jp/
振替・00150-6-151594
印刷……………シナノ印刷株式会社
製本……………東京美術紙工協業組合

ISBN 978-4-562-05342-1, printed in Japan